水泥生产工国家职业技能培训教材

水泥生产中控员

中国水泥协会　指导修订
山东硅酸盐学会　编　　著

中国建材工业出版社

图书在版编目（CIP）数据

水泥生产中控员 / 山东硅酸盐学会编著. --北京 ：
中国建材工业出版社，2021.1
水泥生产工国家职业技能培训教材
ISBN 978-7-5160-3100-1

Ⅰ. ①水… Ⅱ. ①山… Ⅲ. ①水泥－生产工艺－技术
培训－教材 Ⅳ. ①TQ172. 6

中国版本图书馆 CIP 数据核字(2020)第 223372 号

水泥生产中控员
Shuini Shengchan Zhongkongyuan
中 国 水 泥 协 会　指导修订
山东硅酸盐学会　编　　著

出版发行：中国建材工业出版社
地　　址：北京市海淀区三里河路 1 号
邮　　编：100044
经　　销：全国各地新华书店
印　　刷：北京雁林吉兆印刷有限公司
开　　本：710mm×1000mm　1/16
印　　张：16. 75
字　　数：340 千字
版　　次：2021 年 1 月第 1 版
印　　次：2021 年 1 月第 1 次
定　　价：69. 00 元

本社网址：www. jccbs. com，微信公众号：zgjcgycbs

《水泥生产中控员》

主　　编　王金祥

副 主 编　王向伟　刘浩堂

序

《水泥生产工国家职业技能培训教材》编写组邀请我为修订后的丛书写序。盛情难却，特为教材的修订再版谈点自己的看法和愿望。

孔子曰："工欲善其事，必先利其器。"员工作为企业最基本的单元，是企业发展的基础。优秀企业必须要有优秀的员工，优秀的员工必须要具备优秀的素质和技能。高水平的技能培训教材，是培养高水平员工的前提。为适应我国水泥行业的发展，2006年由中国水泥协会、山东硅酸盐学会共同组织编写，中国建材工业出版社出版了《水泥行业职业技能培训教材》，面向全国发行。教材共4本：《水泥中央控制室操作员》《水泥生产工（上册）》《水泥生产工（下册）》《水泥检验工》，对应国家劳动和社会保障部4个国家职业标准。教材出版后，对水泥行业职业技能培训起到了积极的作用，业内反映良好，教材先后加印了6次。

国家人力资源和社会保障部于2020年初颁布实施新的《水泥生产工国家职业技能标准》。新标准将水泥生产工分为6个工种：水泥生料制备工、水泥熟料煅烧工、水泥制成工、水泥生产中控员、水泥生产巡检工、水泥质检员。原有教材内容已不适应行业职业教育培训和职业技能鉴定工作要求，因此教材修订再版成为当务之急。

山东硅酸盐学会组织中国联合水泥集团有限公司、山东山水水泥集团有限公司、华新水泥股份有限公司、济南大学等单位专家，经8次座谈讨论修改，于2019年12月完成了《水泥生产工国家职业技能培训教材》修订和专家审定工作。本版教材的编委会成员、各册主编、副主编和编写人员来自于各大院校、大企业，从事教学研究、技术管理工作多年，具有雄厚的理论基础和丰富的现场经验，为顺利修订教材奠定坚实基础。修订后的教材亦由原来的4册变为6册，由中国建材工业出版社出版发行。

新修订出版的《水泥生产工国家职业技能培训教材》，必将为水泥行业开展的岗位技能培训、提高职工技术素质起到积极的推动作用，为助力水泥行业的创新发展做出新的更大的贡献，这应该是我和全体参与修订人员的愿望。

孔祥忠

二〇二〇年十月

前　言

为了规范水泥行业职业技能培训和鉴定工作，不断提高职工技术水平，山东硅酸盐学会于2006年组织有关单位编写了《水泥行业职业技能培训教材》。中国建材工业出版社于2006年11月出版，面向全国发行。教材出版后，业内反映良好，多次加印，对水泥行业职业技能培训起到积极的推动作用。

2006年版教材出版至今已逾14年。期间我国水泥行业设备更新换代加快，新技术不断得到采用：水泥窑协同处置废弃物、余热发电、生料采用立式磨（窑磨一体化）等，且部分国家标准、行业标准亦不断调整更新，原有教材内容已不适应行业发展的需要。应中国建材工业出版社的要求，教材修订再版提上日程。

教材修订期间，适逢国家人力资源和社会保障部部署国家职业技能标准制定修订工作。其中，《水泥生产工》国家职业技能标准制定工作由中国水泥协会和山东硅酸盐学会共同承担并完成。为此，制定《水泥生产工》国家职业技能标准与修订水泥培训教材有机结合，同期进行。《水泥生产工》国家职业技能标准由国家人力资源和社会保障部于2020年3月30日颁布执行，修订后的教材亦可即时出版发行。

按照《水泥生产工》国家职业技能标准的规定，教材更名为《水泥生产工国家职业技能培训教材》。在中国水泥协会指导和大力支持下，山东硅酸盐学会具体组织了教材修订工作。中国硅酸盐学会、中国建筑材料联合会培训中心支持并参与教材修订工作。按照工种设置，修订后教材共6册：《水泥生料制备工》《水泥熟料煅烧工》《水泥制成工》《水泥生产中控员》《水泥生产巡检工》《水泥质检员》。

教材以新型干法水泥生产工艺为主，兼顾其他生产工艺，涵盖水泥生产的全过程，采用问答方式，按照水泥从业人员初级（《水泥生产中控员》《水泥质检员》未设初级）、中级、高级、技师、高级技师的不同技能要求，提出问题，给出答案，着重解决生产中的实际问题。教材基本体例不变，仍然采用问答方式，按照水泥从业人员初级、中级、高级、技师、高级技师不同技能要求编排。在内容上，教材注重岗位要求的基本生产技术知识，重点侧重解决实际问题。

教材主要适用于水泥行业开展职业教育培训和职业技能鉴定工作，亦可为从事水泥科研、生产、设计、教学、管理的相关人员阅读和参考。

参加修订的有中国联合水泥集团有限公司、山东山水水泥集团有限公司、金隅冀东（唐山）水泥有限责任公司、济南大学、国家水泥质量监督检验中心、尧柏特种水泥集团、云南祥云县建材（集团）有限责任公司、泰安中意粉体热工研究院等单位。

各册主要修订人员如下：

《水泥生料制备工》：张传行、刘永杰、李保明、吕鹏、李培荣

《水泥熟料煅烧工》：安宝军、孙文博、孙冠枫、党同辉、韩文贤

《水泥制成工》：林道同、孙国良、梁学文、戴爱生

《水泥生产中控员》：刘浩堂、朱先锋、许艳赏、徐相斌

《水泥生产巡检工》：刘洪波、孙绪元、张志奇、仪洪杰、史成新

《水泥质检员》：杨柳、林盼盼、马传杰、周斌

孔祥忠同志对教材修订工作给予指导；王郁涛同志参与了教材修订组织工作；彭建同志具体组织教材修订工作；王郁涛、辛生业、陈绍龙、彭宝利同志对教材修订稿进行审定；刘捷、李江、刘艳、王新路、冯富宁、陆继刚、张庆华、张丽梅、王发印、许林舟、范永斌、肖琼、李永胜、赛同达、王东胜、李继顺等同志参与教材修订相关工作。在此对上述同志付出的辛勤劳动一并表示感谢！

由于编著水平所限，教材难免存在疏漏和错误之处，恳请广大读者提出批评和建议，使教材不断完善。

编著者

2020 年 10 月

目　录

目 录

1 生料制备、水泥制成、煤粉制备操作员

1.1 中 级 工

1. 什么是预均化

在原燃料储存、取用过程中，采用特殊的堆取料方式及设施，使原料或燃料化学成分波动范围缩小，为入窑前生料或燃料煤成分趋于均匀一致而做的必要准备过程，通常称作原燃料的预均化。简言之，所谓原燃料的预均化就是原料或燃料在粉磨之前所进行的均化。原料的预均化主要用于石灰质原料，其他原料基本均质，不需要预均化；燃料的预均化主要用于原煤。

2. 预均化堆场选用的条件、类型

在水泥工业生产中，是否需要建设预均化堆场，可根据原料成分波动及生产要求条件确定。

（1）根据生产工艺要求确定。例如，大型预分解窑生产线对生料的波动限制较严，一般要求生料 $CaCO_3$ 标准偏差不大于 0.2%，因此即使在有高均化效果的生料均化库的条件下，出磨的生料 $CaCO_3$ 的标准偏差要求≤2%。因此，当进料石灰石 $CaCO_3$ 的标准偏差大 3%，而其他原料（如黏土、煤炭等成分）也有较大波动时，就应该考虑采用石灰石预均化堆场。

（2）按原料进料的成分波动范围确定。当成分波动范围 $R<5\%$ 时，可以认为原料的均匀性良好，不需要采用预均化；当 $R=5\%\sim10\%$ 时，表示原料有一定的波动，应结合其他原料的波动情况，包括煤炭的质量、设备条件和其他工艺上的种种因素综合考虑，最后根据生料在入窑前要求达到规定的均齐度而确定；当 $R>10\%$ 时，表示原料波动较大，则必须建设预均化堆场。

（3）结合原料矿山的具体情况统一考虑。如，矿山覆盖层厚薄，喀斯特发育情况，裂隙土和夹层的多少，低品位矿石的数量和位置等因素。

水泥企业遇到煤炭质量波动时，也应考虑建设预均化堆场。尤其是市场供应煤炭矿点难以稳定、煤炭灰分波动在 5% 时，建设预均化堆场很有必要。

预均化堆场类型包括矩形预均化堆场和圆形预均化堆场等。

3. 预均化堆场的布置形式及堆、取料方式

（1）预均化堆场的布置形式

① 矩形预均化堆场

设两个料堆，一个堆料，另一个取料，相互交替作业，两堆料可以平行排列，也可以纵向直线排列，每堆料的储量5～7d原料用量。矩形预均化堆场的缺点是当换堆时由于料堆的端部效应会出现短暂的成分波动；好处是扩建时较简单，只要加长料堆即可。

② 圆形预均化堆场

设一个圆形料堆，在料堆的开口处，一端连续堆料，另一端连续取料，储量4～7d原料用量。圆形预均堆场不存在换堆问题，但不能扩建，且进料皮带要架空，中心出料口要在地坑中。

（2）预均化堆场的堆、取料方式

堆料方式有人字形堆料、波浪形堆料、倾斜形堆料；取料方式有端面取料法、侧面取料法。

4. 影响均化效果的因素及解决方式

（1）影响均化效果的主要因素

① 成分波动大。预均化堆场的原料波动剧烈，影响出料成分的标准偏差。要求矿山开采时注意搭配，同样对品质各异的煤炭，也要注意搭配，然后进入堆场。

② 物料离析。大小颗粒分落，引起料堆横断面上成分波动。

（2）解决方式

通过减小物料颗粒级差，在堆料时减少堆料机卸料端与料堆落差，保持在500mm左右，取料时设法切取端面所有各层物料，来改善出堆场物料成分波动。

① 端堆影响。料堆端部物料离析现象突出，降低均化效果。为减少端堆影响，在布料时，一方面堆料机的卸料端要随料堆升高而升高；另一方面在达到终点时要及时回程，并且上一层要比下一层缩短一小段距离。

② 布料不均。由于进堆场的料量不均匀，使每层物料纵向单位长度内质量不相等，而影响成分不均。为提高均化效果，采取定期检测预均化堆场进料量等措施，改善进料均匀性。

③ 堆料层数。料堆横断面上物料成分的标准偏差与布料层数的平方根成反比。因此，布料层数越多，标准偏差越小。但层数过多，料层变薄，均化效果的提高相对减弱；层数过少，均化效果差，一般生产采用堆料层数为400～600层。

5. 原材料存贮方式及设施有哪几种

① 圆库

圆库一般为混凝土构造，上部为中空圆柱体，下部为锥形料斗，上部进料下部出料。圆库库容有效利用率高，占地面积小，扬尘易处理，但储存含水率较大或黏性较高的块粒状物料易造成堵塞。

② 联合储库

联合储库是一座多种块粒物料储存、倒运的设施，库内用隔墙分割成多个区间。联合储库有效利用率低，扬尘大，易混料。

③ 露天堆场

露天堆场一般多用于外部运入的大宗物料，如未经破碎的外购石灰石、煤、铁质校正原料等。物料的损失大、扬尘大，受天气的影响明显。

④ 堆棚

堆棚类似联合储库，但储存于此的物料种类较少，一般用于储存未经加工的铁质原料、校正原料等。

⑤ 预均化库

预均化库既有储存功能又有预均化功能。采用原燃材料预均化的工厂，可利用预均化库进行预均化的同时，还可进行物料的储存。目前，新型干法水泥企业多采用预均化库。

6. 原材料破碎工艺及设备的选用

（1）原材料破碎工艺

破碎是利用机械方法将大块物料变成小块物料的过程。物料每经过一次破碎称为一个破碎段，破碎段的选择是以实际破碎比的大小来确定的。一般石灰石属于大块和中硬度材料，在粗碎时宜采用挤压破碎，然后采用冲击粉碎将其破碎为中细颗粒。破碎通常采用一段或二段破碎，黏土质原料常常只需要一段破碎。

（2）原材料破碎设备的选用（表 1-1）

完成破碎过程的设备是破碎机。水泥工业中常用的破碎机有颚式破碎机、锤式破碎机、反击式破碎机、圆锥式破碎机、反击-锤式破碎机、立轴锤式破碎机等。各种破碎机具有各自的特性，生产中应视要求的生产能力、破碎比、物料的物理性质（如块度、硬度、杂质含量与形状）和破碎设备特性来确定破碎机类型。

表 1-1 原材料破碎设备的选用

破碎机类型	破碎原理	破碎比 i	允许物料含水率（%）	适宜破碎的物料
颚式、旋回式、颚旋式破碎机	挤压	3～6	<10	石灰石、砂岩
细碎颚式破碎机	挤压	8～10	<10	石膏石灰石、熟料
锤式破碎机	冲击	10～15(双转子 30～40)	<10	石膏、煤
反击式破碎机	冲击	10～40	<12	石灰石、熟料、煤
立轴锤式破碎机	冲击	10～20	<12	石灰石、熟料、石膏
冲击式破碎机	冲击	10～30	<10	煤、石灰石、熟料、石膏
风选锤式破碎机	冲击、磨剥	50～200	<8	煤
高速粉煤机	冲击	50～180	8～13	煤
齿辊式破碎机	挤压、磨剥	3～15	<－20	黏土
刀式黏土破碎机	挤压、冲击	8～12	<18	黏土

7. 易磨性

易磨性是指在一定的粉碎条件下，物料从某一粒度粉碎到指定粒度所需的比功率。其表征材料对粉碎的阻抗，体现了物料被粉磨的难易程度。

哈氏可磨性指数（HGI）：$HGI=13+6.93W$

指数越大，越易磨细。

邦德粉磨功指数（W_i）：

$$W_i=\frac{44.5}{D_{PI}^{0.23}G_{bp}^{0.82}\left(\frac{10}{\sqrt{D_{P80}}}\frac{10}{\sqrt{D_{F80}}}\right)}\times 1.10$$

二者关系：$W_i=435/(HGI)^{0.91}$

影响石灰石易磨性的主要因素有石灰石的纯度、硬度、体积密度、理化组成和次生变质程度等。这些因素均由石灰石矿床地质成因及其生成环境所决定。如，地热水溶液或含硅酸地下水的作用，可使矿石硅质增高。

8. 粉碎功

物料粉碎过程中外力所做的有用功称为粉碎功或能耗。粉碎理论主要是研究粉碎过程中能耗与细化程度之间的关系。由于粉碎作业是涉及多种因素的极其复杂的过程，因此在粉碎理论方面尚无公认的统一结论，而只有三种比较重要的假说，分别是面积假说、体积假说、裂缝假说。

了解粉碎功之前，先要知悉几个相关名词的概念或定义：

粉碎比：原料的粒径与粉碎产品的粒径的比值。

易磨性：物料被粉磨的难易程度。

体积假说：在相同的技术条件下，将几何形状相似的同类物料粉碎成几何形状也相似的产品时，其消耗的能量与被粉碎物料的体积或质量成正比。

邦德原理：粉碎物料所需要的有效功与生成的颗粒的直径的平方根成反比。

面积假说：固体物料粉碎时，能耗与新产生的表面积成正比。

物料一定要在压力下才产生变形，积累一定的能量后产生裂纹，最后沿着脆弱面，即裂纹处断开而被粉碎。

按施加外力的方法，破碎有挤压法、冲击法、磨剥法、劈裂法四种。

水泥行业涉及的粉碎工序主要包括破碎、粉磨等，常见的设备主要有破碎机、辊压机、球磨机、立磨机等。早期的粉碎理论研究，大多揭示粉碎机械能量消耗与被碎物料粒度减少量之间的关系。19 世纪后期才出现了一些有价值的能耗理论，这就是人们熟知的比表面积假说、体积假说、裂缝假说以及统一能量方程式。但是，这些假说与实际情况有较大出入，因此不能用于粉碎机械的设计和实际粉碎作业。

实际上用粉碎能耗来研究粉碎过程或固体的破碎程度的方法是不完善的。因为大量能量在驱动机械传动过程中以摩擦和声响的形态损失掉了，这种损失是可以测定的；而粉碎机械本身的能量损失却无法估算出来，其中包括颗粒受到摩擦而不碎裂造成的能量损失、动能和势能损失、颗粒弹性和塑性变形造成的能量损失、粉碎过程中的机械化学行为造成的能量损失等。因此，粉碎作用可作为粉碎机械操作的结果，该机械操作消耗了能量，而粒度减小只是能量消耗的一种间接结果。

基于上述原因，世界上许多学者和专家开始在物料粉碎机理、能量平衡及粉碎过程的定量描述等方面进行了广泛的试验研究，提出不少有价值的理论，并力求向具体化和实用化的方向迈进。在现代断裂力学和实验技术的发展基础上，提出了高压料层挤压粉碎理论，即物料在高压下产生应力集中引起裂缝并扩展，继而产生众多微裂纹，形成表面裂纹最终达到物料破碎。高压料层粉碎避免了在机械破碎时所产生的大量飞溅残片所带走的破碎能量的浪费，并使能耗降低很多从而占据了新一代磨机粉磨理论的主导地位。

9. 硬度的概念

硬度表示材料局部抵抗硬物压入其表面的能力。硬度体现了固体对外界物体入侵的局部抵抗能力。这一能力与材料内部化学键强度以及配位数等有关。

无机材料一般以莫氏硬度表示，硬度值越大意味着硬度越高。硬度可作为材料耐磨性的间接评价指标，即硬度值越大者，耐磨性越好。

10. 何为生料制备

生料制备过程指生料入窑以前对原料的全部加工过程，包括原料的破碎、预均化、配料控制、烘干和粉磨以及生料均化等环节。生料制备过程按其工作性质，可分为粉碎和均化两大过程。

11. 粉碎的基本概念

用外力克服固体物料质点之间的内聚力，使之分裂破坏并使其粒度减小的过程称为粉碎过程。它是破碎和粉磨的总称。

12. 何为粉碎比

粉碎比为

$$i = \frac{D}{d}$$

式中　i——粉碎比；

D——粉碎前的粒径；

d——粉碎后的粒径。

13. 物料的粉碎是怎样划分的

物料粉碎的划分如图 1-1 所示。

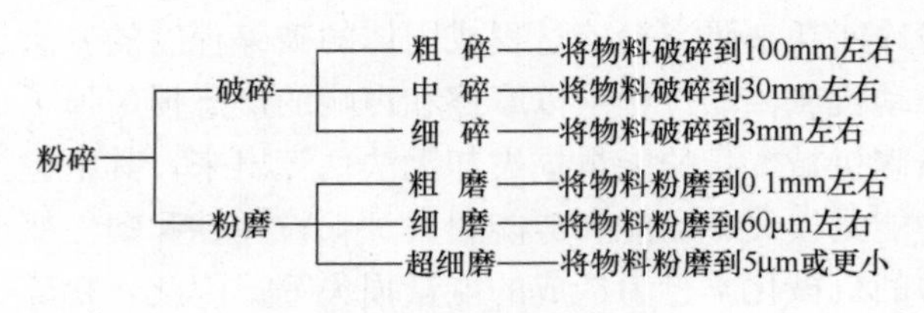

图 1-1　物料粉碎的划分

14. 水泥生产物料粉碎的目的是什么

物料经过粉碎后，单位质量的物料表面积增加，因而可以提高物理作用的效果及化学反应的速度，几种不同物料在粉体状态下，容易达到混合均匀的效果。粉状物料也利于烘干、运输和贮存等，并为煅烧熟料和制成水泥，保证出厂水泥的合格率创造了条件。

15. 原材料输送各环节设备及工艺流程

1）各环节设备

（1）胶带输送机：胶带式输送机主要是用来完成原材料连续不间断运输工作。

（2）堆料机械：天桥皮带堆料机、车式悬臂胶带堆料机、耙式堆料机。

（3）取料机械：①刮板取料机分桥式刮板取料机与悬臂刮板取料机两种。前者用于端面取料；后者既可以端面取料，也可以沿着料堆轴线纵向移动取料，适应圆形堆法。②链斗取料机适用于端面或侧面取料。③桥式圆盘取料机是近年来发展起来的新型取料机，适用于端面取料。

2）工艺流程

（1）主流程

矿山开采—破碎—运输—储存—均化配料—生料粉磨—烧成—破碎—存储—水泥粉磨—储存—包装计量—出厂。

（2）子流程

① 其他原材料（硅质、铝质等）开采或采购—破碎—烘干—存储—均化配料—生料磨

② 采购—粉磨—烧成

（3）混合材（石膏、活性填充材料、早强材料等）采购—破碎（烘干）—储存—配料—水泥磨

16. 何为水泥混合材料

在水泥生产过程中，为改善水泥性能、调节水泥强度等级而加到水泥中的矿物质材料，称为水泥混合材料。在水泥中掺加混合材料不仅可以调节水泥强度等级与品种，增加水泥产量，降低生产成本，而且在一定程度上改善水泥的某些性能，满足建筑工程中对水泥的特殊技术要求。此外，水泥混合材料可以综合利用

大量工业废渣，具有环保和节能的重要意义。

17. 原材料有哪些种类

生产熟料的原料：钙质原料（如石灰石）、硅质原料（如砂岩、硅石）、铝质原料（如粉煤灰、铝矾土）及铁质原料（如铁矿石、硫酸渣、铜渣）。

生产水泥的原料：熟料、石膏、混合材（如矿渣、粉煤灰、炉渣、脱硫石膏、工业废渣等）。

18. 原材料烘干、输送与储存

（1）物料的烘干

烘干是利用热气流作为干燥介质，将热量传给物料，使物料水分蒸发，蒸发出来的水再扩散到干燥介质中被干燥介质带走。烘干可以提高磨机粉磨效率，利于粉状物料的输送、储存和均化。

（2）物料的输送

粒状或小块状物料的输送：皮（胶）带输送机、斗式提升机、振动输送机、埋刮板式输送机等。

粉状物料的输送：螺旋输送机（铰龙）、斗式提升机、空气输送斜槽、气力提升泵等。

（3）物料的储存

储存的目的：平衡生产。

储存期：某物料的储存量能满足工厂生产需要的天数。

储存设施：露天堆场、堆棚、联合储库、圆库、预均化设施兼储存、储料仓。

19. 硬度与原料成分的关系，原料硬度对易磨性和细度的影响

原料易磨性 W_i 对粉磨的产量和细度都产生直接影响。W_i 越小产量越大，生成的 45μm 以下的细粉量越多。反之，原料 W_i 值越大，成品的 0～15μm 的微粉量相对较大，但同时粗颗粒也增多，产量急剧下降。

生产中应重视对原料易磨性的改善，并根据易磨性来选择适当的工艺设备、优化粉磨过程的控制管理。譬如用粉砂岩代替高硅砂岩作生料配料；大掺量钢渣或矿渣时采用分别粉磨；按 W_i 值计算和调配研磨体等。而最好、最直接的方法是采用挤压粉磨取代传统球磨，可以起到大幅度改善易磨性和增强粉磨适应性的作用。据笔者实测资料，原料经过辊压机挤压后，W_i 值降低率通常可达 20%～45%及以上，有的甚至高达 60%。因此可以说，辊压机挤压系统实际生产中的增产节能效果，很大程度上正是得益于原料易磨性的显著改善，足见其技术经济价值。

20. 简述破碎设备的种类

（1）颚式破碎机；

（2）旋回式破碎机；

（3）圆锥式破碎机；
（4）辊式破碎机；
（5）反击式破碎机；
（6）锤式破碎机。

21. 石灰石破碎及输送系统设备工艺联锁

破碎机联锁保护装置是在保护设备安全运行的前提下来实现设备正常的开、停机，并通过中控室各设备色标的变化来正确反映现场设备的运行状态，再加上对设备各种运行参数（如轴承温度、主机电流）的监控，从而实现对设备运转全方位的监控。按运行条件类别的不同，联锁保护可分为启动联锁、运行联锁、安全联锁。

启动联锁：用于设备启动时所必须具备的条件，如风机入口阀门的关限位、各稀油站的允许主机启动、电动机绕组及轴承的高温报警值等。这些条件仅仅在主机开机时参与联锁，当主机正常运行以后，这些条件的满足与否并不影响设备的正常运行。

运行联锁：用于设备运行中所必须具备的条件，主要为设备的顺利开机、设备运行当中必须满足的非自身的其他外在条件。如果在运行当中条件缺失，设备则因运行联锁缺失而跳停。

安全联锁：区别于运行联锁，是设备运行当中必须满足的自身条件。如电动机绕组温度、破碎机轴温、轴承振动值、电动机轴温等。对于运输皮带，则有皮带打滑、跑偏、撕裂、堵料等保护。为了防止各设备过载及跑料、流料，所有这些信号都引进中控，实现中控的软联锁保护。

22. 破碎物料粒径表示方法

在水泥工业中常用四种方法表示物料颗粒的大小：平均粒径法、筛析法、比表面积法和颗粒组成法。

23. 破碎产品的粒度特征（表 1-2）

表 1-2　粒度特征

阶段		给料最大块粒度（mm）	产品最大块粒度（mm）	粉碎比
破碎	粗碎	1500～300	350～100	3～15
	中碎	350～100	100～10	3～15
	细碎	100～40	30～5	1～20
磨矿	一段磨矿	30～10	1～0.3	1～100
	二段磨矿	1～0.3	—	1～100
超细粉碎		0.1～0.075	0.075～0.0001	1～1000
超微粉碎		0.075～0.0001	0.0001	1～1000

24. 硅酸率

硅酸率又称硅酸系数(silica modulus，SM)，简称硅率，是硅酸盐水泥生产的一项技术指标。它是指硅酸盐水泥熟料中 SiO_2 含量与 Al_2O_3 加 Fe_2O_3 含量的比值[$SiO_2/(Al_2O_3+Fe_2O_3)$]。它反映水泥熟料中硅酸盐矿物($3CaO \cdot SiO_2 + 2CaO \cdot SiO_2$)与熔剂矿物($3CaO \cdot Al_2O_3 + 4CaO \cdot Al_2O_3 \cdot Fe_2O_3$)的相对含量，硅酸率过低，则熔剂矿物含量过多，煅烧时液相量较大，容易结圈和结大块，使烧成困难，影响水泥的产量和质量；硅酸率过高，则说明熔剂矿物含量较低，煅烧时液相量太小，同样使烧成困难。所以生产硅酸盐水泥时，硅酸率必须选择适当，才能保证正常生产。

25. 铝氧率

铝氧率即铝氧系数（alumina coettl-eient)、铁率（iron modulus，IM)。

它是硅酸盐水泥生产的一项技术指标，指硅酸盐水泥熟料中三氧化二铝含量与三氧化二铁含量的比值（Al_2O_3/Fe_2O_3)。它反映水泥熟料中铝酸三钙($3CaO \cdot Al_2O_3$)与铁铝酸四钙（$4CaO \cdot Al_2O_3 \cdot Fe_2O_3$）的相对含量。铝氧率过高时，则铝酸三钙含量多，煅烧时液相黏度较大，不利于游离氧化钙的吸收；过低时，生料烧结范围变窄，看火操作比较困难，且对水泥凝结有不良影响。

26. 熟料中的化学成分、矿物组成各率值之间的关系

熟料中的主要矿物均由各主要氧化物经高温煅烧化合而成，熟料矿物组成取决于化学组成，控制合适的熟料化学成分是获得优质水泥、水泥熟料的中心环节，根据熟料化学成分也可以推测出熟料中各矿物的相对含量高低。

27. 配料的目的和基本原则

配料：根据水泥品种、强度等级、原燃料品质、工厂具体生产条件等选择合理的熟料矿物组成或率值，并由此计算所用原料及燃料的配合比，称为生料配料，简称配料。

配料的目的：确定各原料的数量比例，以保证生产符合要求的水泥熟料。工艺设计的依据，正常生产的前提 $KH=0.87\sim0.96$ n（SM）$=1.7\sim2.7$ p（IM）$=0.9\sim1.9$。

（1）烧出的熟料具有较高的强度和良好的物理化学性能；

（2）配制的生料易于粉磨和煅烧；

（3）生产过程中易于控制，便于生产操作管理，尽量简化工艺流程，并结合工厂生产条件，经济、合理地使用矿山资源。

配料方案的设计，要考虑原料燃料的质量、水泥品种及具体的生产工艺流程，保证优质、高产、低消耗生产水泥熟料。合理的配料方案既是工厂设计的依据，又是正常生产的保证。

28. 配料的计算

（1）配料方案的设计

配料方案的设计，要考虑原料、燃料的质量、水泥品种及具体的生产工艺流程，保证优质、高产、低消耗地生产水泥熟料。合理的配料方案既是工厂设计的依据，又是正常生产的保证。任何一个水泥厂都希望有理想的经济效益和完美的熟料矿物组成、质量，易碎性能好，热耗低，产量高的效果，因此在选定配料方案时，必须根据：窑型规格、当地原燃料具备的条件、所生产的水泥品种综合考虑。

（2）确定配料方案的依据

① 原料的质量

原料的质量对熟料组成的选择有较大的影响。如石灰石品位低，而黏土氧化硅含量不高，就无法提高 KH 和 n 值。如石灰石中含燧石多，黏土中含砂多，生料易烧性差，熟料难烧，要适当降低 KH 值以适应原料的实际情况。生料易烧性好，可以选择高 KH 值、高 n 值的配料方案。

② 燃料质量

煅烧熟料所需的煅烧温度和保温时间，取决于燃料的质量。煤燃烧后的灰分几乎全部掺入熟料，直接影响熟料的成分和性质，因此，煤质好、灰分小，可适当提高熟料的 KH 值。如煤质差，灰分高，相应降低熟料的 KH 值。当煤质变化较大时，应考虑进行煤的预均化。

③ 生料情况

生料细度、化学成分、均匀性对熟料的煅烧和质量有很大影响。如生料细度粗，均匀性差，不利于固相反应的进行，KH 值不宜过高。如生料细度细，原料预均化较好的水泥企业，可适当提高 KH 值。

④ 水泥品种

水泥品种不同对熟料矿物组成的要求也不相同。如生产低热水泥时，应适当降低熟料中发热量较高的 C_3A 和 C_3S 的含量，相应提高 C_2S 和 C_4AF 的含量。生产快硬硅酸盐水泥时，需适当提高早期强度较高的 C_3A 和 C_3S 的含量。

⑤ 生产工艺

物料在不同类型窑内的受热情况和煅烧过程不完全相同，率值的选择应有所不同。窑外分解窑，由于物料预热好，热工制度稳定，一般考虑中 KH 值、高 n 值、高 p 值的配料方案。一般回转窑，由于物料不断翻滚，受热均匀和煤灰掺入均匀，配料可选用较高的 KH 值。立窑由于通风、煅烧很不均匀，因此 KH 值、n 值应适当降低。

（3）配料计算

配料计算是为了确定生料的三率值。生料三率值是过程控制目标，熟料三率值是最终控制目标。已知生料三率值和原料成分求原料配比比较简单，难的是当出磨生料三率值不符合要求时如何调整原料的配比。通过对影响生料三率值变化因素的研究，提出水泥生料反馈调整的计算方法，并进行模拟验证和与率值公式法的对比验证。最后验证当生料目标值不符合要求时，如何进行调整计算，确定生料的三率值。

当前常见的配料计算方式有误差尝试法、递减试凑法、滴定值法等。以误差法为例，计算步骤如下：① 列出各种原料、燃料的化学分析数据；② 计算煤灰掺入量；③ 列出要求的熟料矿物组成及率值；④ 假设原料干基配比，计算白生料成分；⑤ 计算灼烧基生料成分；⑥ 计算熟料成分；⑦ 计算熟料各率值及矿物组成，与要求值进行对照；⑧ 进行调整，重复计算，确定配比；⑨将干基配比换算为应用基配比，确定生料系统配料控制指标。

生料配料目标值计算公式如下：

A. 熟料化学成分计算

$$Fe_2O_3 = (M - 0.7 \times SO_3) \div [(2.8 \times KH + 1)(p + 1)N + 2.65 \times p + 1.35]$$

$$Al_2O_3 = p \times Fe_2O_3$$

$$SiO_2 = n \times (Al_2O_3 + Fe_2O_3)$$

$$CaO = M - SiO_2 - Al_2O_3 - Fe_2O_3$$

式中，SO_3表示熟料中的三氧化硫；$M = CaO + SiO_2 + Al_2O_3 + Fe_2O_3$。

熟料 SO_3通常为 0.3～0.7，M 值用实际生产中的数据，初次计算时可以假设一个数据。

B. 熟料中煤灰掺入量计算

$$A_h = Q \times A_{ad} \div Q_{net,ad}$$

式中 A_h——熟料中煤灰的掺入量；

Q——熟料热耗；

A_{ad}——煤的空气干燥基灰分；

$Q_{net,ad}$——煤的空气干燥基发热量，有些教科书上含混不清，一定不要用收到基发热量 $Q_{net,ar}$ 计算。

C. 熟料中煤灰带入成分计算

$$熟料中煤灰带入成分 = 煤灰成分 \times A_h$$

D. 生料目标值计算

$$KH = [(C - C_0) - 1.65 \times (A - A_0) - 0.35 \times (F - F_0)]/[2.8 \times (S - S_0)]$$

$$n = (S - S_0)/[(A - A_0) + (F - F_0)]$$

$$n = (A - A_0)/(F - F_0)$$

式中 S、S_0——分别表示熟料和熟料中煤灰带入的 SiO_2；

A、A_0——分别表示熟料和熟料中煤灰带入的 Al_2O_3；

F、F_0——分别表示熟料和熟料中煤灰带入的 Fe_2O_3；

C、C_0——分别表示熟料和熟料中煤灰带入的 CaO。

E. 干湿基换算（G 表示干基配比，g 表示湿基配比，W 表示原料水分）

F. 湿基配比换算成干基配比

$$G_1=g_1(100-W_1)\times100\div K \quad G_2=g_2(100-W_2)\times100\div K$$

$$G_3=g_3(100-W_3)\times100\div K \quad G_4=g_4(100-W_4)\times100\div K$$

其中，$K=g_1(100-W_1)+g_2(100-W_2)+g_3(100-W_3)+g_4(100-W_4)$

G. 干基配比换算成湿基配比

$$g_1=G_1\times100\div(100-W_1)\div K \quad g_2=G_2\times100\div(100-W_2)\div K$$

$$g_3=G_3\times100\div(100-W_3)\div K \quad g_4=G_4\times100\div(100-W_4)\div K$$

其中，$K=G_1\div(100-W_1)+G_2\div(100-W_2)+G_3\div(100-W_3)+G_4\div(100-W_4)$

29. 标准偏差

标准偏差：一种度量数据分布的分散程度之标准，用以衡量数据值偏离算术平均值的程度。标准偏差越小，这些值偏离平均值就越少；反之亦然。标准偏差的大小可通过标准偏差与平均值的倍率关系来衡量。

$$S=\sqrt{\frac{\sum_{i=1}^{n}(x_i-\overline{x})^2}{n-1}}=\sqrt{\frac{(x_1-\overline{x})^2+(x_2-\overline{x})^2+\cdots+(x_n-\overline{x})^2}{n-1}}$$

式中 S——标准偏差（%）；

n——试样总数或测量次数，一般 n 值不应少于 20 个；

x_i——物料中某成分的各次测量值，$1\sim n$。

30. 均化效果

均化效果指的是均化前物料的标准偏差与均化后物料的标准偏差之比值。影响均化效果的因素有充气装置发生漏泄、堵塞、配气不匀等；生料物性与设计不符；压缩空气压力不足或含水率大等；机电故障及其他无法控制的其他因素等。

31. 何为绿色矿山

“绿色矿山”是指矿产资源开发全过程，既要严格实施科学有序的开采，又要对矿区及周边环境的扰动控制在环境可控制的范围内；对于必须破坏扰动的部分，应当通过科学设计、先进合理的有效措施，确保矿山的存在、发展直至终结，始终与周边环境相协调，并融合于社会可持续发展轨道中的一种崭新的矿业形象。

绿色矿山建设是一项复杂的系统工程。它代表了一个地区矿业开发利用总体水平和可持续发展潜力，以及维护生态环境平衡的能力。它着力于科学、有序、合理地开发利用矿山资源的过程中，对其必然产生的污染、矿山地质灾害、生态破坏失衡，最大限度地予以恢复治理或转化创新。

32. 关于GPS智能配矿

配矿又称矿石质量中和（neutralization of ore quality）。为了达到矿石质量指标要求，对品位高低不同的矿石，按比例进行互相搭配，尽量使之混合均匀，这种工作称为配矿。如在采掘计划阶段爆破顺序的安排；运输阶段内贮矿槽或料场移动式皮带卸矿、栈桥卸矿或装卸车等工作的调度。

露天矿GPS车辆智能调度管理系统综合运用计算机技术、现代通信技术、全球卫星定位（GPS）技术、系统工程理论和最优化技术等先进手段，建立生产监控、智能调度、生产指挥管理系统，对生产采装设备、移动运输设备、卸载点及生产现场进行实时监控和优化管理。露天矿GPS车辆调度系统由调度中心、通信及差分系统、车载智能终端三部分构成。露天矿GPS车辆调度系统加速了矿山信息化和数字化的步伐，因而是21世纪现代化矿山建设体系的必然要求和重要发展方向。

33. 在线分析仪在石灰石配矿上的应用

系统通过三维矿体建模进行采矿设计、方案优化制订矿山中长期开采计划。利用爆破取样化验取样点的坐标和化验结果，更新修正三维矿体模型，制订采矿日计划、配矿方案。车辆调度系统针对生产计划、配矿方案、生产设备情况等信息，合理调配卡车、挖掘机，实现精细化控制。在石灰石进入破碎前，对检测重车载重，将载重信息反馈给车辆调度系统，对超/欠载的情况进行补偿。在线品位分析系统对混矿后的矿石进行实时品位测量并反馈到其他系统，分析配矿完成情况，调整派车方案（图1-2）。

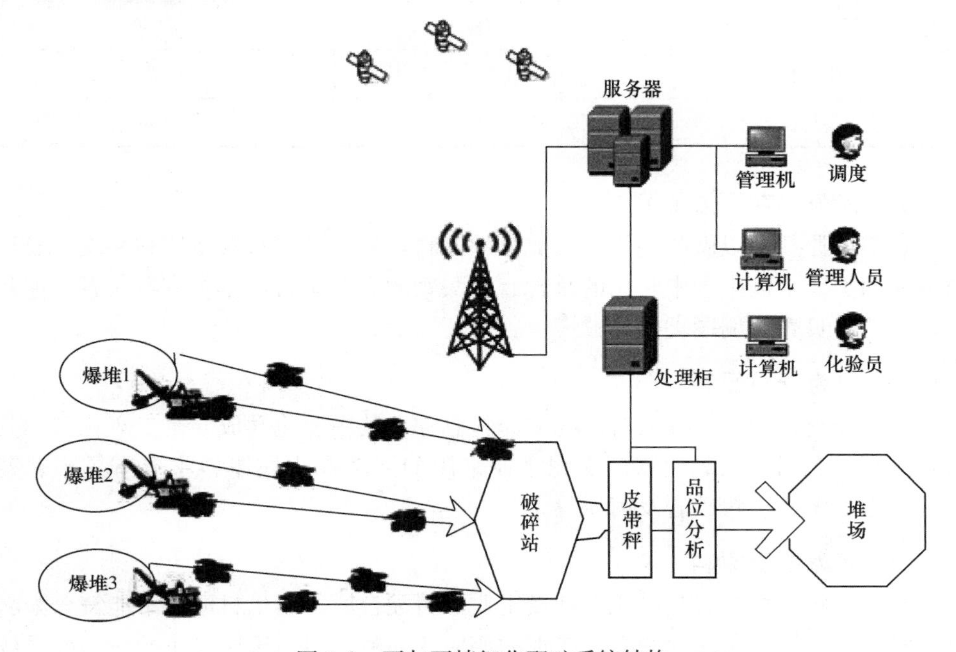

图1-2　石灰石精细化配矿系统结构

34. 如何采用低品位石灰石配料

采用 SiO_2 含量较高的硅质原料配料，SiO_2 含量尽量高，这样硅质原料掺入量就会减少，石灰石比例就会增加，相应增加了 CaO 含量，用高 Al_2O_3 含量的硅铝质原料和高 Fe_2O_3 含量的铁质原料也有类似辅助作用；另一方面熟料率值采用高硅酸率（SM）配料，因为饱和比（KH）不高，只有这样才有可能增加硅酸钙矿物的含量，保证熟料强度，但这种料难烧，应提高煅烧温度，有利于硅酸钙矿物的形成，由此可能热耗会高些，相当于增加了一些热耗换取使用低品位石灰石；此外，要注意石灰石配料比例增加是否会带入更多的碱或氯，如果石灰石中有害元素含量超过要求指标，想增加石灰石的配料比例就比较难了。

35. 何为生料的均化过程

生料均化过程实际贯穿生料制备的全过程。一般认为：矿山搭配开采、原料预均化堆场、生料粉磨过程的均化作用以及生料均化库四个环节构成了生料均化链。

36. 简述生料均化链中各个环节的均化效果

生料均化链中各个环节的均化效果如表 1-3 所示。

表 1-3　均化效果

环节名称	均化效果 S_1/S_2	完成均化工作量的比例
矿山		10～20
预均化堆场	≤10	30～40
生料磨	1～2	0～10
生料均化库	≤10	30～40

37. 何为石灰石质原料

石灰质原料是以碳酸钙为主要成分的原料，分为天然石灰质原料和人工石灰质原料两类。水泥生产中常用的是含有碳酸钙的天然矿石，主要有石灰石、泥灰岩、白垩、贝壳和珊瑚类等。

38. 何为硅质原料

硅质原料是指含铝硅酸盐矿物的原料总称。其主要化学成分是二氧化硅，其次是三氧化二铝、三氧化铁。水泥企业采用的天然黏土质原料主要有黏土、黄土、页岩、泥岩、粉砂岩及河泥等。

39. 何为校正原料

校正原料是指当石灰质原料和黏土质原料配合所得的生料成分不能符合配料方案要求时，根据所缺少的组分掺加的相应的原料，包括铁质校正原料、硅质校正原料、铝质校正原料。铁质校正原料常用的有低品位的铁矿石，炼铁厂的尾矿及硫酸厂工业废渣、硫酸渣等。目前有的水泥企业使用铅矿渣或铜矿渣，既是铁质校正原料，又可兼作矿化剂，使用效果良好。硅质校正原料常用的有硅藻土、硅藻石、含二氧化硅多的河砂、砂岩、粉砂岩等。其中河砂、砂岩因为结晶二氧化硅多，难磨难烧，水泥企业多不用；风化砂岩易于粉磨，对煅烧影响小，多被水泥企业使用。铝质校正原料常用的有炉渣、煤矸石、铝矾土等。

40. 石灰石饱和系数

KH 表示水泥熟料中的总 CaO 含量扣除饱和酸性氧化物（如 Al_2O_3、Fe_2O_3）所需要的氧化钙后，剩下的与二氧化硅化合的氧化钙的含量与理论上二氧化硅全部化合成硅酸三钙所需要的氧化钙含量的比值。简言之，石灰饱和系数表示熟料中二氧化硅被氧化钙饱和成硅酸三钙的程度。

理论值：$KH=(CaO-1.65Al_2O_3-0.35Fe_2O_3)/2.8SiO_2$

实际值：$KH=[(CaO-f\text{-}CaO)-(1.65Al_2O_3+0.35Fe_2O_3+0.7SO_3)]/2.8(SiO_2-f\text{-}SiO_2)$

式中，CaO、SiO_2、Al_2O_3、Fe_2O_3、SO_3 分别为熟料中相应氧化物的质量百分数。

41. 生料制备需要哪些原料

生料制备需要石灰石原料、黏土质原料、校正原料（铁质、铝质）等。因各厂资源不同，具体配料原料有石灰石、黏土、页岩、砂岩、硅石、铁粉、硫酸渣等。

42. 简述对各种原料的质量要求

石灰石原料的质量要求如表 1-4 所示。

表 1-4 石灰石原料质量要求 %

品位		CaO	MgO	R_2O	SO_3	$f\text{-}SiO_2$	Cl^-
石灰石	一级	>48	<2.5	<1.0	<1.0	<4.0	<0.015
	二级	45～48	<3.0	<1.0	<1.0	<4.0	<0.015
泥灰岩		35～45	<3.0	<1.2	<1.0	<4.0	<0.015

黏土质原料的质量要求如表 1-5 所示。

表 1-5 黏土质原料质量要求

品位	硅酸率 *n*	铝氧率 *p*	MgO (%)	R_2O (%)	SO_3 (%)	Cl^- (%)
一级品	2.7～3.5	1.5～3.5	<3.0	<4.0	<2.0	<0.002
二级品	2.0～2.7 或 3.5～4.0	不限	<3.0	<4.0	<2.0	<0.002

校正原料的质量要求如表1-6所示。

表 1-6 黏土质原料质量要求

硅质原料	硅酸率 n	SiO_2（%）	R_2O（%）	普式硬度
	>4.0	70～90	<4.0	最好 $f<8$
铁质原料		$Fe_2O_3>40$		
铝质原料		$Al_2O_3>30$		

43. 在粉磨过程中，什么叫“开路”和“闭路”系统

物料一次通过磨机即得到产品的粉磨系统，称为开路系统（简称开流）。物料出磨后必须经过分级设备分选，合格细粉作为成品，不合格的粗粉重新返回磨机再粉磨的粉磨系统，称为闭路系统（简称圈流）。

44. 在粉磨工艺过程中，有哪几种配置方式

粉磨工艺过程有开路粉磨系统、闭路粉磨系统、立式粉磨系统。在新型干法生产线中，立式磨粉磨系统在生料制备和煤粉制备中成为发展趋势。

45. 简述球磨机的分类

球磨机的分类如图1-3所示。

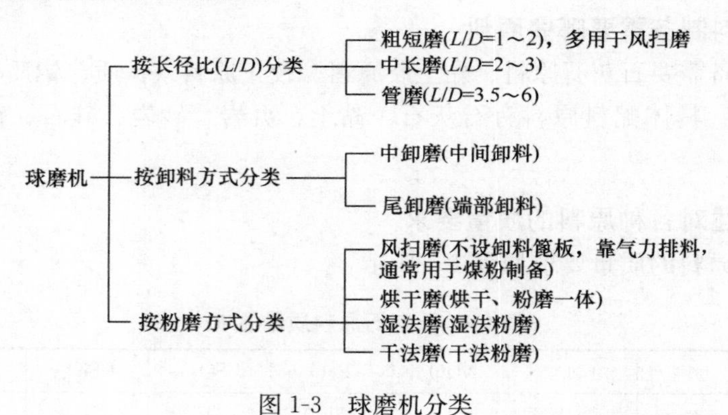

图1-3 球磨机分类

46. 简述球磨机的工作原理

球磨机是一个水平放置在两个大型轴承上低速回转的筒体。筒体内装填着不同种类、不同规格的研磨体，物料加入球磨机筒体，主要是靠研磨体抛落状态下的冲击粉碎作用和倾泄状态下的滑动研磨作用，使其由块状物料变成粉状物料。由于磨头不停地强制喂料，使磨头与磨尾形成了一定的料位差，在料位差、扬料板、磨机通风等及筒体回转的共同作用下，物料被粉磨并从磨头流向磨尾，直至排出磨外。

47. 球磨机的结构有哪几部分

球磨机由进料装置、支撑装置、回转部分、卸料装置、传动装置组成。

48. 简单描述闭路烘干磨系统的工艺流程

配料皮带秤→皮带输送机→磨机→提升机→选粉机→生料均化库。

49. 简单描述典型立式磨粉磨系统工艺流程

配料皮带秤→皮带输送机→稳流仓→流量控制阀→立式磨→电收尘→生料均化库。

50. 简述立式磨的工作原理

立式磨又称碾辊磨，它主要是利用磨辊与磨盘的相对运动，产生速度差，形成剪切研磨力，粉碎、碾压磨盘上的物料。

电动机通过减速机带动磨盘转动。磨盘转动产生的离心力使喂入磨盘中心的物料移向磨盘周边，进入磨辊和磨盘间的辊道。磨辊在液压装置和加压机构的作用下，向辊道内的物料施压。物料在辊道内碾压后，向磨盘边缘移动，直至从磨盘边缘的挡料圈上溢出。与此同时，来自风环由下而上的热气流，对含水物料进行悬浮烘干，并将碾碎的物料带起，至磨机上部的回转分级机中进行分选。合格的细粉随气流从上部出口排出，作为成品被收尘器收集；粗颗粒落下，返回磨盘上与新加入的物料一起重磨（另外，一些磨机的设计中，更大的粗粒进入回料提升机，回到磨前稳流仓，再进入磨机粉磨）。

51. 简述磨机“开路”与“闭路”系统的优缺点

开路系统的优点：流程简单，操作简便，基建投资少。其缺点：容易产生过粉磨现象，即磨内物料必须全部达到合格细度后才能出磨；当一些容易磨细的物料提前磨细后，在磨内形成缓冲层，妨碍其他物料的粉磨，有时甚至出现细粉包球现象，从而降低了粉磨效率，使磨机产量降低，电耗升高。

闭路系统与开路系统正好相反。其优点：可以消除过粉磨现象，降低磨内温度，因而粉磨效率高、产量高，同规格的水泥磨机产量一般可提高 10%～20%，生料磨可提高 30%左右。其缺点：流程复杂、设备多，操作管理技术要求也高，基建投资大。

52. 简述立式磨与球磨机对比的优缺点

（1）与球磨机相比，立式磨的主要优点：

① 系统简单。立式磨的入料粒度大（可入磨粒度为磨辊直径 5%的物料），可简化破碎系统，省掉二级破碎。

② 烘干能力强。预热器热风或热风炉可提供 250℃以上的热风，可烘干含水 15%的原料。

③ 磨机本身带选粉装置，能及时排出细粉，减少过粉磨现象，粉磨效率高。

④ 电耗低（系统本身电耗为球磨机的40%～60%）。

⑤ 产品颗粒组成稳定，生料易烧性好。

⑥ 产品的细度调节灵活方便（调整上部回转分级机的转速即可）。

⑦ 单位产品金属磨耗低。磨耗一般只有5～15g/t，低时仅3～5g/t，因此，磨损件的使用寿命长；由于磨损产生的金属粉末很少，可粉磨白水泥生料。

⑧ 噪声低，环境卫生好。噪声比球磨机低20～25dB。

⑨ 占地面积和建筑空间小，分别为球磨机系统的50%～70%和50%～60%。基建投资仅为闭路球磨机系统的70%。

（2）立式磨的主要缺点：

① 由于靠风送成品出磨，成品颗粒组成与物料组分的密度有关，对水泥粉磨质量有一定影响，因此在水泥粉磨中一般作为预粉磨系统使用。

② 对辊套和磨盘的材质要求较高，对液压系统加压密封要求严格；否则，对磨机产量、质量影响很大。

③ 对岗位工人操作、维护技术要求较高。

53. 简述立式磨与辊压机对比的优缺点

（1）与立磨相比，辊压机的主要优点：

① 结构简单，体积小、自重小，占用空间小，可以节省土建投资；

② 操作、维修简便；

③ 料层厚度小，挤压效果好；

④ 单位产品能耗与立磨相比降低约1/3；

⑤ 成品内部具有微裂纹，形状为针状或片状，生料易烧性更好。

（2）与立磨相比，辊压机的主要缺点：

① 料层较薄，辊面对金属异物的威胁更为敏感；

② 烘干能力较低，允许物料的含水率不能过高，一般要求不超过5%；

③ 对物料性质变化的适应性不高；

④ 磨辊可承受压力低，功率效能转换低；

⑤ 更换磨辊工作量大，需要较长的停产时间。

54. 何为率值配料？为什么要采用率值配料

利用先进的化学分析仪器，快速测定水泥原料的多种化学成分，按工艺要求的率值进行及时调控，来配制生料的过程称为率值配料。率值配料可以与计量加料设备微机控制系统联网，实现生料配料系统的在线控制。

生料配料控制的目的主要是保证生料中四种化学成分之间的合适比例，这个比例又是用三个率值来表示的，因此，率值可以决定生料的易烧性和水泥熟料的质量。实施率值配料，能够提高出磨生料合格率、稳定生料成分、保证煅烧的熟料质量，全面提升水泥企业生产过程的现代化和科学管理水平。

55. 生料率值的含义

生料率值是由对熟料率值的要求决定的。在水泥生产中，我们根据水泥品种，低能耗、高品质的要求决定熟料的率值。所以熟料率值的含义也就代表了生料率值的含义。

（1）石灰饱和系数 KH

$$KH=\frac{CaO-1.65Al_2O_3-0.35Fe_2O_3-0.7SO_3}{2.8SiO_2}$$

KH 的含义：水泥熟料中扣除与 Al_2O_3、Fe_2O_3 和 SO_3 结合所需的 CaO 含量与全部形成硅酸三钙（C_3S）所需要的含量之比。相同烧成条件下，KH 值越高，熟料中的 C_3S 含量越高，C_2S 越低。水泥具有快硬、高强的特性；但要求煅烧温度较高，煅烧不充分时，熟料中将含有较多的游离氧化钙，影响熟料的安定性。KH 值过低时，水泥熟料强度发展缓慢，早期强度低，对于预分解窑来讲熟料 KH 值较合适的范围 0.88～0.92。欧美国家常用另一个表达式 LSF，即

$$LSF=\frac{CaO-0.7SO_3}{2.8SiO_2+1.18Al_2O_3+0.65Fe_2O_3}$$

LSF 为熟料中 CaO 含量与全部酸性组分需要结合的 CaO 含量之比。

（2）水硬率 HM

$$HM=\frac{CaO-0.7SO_3}{SiO_2+Al_2O_3+Fe_2O_3}$$

HM 的含义与 LSF 的含义基本相同，HM 高时，生料难烧，HM 的范围一般为 1.8～2.4。

（3）硅酸率 SM（或 n）

$$n=\frac{SiO_2}{Al_2O_3+Fe_2O_3}$$

n 值是熟料中 SiO_2 含量与 $Al_2O_3+Fe_2O_3$ 之比。它反映了熟料中硅酸盐矿物（C_3S+C_2S）与熔剂矿物（C_3A+C_4AF）的相对含量。其值一般在 1.5～3.5 范围。n 值过大，熟料较难烧成，煅烧时液相量较少，不易挂窑皮，影响窑的长期运转。n 值过小，熔剂矿物含量过多，窑内易结圈或结大块，熟料后期强度也低。预分解窑的熟料 n 值一般为 2.4～2.8。

（4）铝氧率 IM（或 p）

$$p=\frac{Al_2O_3}{Fe_2O_3}$$

p 值的含义是熟料中 Al_2O_3 含量与 Fe_2O_3 之比。它反映熟料中 C_3A 和 C_4AF 的相对含量，一般为 0.64～3.0。$p<0.64$ 时，全部 Al_2O_3 含量形成 C_4AF，无 C_3A 形成。p 值过大时，C_3A 含量高，液相黏度增大，不利于游离石灰的吸收和 C_3S 的形成。预分解窑熟料 p 值的范围一般为 1.4～1.8。

56. 调速电子皮带秤的特点是什么

（1）设备结构简单，维修方便，耗能低。

（2）采用连续自动按质量给料，克服了物料质量变化的干扰，称重传感器不易受到外界的干扰影响，有利于提高精度和灵敏度。

（3）工作稳定可靠，对于不同性质的物料有较好的适应性，对含水率在 8%以下的物料都能正常计量，下料量调整方便，控制范围较大。

（4）库底不需要另外单独设置抱磁振动加料机给皮带加料机供料；正常工作时，皮带加料机的运行速度可以调节变化，以适应加料量调节的需要，本身既是给料设备又是计量设备。

（5）加料量的电子信号数字显示，可随时采用手动调节或自动调节给料量，并连续显示瞬时量和累计量。

（6）驱动电动机可以采用直流电动机或交流异步调速电动机。

（7）可以多台秤同时按给定配比自动配料。

57. 何为预粉碎技术，它对于粉磨作业有什么作用

以降低入磨物料粒度和提高粉磨性能为主要手段，使球磨机节能高产的技术称为预粉碎技术。它把球磨机第一仓的粉碎工作，部分或全部转由其他能量利用率高于球磨机的粉碎设备来完成，让入磨物料粒度降低到 5mm 以下或更小，使磨机台时产量提高 30%以上，单产电耗降低 15%～20%，产品颗粒组成更加合理。

58. 常见预粉碎设备有哪些

（1）细碎破碎机；

（2）单仓棒磨机；

（3）辊压机（挤压机）；

（4）立式磨（预粉碎用）。

在大型新型干法窑中多用辊压机和立式磨作为预粉碎设备。

59. 球磨机衬板按材质、形状又分为几种

（1）按材质分

① 高锰钢衬板；

② 生铁和合金生铁衬板；

③ 铸石衬板；

④ 橡胶衬板；

⑤ 高铬铸铁衬板；

⑥ 中碳铬钢合金钢衬板。

（2）按形状分

① 阶梯衬板；

② 平衬板；

③ 波形衬板。

60. 简述磨机衬板的作用

磨机衬板的主要作用是用来保护筒体，避免研磨体和物料对筒体的直接冲击和摩擦；其次是通过不同形式的衬板来调整各仓内研磨体的运动状态，以提高粉磨能力和性能。

61. 球磨机隔仓板有几种，特点是什么

球磨机隔仓板有单层和双层隔仓板两种。

（1）单层隔仓板的优点：结构简单，装卸方便，占磨机有效容积小，通风阻力小。多为小型磨机采用。缺点：物料流速不均匀，产品细度难控制。

（2）双层隔仓板优点：出料均匀，它有强制物料的作用。通过的物料量不受相邻两仓物料水平的限制，甚至在前仓料面低于后仓料面的情况下，仍可通过物料，从而可控制各仓适当的“球料比”。缺点：占磨机有效粉磨容积大，通风阻力大。

62. 简述闭路系统中选粉机的作用

选粉机是闭路粉磨系统的分级设备。它及时对出磨物料进行分选，使合格细粉作为成品，不合格的粗粉重新返回磨机再粉磨；它能调节成品颗粒组成，满足工艺要求，保证粉磨产品质量。选粉机的性能是影响闭路粉磨系统产量和质量的主要因素之一。

63. 球磨机新型防堵型隔仓板的特点及基本原理

特点：结构简单，占用磨内空间较小，只有双层隔仓板的1/10，整体质量小，降低磨机启动和运行电流。

原理：采用等径、耐磨轴承圆钢，按照磨机有效断面进行组合排列，断面风速均衡，消除了磨内中风与边风之差，料流稳定可控，圆钢相互之间采用具有定位尺寸功能的间隔，圆环套进行间隙与隔断定位，具有承载研磨体冲击功能以防表面变形闭合。隔仓板前后设有多条自清抗磨大散筋板，增大隔仓板的抗冲击能力和整体强度。圆钢与圆钢之间属切线接触，因此通风通料阻力较小，且不易堵塞。

64. 干法闭路粉磨系统中的选粉机有几种类型

（1）离心式选粉机；

（2）旋风式选粉机；

（3）转子式选粉机；

（4）O-Sepa 选粉机；

（5）组合式选粉机。

65. 简述旋风式选粉机的工作原理

离心风机将循环风切向送入选粉机中部壳体，经滴流装置的间隙旋转上升，进入选粉室；物料从进料口落到旋转的撒料盘上，立即被抛散分散，并与上升气流相遇，细颗粒被上升的气流带出选粉室，切向进入旋风筒，在离心力的作用下被收集下来，从细粉出口卸出作为成品。而粗颗粒物料被抛撒到四周，它与选粉室内壁相撞击，速度降低，落到滴流装置上，被刚刚进入的上升气流再次分选，粗颗粒落入选粉室下部锥体，作为回料经粗粉口卸出，返回磨机重新粉磨。从旋风筒出来的气体经上部出风管、回风管，重新进入离心风机入口，形成闭路循环风。

66. 简述转子式选粉机的特点

转子式选粉机将笼形转子选粉原理嫁接于旋风选粉机，针对“分散”“分级”和“收集”三个关键技术在结构上比旋风选粉机有了明显的改进。

（1）采用高抛撒能力的撒料盘，使物料分散均匀、充分。主轴传动选用调速电动机，可改变撒料盘转速，调节产品细度更加方便。

（2）在撒料盘上方增加了一个笼形转子，其倒锥形的表面旋转产生的旋流及切向剪力，强化和稳定了离心力分级力场，增大了分散能力和提高了分级效率。

（3）采用高效低阻的旋风筒收集细粉，增大了进风涡旋角，延长了含尘气流在旋风筒内的停留时间，从而提高了各级细粉和超细粉的收集量。

转子式选粉机在一台设备中，串联上、中、下三个选粉室，根据物料在选粉过程中的粗、细粉比例变化，合理安排分级气流的方向、速度和流量，将涡流分级、惯性分级、离心分级等科学地组合于一体，更加适应新标准下的粉磨工艺要求，给球磨机优质节能高产提供了有效的手段。

67. 简述 O-Sepa 选粉机的工作原理

出磨物料由选粉机的上部喂入，经撒料盘和缓冲板充分分散后，进入由切向管引入的一次风和二次风的分级气流中；受笼形转子和水平分料板的作用，分选气流形成水平涡流，对物料进行分选，细粉从上部出口进入袋式收尘器作为成品收集下来，粗粉在下落的过程中被下部进入的一、二、三次风多次漂选，选出的细粉被气流带到上部出口，其余的粗颗粒作为回料从底部出口卸出，返回磨机重磨。

68. O-Sepa 选粉机的特点有哪些

（1）物料在撒料板转动产生惯性离心力击打到缓冲挡料板的过程中，首选将结团粒子打散。进入分级区后，又在涡流剪切力作用下被二次分散，故撒料均匀，分散性好，为高效选粉创造了条件。

（2）物料自上而下，经过若干分级界线分明的选粉区多次反复分选，因而分级精确彻底。

（3）利用方向相反的惯性离心力和气流向心力平衡来进行物料分级，所以当风机风量确定之后，只需改变选粉机转速，即可改变产品的临界分离粒径，成品细度调节方便，调节范围宽，操作相对简单。

（4）系统通风量大，有利于磨内温度降低，提高粉磨效率。

（5）利用含尘气体选粉几乎不影响选粉效率，故选粉机风源可从扬尘吸取，有利于净化环境。

（6）系统通风量大，有利于磨内温度降低，提高粉磨效率。

（7）选粉过程也是水泥降温过程，无须另外设置冷却设备，结构紧凑，体积小，叶片磨损小，维修简单。

（8）利用高效袋式收尘器收集成品，使产品的颗粒组成更加合理（生料易烧，水泥早强）。

（9）设备处理能力大，适合于产量在100t/h以上的闭路粉磨系统选用。

69. R型及V型选粉机的特点有哪些

R型选粉机物料由进口随空气喂入，进入切向管引入的二次风的分级气流，受笼形转子的作用，形成涡流，对物料进行选粉，细粉从中部出口进入旋风筒作为成品收集下来，粗粉在下落的过程中被二次风漂选，选出的细粉被气流带到中部出口，其余粗颗粒作为回料从底部出口卸出，返回称重仓由辊压机重新挤压研磨。

V型选粉机是一种节能型、无动力型的选粉机，主要用于辊压机的料饼打散，其具有打散、分散、烘干等功能，与其他类型打散机相比具有无动力（节能）、易操作、维修量小、维修费用低、使用可靠性高，出粉细度易调节，同时消除了辊压机入料偏析的问题，如果通入适量热风，还可以起到烘干的作用。

70. 立式转子与卧式转子选粉机的性能特点

在机械结构方面，对于立式选粉机主轴而言，若能严格保证转子动平衡精度和喂料均匀性，理论上主轴只承受动平衡精度下偏心距引起的极小径向力，而卧式选粉机为悬臂梁支承，因此主轴所受径向力偏大，同规格主轴将会比立式选粉机粗，相应轴承及相关部件均会偏大；对于立式选粉机壳体而言，其为圆柱或圆锥形结构，整体刚度比卧式选粉机壳体扁平结构强，因此运转时产生振动的可能性降低，同时不会发生壳体“喘振”，即壳体被负压气体抽吸变形的情况；但立式选粉机整机结构相对复杂，设备自重比卧式选粉机大，制造成本上升。

因布置方式的不同，设备性能也存在较大差别，性能特点如下：

（1）选粉效率。立式选粉机无论采取上喂料或下喂料，均能保证喂料点沿转子周向90%以上区域参与分选，由于结构限制，卧式选粉机为单侧进风，有1/4～1/3区域不参与分选，因此相同规格卧式选粉机选粉效率较立式选粉机低。

（2）细度控制。立式选粉机四周进风，再经导流叶片均布，整个转子圆周径向风速基本一致，在转子切向转速一定时，分选成品粒径均齐，不易跑粗。因结构限制，卧式选粉机转子底部径向风速较高（最高点12～14m/s），转子顶部和粗粉出口侧径向风速偏低（最低<2m/s），在转速一定时，分选成品粒径范围变宽，容易跑粗。

（3）设备压损。立式选粉机分选气流从选粉机入口到出口会经历多次转向，若为下进风下进料形式，分选物料也会经历多次转向，因此局部阻力损失偏高。卧式选粉机内部结构简单，无预分散装置和均布导流叶片，因此局部阻力损失较低。

（4）单机功率。单机配用功率与分选物料浓度、选粉机转子叶片面积等存在正比关系，因立式选粉机分选区域和单位面积叶片承载物料浓度较卧式选粉机大，因此配用功率和实际运转功率均较卧式选粉机高。

（5）烘干能力。物料在立式选粉机内部停留时间长、实际烘干容积也较卧式选粉机大，因此其烘干能力强于卧式选粉机。

立式选粉机和卧式选粉机在选粉效率、细度控制、设备压损、单机功率和烘干能力等方面存在差别，其根本原因是壳体和转笼布置形式对流场限制。

71. 旋风式选粉机产品细度如何进行调节

调节旋风式选粉机产品细度的方法很多，通常有以下几点：

（1）调节主轴转速。改变主轴转速就是改变辅助风叶和撒料盘的转速，加大转速，产品细度就细；反之产品细度变粗。

（2）改变辅助风叶的片数。增加辅助风叶的片数，产品细度变细；反之产品细度变粗。

（3）改变选粉室上升气流速度。提高上升气流速度，能使产品细度变粗；反之使产品细度变细。通常是改变支风管的闸门开启大小，来改变选粉室上升气流速度。支风管闸门开时，产品细度变细；反之产品细度变粗。

72. 选粉机工作性能的关键技术是什么

选粉机工作性能的关键技术是选粉物料分散、粗粉颗粒分级和成品细粉收集。

73. 何为干燥

从固体物料中用蒸发的方法除去水分的过程称为干燥。

74. 干法粉磨的各种入磨物料水分控制范围是多少

干法粉磨时入磨物料的水分一般要求：石灰石中为0.5%～1.5%；铁粉中为2.0%以下；黏土中为1.5%以下；煤中为3.0%以下；混合材中为2.0%以下。也可根据各厂的实际情况而定，但必须保证入磨综合水分≤1.5%。

75. 表示物料中水分的方法有几种

湿物料中的水分可以用“干基水分”和“湿基水分”两种方法来表示。

(1) 干基水分就是物料中所含水的质量与绝对干物料的质量之比值，用 W^d（%）表示。

(2) 湿基水分就是物料中所含水的质量与湿物料的质量之比值，用 W_1^W（%）表示物料的初水分，W_2^W（%）表示终水分。在生产中通常使用湿基水分。

76. 离心式通风机的代号包括哪些内容

离心式通风机的代号包括名称、型号、机号、传动方式、旋转方向和出风口位置等部分。

77. 入磨物料的最大粒度一般为多少

入磨物料的最大粒度一般应控制在下列范围内：熟料＜30mm，石灰石＜20mm，混合材＜30mm，煤＜30mm。

78. 为什么要严格控制入磨物料的水分

严格控制入磨物料的水分是为了保证磨机正常操作、配料的准确和提高磨机的产、质量。

当物料含水率大时，磨内细粉易黏附在研磨体和衬板上，使粉磨效率降低，严重时会使隔仓板篦孔堵塞造成磨机通风不良，产量急剧下降，质量也会有较大的波动。

79. 怎样表示粉磨物料的细度

粉磨物料细度一般以 0.08mm、0.2mm 方孔筛的筛余百分数和透气法仪器（勃氏比表面积仪）测定的比表面积（cm^2/g）表示。

80. 新型干法生料系统产品质量的控制指标为多少

(1) 出磨物料水分＜0.5%（最大不宜超过 1%）。

(2) 出磨生料细度：0.08mm 方孔筛筛余＜12%，0.2mm 方孔筛筛余＜1.5%。

81. 新型干法生料系统产品细度的控制方法

水泥熟料矿物的形成，基本上靠固相反应进行。对于生料在物理化学性质、均化程度、煅烧温度和时间等条件相同的前提下，固相反应的速度与生料的细度成正比关系，其比表面积越大，颗粒之间的接触面积越大。同时，生料越细，颗粒的表面自由能越大，越利于反应的进行。从理论上说，生料粉磨得越细，对熟料的煅烧也越有利。但在实际生产中，不恰当地提高粉磨细度，会降低磨机产量，增加能耗。研究表明，生料细度超过一定限度（比表面积大于 5000cm^2/g）对熟料质量的提高并不明显。从经济指标的角度考虑是不合理的。因此在实际生产中，应确定合理的生料细度控制范围。

所谓合理的生料细度应包括这样两个含义：

① 一定范围的平均细度；

② 生料细度的均齐性，也就是要控制生料中粗颗粒含量。

生料细度通常控制在 0.20mm 方孔筛筛余小于 2.0%，最好小于 1.5%，0.08mm 方孔筛筛余小于 15%均可满足生产要求。在石灰石中燧石或氧化镁高，黏土中含砂量大，生料的饱和比偏高，都应适当提高生料细度。

82. 产品细度对磨机产量有何影响

物料在粉磨过程中，开始总是先从不坚固的地方裂开，并在裂开的同时，又重新生成许多裂缝，使物料的强度降低。但物料磨的越细，表面裂缝就越难形成，继续粉磨也就越困难，所以要求产品越细，磨机产量越低。

经验证明，在相同条件下，产品细度在 5%～10%的范围内，筛余量每降低 2%，产量约降低 5%；产品细度在 5%以下时，筛余量继续下降时，磨机产量将急剧下降，如表 1-7 所示。

表 1-7　产品细度对磨机的影响　　%

物料名称	筛余量	磨机产量变化
生料	10	100
	5	80
	1～2	60

生料细度在 10%以下并没有大的石灰石颗粒存在时，对熟料的形成影响较大，故生料不宜控制过细。

83. 磨机正常运转时，为什么要均匀喂料

喂料量的波动，会造成磨机产、质量的变化。喂料量过少，不仅产量减低，且单位产品的电耗、球耗会相应提高。若喂料过多，对闭路系统，磨机负荷量过大，影响选粉机的正常工作，同时会使提升机等附属设备超负荷运行，产量反而下降，粉磨效率降低并使设备事故增加；对开路系统，则易造成满磨、堵磨等现象发生，影响磨机正常操作。因此均匀喂料是保证磨机有效操作的重要环节。在磨机正常运转时，必须均匀喂料。

84. 为什么要加强磨机通风

加强磨机通风是提高磨机生产能力的主要途径之一，有以下优点：

（1）减少球磨机内的过粉磨现象，使磨内微细粉及时被气流带走，消除了细粉结团、糊球、糊衬板现象以及对研磨体的缓冲作用。

（2）磨内的水蒸气能及时排除，使隔仓板篦缝不易堵塞，减少饱磨、糊磨现象。

（3）能降低磨机温度，有利于磨机正常运转和保证水泥质量。

85. 磨内风速一般控制在什么范围，球磨机通风量怎样计算

一般情况下磨内风速应为0.7～1.5m/s，常用风速为0.7～1.0m/s。球磨机通风量可以用经验公式计算，也可以用理论公式计算。

经验公式

$$Q=KG$$

式中 Q——球磨机通风量，m^3/h；

G——磨机台时产量，t/h；

K——经验系数，磨机通风量取500～600m^3/t，细粉收集取1200～1300m^3/t。

理论公式

$$Q=3600(D-0.1)^2(1-\Phi)\omega$$

式中 Q——球磨机通风量，m^3/h；

D——球磨机筒体直径，m；

Φ——研磨体填充率（以小数表示），一般取0.3；

ω——磨内风速，开路磨取1m/s，闭路磨取0.7m/s。

86. 影响球磨机产量、质量的因素有哪些

影响球磨机产量、质量的因素较多，可分为工艺因素和机械因素两大类。

（1）工艺因素

① 入磨物料的粒度

粒度小，则磨机的产量、质量高，电耗低；粒度大，则磨机的产量、质量低，电耗高。

② 物料的易磨性

物料的易磨性是指物料被粉磨的难易程度，国家标准规定使用粉碎功指数W（kW·h/t）表示。该数值越小，说明物料越好磨；反之越难磨。

③ 入磨物料的水分

对于干法粉磨来说，入磨物料水分对磨机的产量、质量影响很大，入磨物料的水分越高，越容易引起饱磨或糊磨，降低粉磨效率，磨机产量越低。因此含水率较大的物料，入磨前的烘干是十分必要的。

④ 入磨物料的温度

入磨物料的温度太高，再加上研磨体的冲击摩擦，会使磨内温度过高，发生粘球现象，降低粉磨效率，影响磨机产量。同时磨机筒体受热膨胀会影响磨机长期安全运转。因此，必须严格控制入磨物料温度。

⑤ 出磨物料的细度要求

出磨物料的细度要求越细，产量越低；反之，产量则越高。

⑥ 粉磨工艺流程

同规格的球磨机，闭路流程比开路流程产量高15%～20%。在闭路操作时，选择恰当的选粉效率与循环负荷率，是提高磨机产量的重要因素。另外，预粉碎系统的选择，也是提高磨机产量的重要手段。

⑦ 添加助磨剂

常用助磨剂大多是表面活性较强的有机物质，在物料粉磨过程中，能够吸附在物料表面。加速物料粉碎中的裂纹扩展，减少细粉之间的相互黏结，提高粉磨效率，有利于球磨机的节能高产。国家标准规定：在水泥生产过程中允许加入助磨剂，但掺加量不得超过1%。

（2）机械因素

① 磨机各仓长度

各仓长度选择不当，使各仓能力不平衡，从而影响粉磨效率。

② 磨机通风

加强通风可排出磨内水蒸气和微细粉，防止粘球和堵塞，减少磨内过粉磨现象，降低磨内温度。改善粉磨条件，提高粉磨效率，有利于磨机产量、质量的提高。

③ 磨机结构

球磨机筒体内的衬板、隔仓板进出料装置，主轴承形式，传动形式等，对磨机产量、质量影响很大。

④ 研磨体的种类、级配、平均球径和装载量

球磨机粉碎物料的过程，主要是通过研磨体的运动来实现的，合理选择和使用研磨体是球磨机节能高产的重要环节。

⑤ 高效选粉机的选用

闭路粉磨系统中，选粉机是物料细度控制的重要设备，也是节能高产的主要帮手，其结构、性能和系统组成，对磨机生产过程的影响至关重要。

⑥ 预粉碎系统的选用

预粉碎系统的效率能否充分发挥也是影响磨机产量、质量的重要因素。

⑦ 磨机操作自动化程度

粉磨系统的率值配料在线控制、球磨机负荷自动控制、变频调速控制等技术的应用，对粉磨系统节能发挥起着重要作用。

87. 简述辊压机的工作原理

辊压机的工作原理：利用现代料层粉碎原理，将物料强制喂入辊压机两个相对运动的压辊之间，在高强度应力的作用下挤压成密实、扁干、充满微裂纹的料饼排出。这些料饼中含有大量的细粉，同时其易磨性得到极大的改善。

88. 生料磨系统的开、停机顺序

正常开机顺序是逆流程开机，即从进生料库的最后一道输送设备起顺序向前

开，直至开动磨机后再开喂料机。在开动每一台设备时，必须前一台设备正常运转后，再开下一台设备，以防发生事故。

磨机正常情况下的停机顺序与开机顺序相反，即先开的设备后停，后开的设备先停。应注意的是：

（1）磨机的润滑及水冷却装置应等到主轴承完全冷却后才能停止。

（2）出磨输送设备应继续运转，把物料送完后再停。

（3）各设备的除尘系统排风机最后停止。

在许多新型干法生产线上，设备的启动采用联锁系统，避免了许多误操作。

89. 磨机正常运转应采取怎样的操作

（1）现场巡检员应进行的工作

① 定时巡回检查机械设备的运转情况并做好设备的维护保养工作；

② 定时对工艺生产线进行细致检查，及时处理“堵”“跑”“漏”现象；

③ 认真填写检查记录；

④ 有异常情况时及时与中控室联系。

（2）中控操作员应进行的工作

① 密切注意各设备、工艺上的电气仪表数据，并通过趋势曲线判断当前的运转情况；

② 调整各控制参数达到最佳工艺要求，保证工艺系统运转稳定，达到质量好、产量高、消耗低的目的；

③ 认真填写操作记录；

④ 发现异常数据显示，及时与现场巡检员联络检查处理。

90. 球磨机正常运转时，遇到什么情况需要紧急停车

磨机正常运转，发生下列情况之一时，需立即停机检查排除。

（1）减速系统或磨机齿轮运转声音不正常，振动较大时。

（2）大小轴瓦温度超过规定范围，或振动严重以及润滑系统失灵。

（3）衬板或磨门的螺栓松动掉落，筒体漏灰时。

（4）输送设备发生故障，影响粉磨系统正常工作时。

（5）磨机电动机电压太低，电流太大，或电动机超过规定温度时。

（6）有关附属设备或其他零件发生故障损坏时。

91. 引起球磨机主轴承温度过高的原因有哪些

（1）轴瓦接触面积精度达不到规定要求；

（2）润滑油牌号选择不当或不足；

（3）冷却水不足或停止；

（4）润滑油使用时间过长，未能定期更换；

（5）传动不平稳，引起机体振动；

（6）超载运行。

92. 如何计算磨机的台时产量

磨机总产量除以磨机实际运转时间，即为磨机的台时产量，单位是吨/小时（t/h）。

93. 磨机、减速机停车应注意什么

磨机、减速机停车应注意：

（1）按逆开机顺序停转减速机和磨机；

（2）待减速机停稳，油温降到正常值后，停下油泵及所有的水冷却系统[（冬季）停用冷却水，要用高压空气吹净水管]；

（3）有计划停车，按启动前的项目进行检查，意外停车时要着重检查在运转中无法检查的部位，如联轴节的螺栓、胶块、胶圈、胶带以及减速机的油量、齿轮联轴器的油量情况；

（4）冬季停车，必要时应将减速机下部或润滑系统储油箱下部的电热器合闸，使润滑油温度提高。

94. 生料原料的质量控制点与检验项目有哪些

生料原料质量控制点与检验项目如表 1-8 所示。

表 1-8　质量控制点与检验项目

控制点	物料名称	取样地点	试验次数	检验项目
1	石灰石	矿山	放大炮 1 次	全分析
		车上	1 次（1500t）	
2	黏土	黏土矿	不定	全分析
3	黏土	烘干机喂料口	1 班 1 次	水分
4	黏土	烘干机出口	2h 1 次	水分
5	铁粉	堆场	1 批 1 次	铁或全分析
6	砂岩	卸车	1 次/d	全分析

95. 怎样使用电耳检测磨声和控制喂料量

电耳实际上是一个电放大器件，由一个声电转换器（如高音喇叭）和一个电子放大器以及控制执行部分所组成。工作时，作为声电转换器的高音喇叭来接收磨声信号转换为电信号，它被放置在研磨体落点一侧磨机附近，距磨头 1m 左右，喇叭口贴近筒体 100～200cm，为接收第一仓磨声（有些生产厂在磨机Ⅱ、Ⅲ仓也安装高音喇叭，检测量Ⅱ、Ⅲ磨仓磨声），声电转换器能将磨声接收转变

成相应大小的电信号，由电子放大器将此信号放大再送到控制部分，来控制喂料机喂料管。

具体是以电耳检测磨声的变化。以高音喇叭所转换的声电信号，经过放大器后，通过电流表显示出来，电信号与控制系统联机，由计算机根据信号变化在线调节计量加料设备。磨声大，电流大，表示“空磨”，就应增加喂料量；反之为“饱磨”，则减少喂料量。应注意在一定范围内，磨机的优质高产有一个最佳磨声指示范围，调整喂料量在最佳磨声范围内，可达到优质、高产、低能耗的目的。

96. 如何根据出磨产品的细度大小调整喂料量

当研磨体级配合理时，若入磨物料的粒度、易磨性、水分等变化不大，而产品的细度变化较大，表示喂料量波动较大。产品细，表示加料量过小，应适当增大喂料量。反之，应减少喂料量，以确保产品细度合格率。

97. 磨机主轴承温度过高时，应采取什么紧急措施

当发现磨机主轴承温度过高时，应立即停止主电动机，开启辅助电动机，使磨机缓慢转动。这样，可避免中空轴与衬瓦之间的油膜被破坏，避免局部温度过高而引起轴瓦局部熔化。然后具体分析原因，妥善处理。

98. 目前有哪些方式可降低磨机滑履温度

球磨机滑履温度升高，使润滑油的黏度降低，承载能力下降，甚至造成干摩擦，严重的还会烧瓦。而滑履的温升主要来源：磨机内部研磨体之间的相互撞击和滑动产生的大量热，一部分由物料和气体带走，另一部分则由筒体散发出去，而筒体的热量传到滑环上，滑履温度随之升高；轴与瓦摩擦产生的热量也是滑履温度升高的一个主要原因；此外，环境温度也是影响滑履温度升高的重要因素：在运行中我们可以先采用一些常规技术措施，以降低滑履的温度。

（1）球磨机磨内设置喷水装置以降低磨内温度。

（2）球磨机磨尾衬板下面铺设隔热材料。滑履温度的升高来主要源于磨内热量的传导，因为磨尾水泥的温度最高，为此可以在磨尾衬板下而铺设一层耐冲击、具有较高强度的隔热材料，以阻断磨内热量向球磨机磨尾滑履的传递，降低滑履的温升。

（3）增加润滑系统的润滑油量，加大冷却器的冷却面积。滑履轴承的润滑是采用高低压供油，一般是在磨机启动前和停磨时使用高压系统，在正常运转时由低压系统供油。低压系统管路设计成三路，其中两路分别通到两个滑瓦前的油盘里，冷却滑环和供油动轴承润滑；另一路通到滑履罩上方的淋油管，对滑环上部进行冷却降温。良好的润滑能有效降低滑瓦与滑环间的摩擦系数，减少摩擦功耗，就减少了摩擦发热；同时润滑油经过摩擦面时，能将其中的热量带走。因此设计中将润滑油量大幅度增加，以降低润滑油温度并能保持良好的润滑能力。

（4）滑履罩上安装透气罩，增加散热能力。滑履罩的作用是防止灰尘进入滑

履影响润滑油的使用以及防止润滑油的外泄，因此设计中采用了密闭形式，使热量不易散发。有些厂家在滑履罩的上方开设透气孔，增加了透气帽，让热气流从上面排出。另外，采用当前的一些新技术来降低轴与瓦的摩擦热，就可以彻底地保证滑履温度正常。

（5）可以在润滑油中添加金属磨损自修复剂或者是能大幅降低轴与瓦的摩擦系数的添加剂。

99. 磨机减速机启动前操作要求是什么

减速机启动之前，必须首先启动润滑装置；润滑装置在未启动前，必须检查润滑油罐储量是否充足，各阀门是否处于启动状态。

待油泵启动后，检查润滑系统油压与流量是否符合减速机有关要求，如果供油量不足或过多，应根据流量计的刻度调节溢流阀增加或减少供油量，待润滑装置运转正常后，方可启动磨机减速机。

100. 简述生料磨机喂料操作注意事项

生料磨机喂料操作应注意以下事项：

（1）按工艺要求控制入磨物料的粒度大小；

（2）严格控制各种物料的配合比率，掌握均匀喂料，不准单一物料入磨；

（3）经常观察电流的大小，掌握物料入磨情况，及时调整喂料量，防止磨内物料忽空忽饱，出磨物料忽粗忽细，充分发挥磨机的生产能力；

（4）稳定磨声，防止磨声过高或过低，严格控制出磨物料的产量、质量；

（5）检查各种物料流量；

（6）采用在线控制的生料配料系统，要经常观察率值波动情况并及时调节；

（7）对于烘干磨要注意观察磨机进、出口温度，进、出口压力及磨机电流等，对异常情况进行及时分析判断与处理。

101. 产生“饱磨”有哪些原因

当磨声发闷，电流表读数下降，卸出的物料很少，磨机进出口压差大时，说明是“饱磨”。其产生的原因如下：

（1）喂料量过多或入磨物料粒度变大、变硬，而未及时调整喂料量。

（2）入磨物料的水分过大，通风不良，水汽不能及时排出，造成“糊磨”，使钢球的冲击减弱，物料流速减慢。

（3）钢球级配不当，Ⅰ仓小球过多，平均球径过低，冲击力不强；或钢球加得太少，或钢球磨损严重，而没有及时补球或倒球清仓，以致粉磨作用减弱。

（4）隔仓板损坏，研磨体窜仓，钢球、钢段混合，造成级配失调。

（5）闭路磨机由于选粉机的回料量过多，增加了磨机负荷。

102. 如何处理“饱磨”

首先是减少或停止喂料，如果效果不大，则表明是由于物料水分大而造成

“糊磨”；这时必须停止喂料，使磨机在运转中自行清刷研磨体，待磨声恢复正常后，再逐渐增加喂料量，使之正常操作。如果“糊磨”严重，或磨内隔仓板堵塞、损坏、球段混合，则需打开磨门进行处理。

103. 磨机尾部出现很大颗粒如何处理

磨机产量、质量稳定时，磨尾有少量颗粒排出是正常的。但如果出现很多颗粒和碎段，则可能是由于Ⅰ仓填充系数比Ⅱ仓大得太多（两仓磨）；或钢段直径、长度因磨损显著变小，或磨尾篦缝磨损过大及研磨体与物料不相适应等原因所致。因此可根据具体情况，分别处理。调整研磨体装载量，使两仓能力平衡；补充钢段，换衬或更换隔仓板篦板。

104. 怎样预防磨机筒体变形

（1）长期停磨时由于筒体自重及研磨体与物料质量的影响，久而久之可以引起筒体变形，因此停磨时间较长，一般应把研磨体倒出，以防筒体变形；必要时，在磨机筒体中部加支撑顶。

（2）平时短时间停磨，一般情况下，在停磨后，每隔 30min，将磨转半圈，停在原来相反的位置上，直到磨机筒体充分冷却为止，以防止筒体的变形。

105. 磨机润滑部分高压浮升装置的作用是什么

为了降低磨机的启动转矩，并避免启动时因强烈干摩擦而损伤轴承合金或轴颈，同时避免因磨体在膨胀与收缩时带来的擦伤轴颈或轴承合金的可能性。

106. 当烘干磨系统突然停机时，最基本的处理程序是什么

（1）立即停止与之有关系的部分设备。

（2）为了防止原料烘干粉磨系统设备因气体温度迅速上升而发生故障，必须及时对各阀门进行调整，降低风量及风温。

（3）尽快查清原因，判断能否在短时间（30min）内处理完，以决定再次启动时间，并进行相应的操作。

107. 操作中如何判断卸料仓隔仓板的破损或倒塌

（1）出磨斜槽有较大的物料和钢球。

（2）出磨提升机功率增大。

（3）粗粉流量增大。

（4）选粉机在现场可听到钢球碰机壳的声音。

108. 操作中若发现磨机主轴承温度升高，应该采取哪些措施

（1）检查供油系统，看供油压力是否正常，如不正常进行调节。

（2）检查过滤器前后油压是否正常，若压差大，则更换备用过滤器及对堵塞过滤器进行清洗。

（3）检查冷却水量，压力是否正常。

（4）检查入磨风温是否正常，若偏高则调低。

（5）检查润滑油中是否有水或杂质。

109. 判断磨机喂料量过多的方法是什么，怎样调整和处理

（1）现象

① 电耳信号（磨声）低；

② 回磨粗粉流量大；

③ 出磨提升机功率上升；

④ 磨头负压下降，磨尾负压升高，压差升高。

（2）调整处理方法

① 降低喂料量，并在低喂料量的情况下运转一段时间；

② 在各参数显示磨机空时慢慢增加喂料量；

③ 注意观察仪表，当达到正常参数后稳定喂料量。

110. 中控判断磨机喂料量过少的方法是什么？怎样调整和处理

（1）判断根据

① 现场听磨声脆响；

② 粗粉流量小；

③ 出磨提升机功率低；

④ 磨头负压上升，磨尾负压下降，压差下降。

（2）调整方法

慢慢增加磨机的喂料量直到各参数正常为止。

111. 入选粉机斜槽堵塞怎样判断

（1）提升机功率急速上升。

（2）粗粉流量迅速减少。

112. 出磨生料水分大的原因有哪些，怎样处理

（1）原因

① 进口气温低；

② 气体量少；

③ 冷风过多，通风不好；

④ 原料水分多，超过磨机设计能力。

（2）处理方法

针对以上原因相应采取提高烘干气体温度、加强通风以及降低入磨物料水分等措施。

113. 一般生料立式磨产量的控制方式有哪几种

生料立式磨产量控制方式一般有两种。

（1）差压控制。通过设定磨机进、出口的差压值，自动调节回转喂料器的转速与控制阀的度，从而稳定入磨生料量。

（2）磨机功率控制。通过设定磨机功率值，即磨机的负荷，来控制生料的喂入量。

114. 简述现代先进生料制备立式磨系统的自动控制回路有哪些

（1）石灰石仓位与石灰石取料机的自动控制回路。设定石灰石仓料位值，来自动调节石灰石取料机的取料速度，保证石灰石料位的稳定。

（2）磨前稳流仓料位自动控制。设定磨前稳流仓的料位，自动调节调速电子皮带秤的速度，稳定磨前稳流仓的料位。

（3）磨机产量与回转喂料系统的控制。

115. 立式磨生料制备系统的重点控制参数

（1）增湿塔出口负压与温度。

（2）磨机入、出口负压和温度、差压。

（3）磨机本体的功率与振动参数及磨辊压力。

（4）磨内分级机转数。

（5）粗粉回料系统提升机电流。

（6）电收尘入、出口温度，电收尘电压、电流值。

（7）排风机转数与电流。

（8）均化库料位、贮存库料位、入库提升机电流值。

（9）磨前稳流仓、石灰石仓及辅助原料仓料位。

（10）各配料秤的下料情况、磨机入料情况。

（11）磨机电动机、减速机的监控温度。

（12）排风机电动机的监控温度。

116. 影响生料立式磨系统稳定运行的主要因素有哪些

（1）喂料量

稳定喂料量是确保磨内压差的前提条件，入料时多时少，则料层时厚时薄，磨机电流不稳定，振动随之增大。生产中在保证产品质量的前提下，力求达到尽可能高的产量，可通过改变立磨压差输入来调整喂料量，这取决于磨机通风量、研磨能力、进出口风量以及振动情况。通常，在增加喂料之前先将压力加大，当磨内压差相对降低后再逐渐增大喂料量，然后根据压差和风温调整热风风门、循环风门、主风机风门的开度，直至磨机压差稳定。

（2）原料粉磨特性和入磨粒度

粉磨过程受物料易磨性的影响，对较难粉磨的物料，立磨产量下降，磨盘上大颗粒物料堆积形成排渣量增多。排渣量增多还与磨辊和磨盘衬板磨损以及入磨粒度过大有关，两者都是产量降低的直接原因。

入磨的最大粒度因磨机的大小不同而不同，一般为40～80mm。颗粒过大或粒度不均，也会增加排渣量。入料粒度不均匀，主要是受物料离析作用的影响，产生于料仓的进料和出料两个环节。混合料和排渣回料进入料仓时，离析作用使大块物料集中于仓内边缘部位，当仓内料位较低时，大块物料集中落下，这就增大了磨机不稳定因素。因此在控制合理料位的同时，也需要从料仓的进料环节减轻离析现象。

（3）研磨压力

过小的研磨压力不能充分细磨物料，排渣增多。压力过大，粉磨效率虽高，但功率消耗也增大，易引起振动。

（4）磨机通风系统漏风

加强对磨机及其各管道阀门、膨胀节等气流装置的管理、维护，对系统稳定运行有很大促进作用。立磨漏风主要发生在喷口环以上的部位，这里大量漏风，将破坏磨内风的旋流流场，引起气流紊乱，导致磨内工况恶化，磨机运行不稳定，排渣增多。物料在磨内同时进行烘干粉磨和输送，需要一个适宜的风量，既需满足物料水分的烘干，也需满足合格细粉能被带出磨外。这主要通过调节风门来实现。

（5）磨盘挡料环高度

挡料环的高度，不是一个固定值，随着磨损将逐渐减小，系统操作控制参数也相应改变。其基本规律是，挡料环高度与研磨压力成正比，与磨辊、磨盘衬板的磨损程度成反比。

（6）磨辊和磨盘衬板磨损

磨损部位主要发生在辊、盘的外端，当磨损形成凹槽后，研磨效率即明显降低。

117. 立磨系统各参数调整与相关因素的变化

立磨系统各参数调整与相关因素的变化如表1-9所示。

表1-9　立磨系统各参数调整与相关因素的变化

主要因素变化 / 相关因素变化	喂料量↑	气体流量↑	进口温度↑	选粉机速度↑	磨机压差↑	磨辊压力↑	挡料环高度↑	喂料粒度↑
气体流量	↓	↑	↓	→	↓	→	→	→
磨机能力	↑	↑	→	↓	↑	↑	↑	↓
磨机压差	↑	↑	↓	↑	↑	↓	↑	↑
产品细度	↓	↓	→	↑	↑	↑	↓	↓

续表

主要因素变化 / 相关因素变化	喂料量 ↑	气体流量 ↑	进口温度 ↑	选粉机速度 ↑	磨机压差 ↑	磨辊压力 ↑	挡料环高度 ↑	喂料粒度 ↑
内循环负荷	↑	↓	→	↑	↑	↓	↑	↑
排渣	↑	↓	→	↑	↑	↓	↑	↑
磨辊能力	↑	↓	↓	↑	↑	↑	↓	↑
选粉机电流	↑	↑	↓	↑	↑	↓	↑	↑
出口温度	↓	↑	↑	→	↓	→	→	↓
进口压力	↓	↑	→	↑	→	→	↑	↓
出口压力	↑	↑	→	↑	↑	↓	↑	↑
磨机电流	↑	↓	→	↑	↑	↑	↑	↑
排风机电流	↑	↑	↓	→	↑	↑	↑	↑

注：↑表示升高；↓表示降低；→表示不变。

118. 立磨传动液力耦合器压力、温度异常的原因分析与处理

（1）液力耦合器压力异常原因

① 油泵损坏或油路堵；

② 油位低，缺油。

（2）处理方法检查油路、油量。

（3）液力耦合器温度异常原因

① 冷却水不足；

② 轴承损坏。

（4）处理方法

① 检查冷却水系统，增大冷却水量；

② 检查轴承。

119. 立磨振动大的原因分析与处理

（1）原因分析

① 入磨气体温度过高，入磨物料过干；

② 磨辊压力不合适；

③ 进磨物料粒度过大；

④ 进磨物料量不均匀；

⑤ 磨盘料层过薄；

⑥ 进出磨机压差过大；

⑦ 测振元件损坏、松动或安装不当；

⑧ 入磨铁块多。

（2）处理方法

① 控制入磨气体温度，增加物料湿度；

② 降低磨辊压力，适当降低产量；

③ 杜绝大块料进磨；

④ 保证连续均衡喂料，无卡料、断料；

⑤ 调整磨内物料循环，减小磨内阻力；

⑥ 检查、修复测振元件；

⑦ 检查除铁器的工作性能。

120. 磨机主减速机油温或磨辊润滑油温偏高的原因分析与处理

（1）油温偏高的原因

① 油质差；

② 油位偏高或透气孔，冷却器，油过滤器堵塞；

③ 冷却水量不足或中断。

（2）处理方法

① 清理堵塞处；

② 按规定更换油质；

③ 检查冷却水。

121. 磨辊辊位报警的原因分析与处理方法

（1）磨辊辊位报警的原因

① 探头故障或感应片积灰；

② 磨辊或磨盘磨损严重。

（2）处理方法

① 排除故障，清扫积灰；

② 磨辊或磨盘磨损严重时，可适当调整磨辊限位，必要时需更换磨辊或磨盘。

122. 磨机排渣量大的原因分析与处理方法

（1）生产中排渣量大的原因

① 入磨气体负压值过低；

② 磨盘料层过薄；

③ 入磨物料量过大；

④ 磨辊压力不足；

⑤ 入磨风管直径小风环风速低。

（2）处理方法

① 保持排渣口畅通不积料，减小排渣口漏风，并定期更换磨辊与筒体的密封；

② 建立稳定的料层，增加物料温度；
③ 适当减少喂料量；
④ 适当提高磨盘挡料圈的高度；
⑤ 提高风环风速。
（3）开停车时排渣量大的原因
① 磨辊加压迟于入料时间，造成开车排渣量过大；
② 磨辊减压提前于停料时间，造成停车排渣量大。
（4）处理方法
通过不断调试，找出最佳加压、减压时间。

123. 立式磨液压系统控制阀的故障原因与处理

（1）控制阀的故障原因
① 阀的调节弹簧永久变形、扭曲或损坏；
② 阀座磨损，密封不良；
③ 阀芯拉毛、变形，移动不灵活、卡死、阻尼小孔堵塞；
④ 阀芯与阀子配合间隙大；
⑤ 高低压油互通；
⑥ 控制阀开口小，流速大，产生空穴现象。
（2）处理方法
及时检修、调整、更换元件。

124. 立式磨液压系统液压缸故障原因与处理

（1）液压缸的故障原因
① 装配与安装精度差；
② 活塞密封圈损坏；
③ 间隙密封的活塞缸壁磨损大、内漏多；
④ 缸盖密封圈摩擦力过大；
⑤ 活塞杆处密封圈磨损严重或损坏。
（2）处理方法
及时检修，调整，更换不良元件和密封圈。

125. 立磨液压系统泵、阀等元件中的活动件卡死的原因与处理

（1）原因是油液中混入切屑、灰渣等杂质。
（2）处理方法
① 在加油前清洗油箱；
② 加油时需加上过滤网；
③ 定期更换新油，及时清洗过滤器；
④ 改善工作环境，搞好环境卫生。

126. 现代先进生料制备、生料终粉磨系统的自动控制回路有哪些

（1）石灰石仓位与石灰石取料机的自动控制回路。设定石灰石仓料位值，来自动调节石灰石取料机的取料速度，保证石灰石料位的稳定。

（2）磨前稳流仓料位自动控制。设定磨前稳流仓的料位，自动调节调速电子皮带秤的速度，稳定磨前稳流仓的料位。

（3）产量与喂料系统的控制。

127. 生料终粉磨制备系统的重点控制参数

（1）增湿塔出口负压与温度；

（2）辊压机系统出入口负压和温度、差压；

（3）磨机功率与振动参数及加载压力；

（4）出磨提升机电流；

（5）循环提升机电流；

（6）电（袋）收尘入、出口温度，电（袋）收尘电压、电流值、压差；

（7）排风机转数与电流；

（8）均化库料位、入库提升机电流值；

（9）磨前稳流仓、石灰石仓及辅助原料仓料位；

（10）各配料秤的下料情况、磨机入料情况；

（11）磨机电动机、减速机的监控温度；

（12）排风机电动机的监控温度。

128. 影响生料终粉磨系统稳定运行的主要因素有哪些

（1）原材料的易磨、易碎性、粒度；

（2）辊压机的加载压力、双进料开度和辊缝的大小；

（3）系统物料的温度、水分；

（4）选分效率及通风量；

（5）选粉机的转速高低及二次补风的多少；

（6）系统循环风机转速的大小，也是影响成品细度的因素。

129. 终粉磨系统各参数调整与相关因素的变化

终粉磨系统各参数调整与相关因素的变化如表 1-10 所示。

表 1-10　终粉磨系统各参数调整与相关因素的变化

主要因素变化 / 相关因素变化	喂料量 ↑	气体流量 ↑	进口温度 ↑	选粉机速度 ↑	工作压力 ↑	喂料粒度 ↑
选粉机电流	↑	↑	↓	↑	↓	↑
内循环负荷	↑	↓	↓	↓	↓	↑
出口温度	↓	↑	↑	↓	→	↓

续表

主要因素变化 / 相关因素变化	喂料量 ↑	气体流量 ↑	进口温度 ↑	选粉机速度 ↑	工作压力 ↑	喂料粒度 ↑
辊压机电流	↑	↓	↑	↓	↑	↑
循环风机电流	↑	↑	↑	↑	↓	↑
旋风筒压差	↑	↑	↑	↓	↓	↑

注：↑表示升高；→表示不变；↓表示下降。

130. 生料辊压机辊缝过小的原因分析与处理

（1）进料装置开度过小，物料通过量过小造成，应调整到适当位置。

（2）侧挡板若磨损，将造成一定的影响，严重时还能造成跳停，应时常查看。

（3）辊面磨损将严重影响辊压机两辊间物料料饼的成型，严重时还会引起减速机和扭力盘的振动，应尽快修复。

（4）入磨物料力度小，粉状物料多，选用合适粒度原材料。

（5）成品细度控制指标高，选粉机转速偏高，循环负荷增加，粉状物料增加，合理控制成品细度。

131. 辊压机振动大、扭力盘振动大的原因分析与处理

（1）检查喂料粒度，查看喂料粒度是否过大。

（2）检查辊面是否有凹坑，若辊面受损形成凹坑，将引起辊压机的振动，还会引起减速机、电动机的连带损坏，产量也将受到影响，应及时补焊。

（3）检查辊压机主轴承是否损坏，轴承损坏将造成辊压机的振动，应及时排查。

（4）检查减速机轴承、齿面是否损坏。减速机轴承、齿轮受损将引起辊压机振动和电动机电流的波动，应及时排查修复。

132. 辊压机主减速机油温高原因分析与处理

（1）检查油站的供油量是否符合要求。检查减速机中的油量是否足够，润滑是否足够，若润滑不足则将引起干摩擦，造成减速机温度升高。

（2）检查过滤器是否有杂质。

（3）检查供、回油的温差，冷却器的冷却效果。冷却器冷却效果不足时，富集热量无法快速散发，将引起减速机温度升高，运行过程中应保证冷却器的冷却效果一定要达到要求。

（4）检查冷却水的压力和水管管径。冷却器的冷却水水量不足时，将无法保证冷却器的冷却效果，应保证冷却器得到足够的冷却水用量。

（5）检查减速机高速轴承是否损坏。轴承损坏或窜轴时，将引起摩擦生热，

引起减速机温度升高。

133. 辊压机主减速机振动大、声音异常原因分析与处理

（1）检查减速机高、低速轴承是否损坏。

（2）检查减速机内部齿面是否磨损。

（3）检查进辊压机的物料粒度是否偏大。

（4）检查扭力支承的关节轴承是否损坏。

（5）检查是否辊面有凹坑。

（6）检查减速机油站回油过滤器中是否有片状金属物。

134. 辊压机主减速机油站系统异常故障

（1）减速机冬季运行声音增大，油黏度高。

（2）减速机运行声音增大，过滤器堵塞，流量指示器无指示。

（3）冷却换热器漏水造成油、水混合。应及时检查换热器密封，并将被污染的油更换。

（4）管接头出现漏油，检查更换油封。

135. 生料辊压机左右侧压力波动大原因分析与处理方法

（1）检查减压阀、快卸阀是否带电，是否按照设定要求动作。

（2）检查溢流阀是否漏油。

（3）检查蓄能器氮气压力是否符合要求，是否氮气压力过小。

（4）检查喂料量是否不均匀或太少，是否进料溜子上的棒闸没有全部打开。

（5）检查辊面是否有凹坑，辊面受损引起周期性压力波动。

（6）辊侧挡板是否调节到合适距离。

136. 生料辊压机选粉机振动大原因分析与处理方法

（1）主轴轴承间隙大，转子产生不平衡，更换主轴承。

（2）选粉机支架脱焊，加固选粉机支架。

（3）选粉机风叶磨损不一致、叶片脱落或选粉机转笼笼栅破损，引起转笼不平衡，更换新叶片并进行防冲刷保护，质量相同的一组对称安装，或更换新转笼。

（4）选粉机主轴轴承位磨损，对轴承位进行现场修复。

（5）键槽滚键、磨损，安装标准新键。

137. 生料辊压机选粉机故障停车原因分析与处理方法

从工艺、电气和机械等方面分析，主要原因如下：

（1）选粉机内进入异物，清理异物；

（2）机内旋转部件间隙不好产生刮擦，影响转子平衡度，调整旋转部件间隙；

(3) 机械传动、电动机本体电气问题及控制柜控制器故障，排除电气故障；
(4) 螺栓连接松动，紧固螺栓；
(5) 转子叶片或导向叶片局部磨损开焊脱落，更换新叶片；
(6) 转子轴承损坏，更换新轴承。

138. 生料辊压机液压系统不加压原因分析与处理方法

(1) 检查各阀件是否有 DC24 电源，是否能够正常工作。
(2) 检查油站油位。
(3) 检查集成块上加压节流阀是否打开。
(4) 液压油站齿轮泵是否完好。
(5) 检查油站电动机是否工作正常。
(6) 组合控制阀块故障。

139. 生料辊压机液压系统不能保压或者压力不稳原因分析与处理方法

(1) 检查减压阀、快卸阀是否带电，是否按照设定要求动作。
(2) 检查溢流阀是否漏油。
(3) 检查蓄能器氮气压力是否符合要求，是否氮气压力过小。
(4) 检查喂料量是否不均匀或太少，是否进料溜子上的棒闸没有全部打开。
(5) 检查辊面是否有凹坑，辊面受损引起周期性压力波动。
(6) 辊侧挡板是否调节到合适距离。

140. 生料辊压机液压油站油温温升较快、温度高原因分析与处理方法

(1) 检查是否阀件泄漏，造成液压一直频繁动作补压。
(2) 冷却水是否畅通。
(3) 加热器是否一直打开。
(4) 检查油站铂热电阻是否损坏，电线接触是否良好，是否误显示。
(5) 油箱内的液压油是否过少造成。
(6) 油站上的电磁换向阀不能正常工作。

141. 辊压机称重仓仓重控制的意义

辊压机称重仓仓重控制是为保证辊压机的过饱和喂料，连续实现料层粉碎，使物料处于松散状态通过辊压机。提高挤压效果，进而提高系统产量、降低系统电耗，同时保证喂料均匀，避免因出现负荷波动大，引起设备振动；因物料落差高，粉尘飞扬，恶化生产环境等一系列不良后果。

142. 辊压机物料离析的解决方案

(1) 低仓位操作

将料位限制在称重仓出料口处，形成仓空但下料溜管物料充满，由于仓空，物料无粗细离析细料聚积的空间，可有效抑制物料离析；下料溜管物料充满仍能

形成料柱保证料压满足辊压机过饱和喂料的要求。具体操作方式：将称重仓物料放空，当下料溜管空料形成扬尘时逐步提升料位，此时需要注意的是控制料位的提升速度，以免矫枉过正。待扬尘刚刚消失时说明下料溜管中已充满物料，但称重仓内尚无料位，此时可根据辊压机系统控制柜称重传感器的数显表显示的料位数值作为系统平衡点稳定料位。此方法适用于粒度为 1～2mm，有一定硬度，仍需挤压的混合材。

（2）调整原始辊缝

在辊压机发生扭振现象时，由于两磨辊之间压力区充满细颗粒物料，磨辊的工作辊缝比被挤压物料粒度正常时明显减小，磨辊工作扭矩的脉动发生变化，主电动机工作电流呈极不稳定的大幅度波动。我们可以通过调整原始辊缝的方式抑制磨辊对细颗粒物料的压力，加大原始辊缝：当无须挤压的细料通过时，工作辊缝趋向减小，但控制原始辊缝的调整垫板阻止活动辊进辊，此时磨辊相对于物料的作用接近于卸压状态，细颗粒物料在压力明显减弱的工作状态下通过，物料在磨辊压力作用下产生的滑移现象消失，从而消除扭振。

由于过大幅度地调整原始辊缝会影响辊压机对物料的挤压效果，弱化物料易磨性的改善幅度，尽管在打散分级机的分级作用下，入磨物料的粒度无显著变化，但由于物料易磨性的原因，多少会对球磨系统的产量产生负面影响。我们调整原始辊缝的具体措施应以兼顾完全消除扭振和尽可能保证挤压效果为原则，寻求两者兼顾的最佳位置。原始辊缝的调整幅度应根据被挤压物料特性变化所表现的辊缝差，即设备正常运行与运行异常发生扭振时工作辊缝的变化量掌握调整尺度。我们首先根据辊压机系统控制柜位移传感器数显表显示的辊缝值测定辊压机在正常工作状况下的工作辊缝的波动范围，假定其辊缝值大致在 $A_1 \sim A_2$ 之间；然后测定运行异常发生扭振时的工作辊缝波动范围，假定其辊缝值大致在 $B_1 \sim B_2$ 之间：

① $A_2 - A_1 = \Delta A$

式中　ΔA——工作辊缝变化量；

A_2——工作辊缝峰值；

A_1——工作辊缝谷值。

② $B_2 - B_1 = \Delta B$

式中　ΔB——扭振工作辊缝变化量；

B_2——扭振辊缝峰值；

B_1——扭振辊缝谷值。

估算两种情况下的辊缝差值：

$$A_1 - B_2 = \delta$$

上式中，δ 为原始辊缝调整量的参考值。调整量的最终确定根据设备运行状况酌情微调，δ 值应为满足扭振现象完全消除的最小调整幅度。

③ 稳定无离析仓位：物料的离析现象尽管较为普遍，但并非不可避免。当称重仓内的物料处于某一特定料位有限波动区间时，无离析现象发生，粗细物料以均匀混合状态进入辊压机，此时两主电动机均以正常稳定的工作电流运行。稳定无离析仓位的具体措施分两步进行，首先调整原始辊缝消除扭振，方式前已述及。然后将仓位由低到高缓慢上提，在仓位逐步变化的过程中我们可以看到两主电动机的运行电流时有变化，其规律为在短时间内正常运行电流和低电流运行两种现象交替变化，间隔时间呈大致相近的有规律状态：

主电动机处于正常电流的运行状态只能说明被挤压物料均为粒度较粗的物料，此时工作辊缝正常，活动辊轴承座与调整垫板无接触，但仓内的细颗粒物料正在物料离析的作用下滞留聚积，主电动机以正常电流的运行的时间极其短暂，细颗粒物料越多，正常运行时间越短。

主电动机处于低电流运行状态说明仓内滞留聚积到一定程度的细颗粒物料正在以塌落的方式进入磨辊压力区，由于调整垫板的控制作用，工作扭矩的脉动变化现象已经被消除，两磨辊间压力区的细颗粒物料处于承受压力较低，相对较为疏松的状态，此时的工作辊缝变小，活动辊轴承座已经紧贴调整垫板。磨辊在低扭矩状态下运行。

上述现象的交替变化说明称重仓内物料离析现象的普遍存在。然而在缓慢变化仓内料位时，我们发现当料位在某一个料位段时，两主电动机的运行电流渐趋平稳正常，离析现象消失。我们可根据辊压机系统控制柜称重传感器数据显示的无离析区间料位数值作为系统平衡段，将仓内料位控制在无离析区间以内，严格控制给料量以稳定料位。在此基础上可微调原始辊缝，稍稍减小调整垫板厚度，强化挤压效果。

143. 简单描述风扫磨煤粉制备系统、立式煤磨粉制备的工艺流程及立式煤磨产量的自动控制方式

（1）风扫磨煤粉制备系统的工艺流程

原煤仓→风扫磨→选粉机→袋式收尘器→煤粉仓。

（2）立式煤磨煤粉制备的工艺流程

原煤稳料仓→调速喂料机→立式煤磨→袋式收尘器→煤粉仓。

（3）立式煤磨产量的自动控制方式

一般立式煤磨产量的自动控制方式有三种：

① 设定磨机进出口差压来自动控制产量；

② 设定磨机功率来自动控制产量；

③ 设定煤粉仓的料位来控制产量。

144. 立式煤磨系统的自动控制回路有哪些

（1）磨前稳料仓位的自动控制回路。

（2）磨机产量的自动控制回路。

（3）磨机出口气体温度的自动控制回路。

145. 风扫磨煤粉制备系统重点控制参数有哪些

风扫磨煤粉制备系统重点控制参数如下：

（1）原煤仓料位；

（2）煤磨入料量；

（3）煤磨电流、进出口轴瓦温度、进出口气体温度与负压；

（4）选粉机的转数、电流；

（5）袋式收尘器的差压；

（6）排风机的电流；

（7）各煤粉仓的料位与监控温度。

146. 立磨煤粉制备系统的重点控制参数有哪些

立磨煤粉制备系统的重点控制参数如下：

（1）稳流仓料位；

（2）磨机入料量；

（3）磨机进、出口温度、压力，磨机本体振动，磨机功率；

（4）选粉机转数、电流；

（5）排渣口温度；

（6）袋式收尘器的压差；

（7）排风机的电流、风量、氧气含量；

（8）各煤粉仓的料位。

147. 立磨煤粉制备系统重点注意事项有哪些

（1）严格控制磨机出口的气体温度（一般为75℃±10℃）。

（2）严格监控排渣口的温度，现场应保持排渣口畅通、密闭。

（3）控制磨机出口的氧气含量。

（4）监控各煤粉仓的温度，在长时期停窑时，可磨部分石粉清洗煤粉仓，以防自燃。

（5）各煤粉仓、袋式收尘器都装有防爆板，现场需定时检查防爆板的情况。

148. 立式煤磨系统与风扫磨系统相比的优势是什么

立式煤磨系统的优势如下：

（1）对煤种的适应范围宽，烟煤、无烟煤、次烟煤、褐煤均可使用；

（2）相同产量的设备体积较球磨机小，占地面积仅占其60%左右，土建投资较低，工艺流程简化；

（3）粉磨电耗比普通风扫磨低30%～50%；

（4）噪声低，一般小于85dB；

（5）入磨粒度大，允许如90%小于45mm的块料入磨，最大入磨水分可达15%。

149. 影响立式煤磨运行的因素有哪些

（1）原煤水分

水分高，流动性变差，输送、喂料不畅，粉磨更为困难。

（2）煤的易磨性

随煤的种类、产地、粉磨的细度不同而异。

（3）灰分

灰分中的SiO_2、Fe_2O_3、Al_2O_3含量及存在形式是影响磨辊及磨盘衬板使用寿命的主要因素。

（4）挥发分

挥发分＞35%时整个系统需有更强的防爆能力。

（5）入磨粒度

入磨粒度过大，将影响粉磨效率。

150. 煤粉发生爆炸的条件有哪些

当煤粉同时满足以下三个条件时，即有可能发生爆炸：

（1）存在可燃物质且浓度在爆炸极限范围内，其下限浓度为30g/m^3，上限浓度为1500～2000g/m^3；

（2）有足够的氧含量，烘干粉磨设备中的最高氧含量应为14%；

（3）存在强烈的热源，如煤的自燃、设备撞击、摩擦产生的电火花以及运行部件的过热和达到燃点的高温气体等。

151. 水泥细度对出厂水泥质量有何影响

水泥的粉磨细度影响水泥磨机的产量和出厂水泥的强度等级。由于水泥磨得越细，其比表面积越大，水泥的各龄期强度都会增长。但当粉磨细度在0.08mm方孔筛筛余4%以下时，随着筛余量的减少，粉磨单位产品的电耗将显著增加，产量也相应降低，因此，水泥粉磨细度，通常控制在0.08mm方孔筛筛余4%左右，比表面积控制在350m^2/kg左右。

152. 水泥磨入磨物料的水分应控制在什么范围

根据生产实际经验，各种物料的水分应控制在下列范围内：混合材小于4%，石膏小于8%，熟料小于0.5%，综合水分控制在1.0%以内。

153. 为什么要控制水泥磨内温度

粉磨水泥时，必须加入一定量的石膏作为缓凝剂。当磨内温度超过70℃后，会引起石膏开始慢慢脱水，造成出磨水泥凝结时间不正常，对水泥质量产生影响；同时，磨机产量也会降低。因此，水泥粉磨时，要控制入磨物料温度小于50℃，磨内温度必须小于120℃。

154. 水泥粉磨掺加混合材的作用是什么

在水泥粉磨时掺加一定量的混合材，不仅可以调节水泥的强度等级，增加水泥产量，降低水泥生产成本，而且在一定程度上能改善水泥的部分性能，满足建筑工程对水泥的某些特殊技术要求。

155. 简述水泥粉磨系统的开、停机顺序

正常的开机顺序应是逆工艺流程开机，即从进水泥库前的最后一台输送设备起顺序向前开，直至开动磨机后再开喂料系统。在开动每一台设备时，必须等前一台设备正常运转后，再开下一台设备，以防发生事故。磨机正常情况下的停机顺序与开机顺序相反，即先开的设备后停，后开的设备先停。应注意的是：

(1) 磨机的润滑及水冷却装置应等主轴承完全冷却后才能停止；

(2) 出磨输送设备应继续运转，把物料送完后再停；

(3) 各设备的除尘系统排风机最后停止。

156. 增湿塔的工作原理与作用是什么

增湿塔的主要作用是调节烟气的比电阻，一般烟气从塔的上部通入，高压水从上部以雾状喷入塔内，烟气与水雾进行热交换使水滴蒸发成水蒸气，烟气中的粉尘吸附水蒸气，使比电阻由$10^{12}\Omega$降到$10^{11}\Omega$以下，以适宜电收尘器捕集粉尘操作要求。当出增湿塔气体直接进入电收尘器时，一般控制出口温度为120～150℃；当出增湿塔气体作为烘干热源时，一般控制出口温度在250℃左右。增湿塔的喷水量根据进、出口气体温度和布置方式的不同计算得出，一般增湿塔的直径按烟气在塔内的风速为1.5～2.5m/s确定，塔高按水滴在塔内停留时间为11～15s计算。增湿塔，除了能提高电收尘器的收尘效率作用外，它还可以降低工作温度，延长设备的使用寿命。

157. 增湿塔操作的注意事项有哪些

(1) 需定期检查喷嘴工作状态，必须保证喷出水为雾状，如果喷水不能雾化，则可能造成换热效果不良，不能有效控制出口温度，甚至造成下部堵塞成“泥浆状”。

(2) 注意控制出口温度不能过低，尤其是冬天，否则会造成收集的窑灰湿度过大，造成电收尘器下部的堵塞。

158. 简述增湿塔在废气处理工艺系统的布置形式

增湿塔在废气处理系统中的布置形式有两种：

(1) 增湿塔位于窑尾高温风机之后，此时增湿塔处于微负压状态（－30～－100Pa），增湿塔的漏风量很少，适用于生料磨要求用风量少而风温高时的操作

状况。

（2）增湿塔位于窑尾高温风机之前，此种布置可缩短预热器与增湿塔之间的连接风管的长度，可减少投资和管道阻力损失，较适合于生料磨要求风量大，而风温低的操作状况（如立磨）。但此时增湿塔处于高负压操作状态（－5000～－7000Pa），其筒体刚度和底部密封的设计要求高，否则极易造成大量漏风，不仅会增大废气处理量，还会造成烧成系统通风不畅，影响系统产量。

159. 何为粉尘？水泥工业粉尘有哪几种

分散悬浮于气体中的固体微小颗粒物称为粉尘。水泥工业粉尘常见的有两种：

（1）由破碎、粉磨或输送，倒运粉状物料等纯物理过程产生的粉尘；

（2）由燃烧、化学反应参与的热工过程产生的烟尘。

160. 何为含尘浓度

单位体积中所含粉尘的质量为含尘浓度，一般以“克/标米^3”（g/Nm^3）或“毫克/标米^3”（mg/Nm^3）表示。

161. 水泥工厂的粉尘有哪些危害

（1）危害健康，使职工和居民的身体健康受到影响。

（2）破坏生态，污染大气环境，抑制农作物生长。

（3）侵蚀设备，增加机器运转部件的磨损，造成安全隐患，降低运转率。

（4）浪费资源，粉尘飞扬损失，增加生产成本。

162. 简述水泥厂收尘设备的分类及原理

（1）重力沉降式收尘设备。即利用重力作用使粉尘颗粒沉降下来，落到灰斗或容器底部，如，沉降室等。

（2）离心力沉降式收尘设备。含尘气体在筒体内旋转运动，利用粉尘颗粒的离心力作用，从气体中分离出来并被收集，如，旋风收尘器等。

（3）过滤式收尘设备。含尘气体通过过滤介质，由于阻挡、吸附、润湿等作用，使粉尘颗粒被阻截下来，如，袋式收尘器等。

（4）静电式收尘设备。在高压直流电场内，利用电晕放电作用，使空气电离、粉尘粒子带电，靠电场引力的作用，将粉尘颗粒收集，含尘气体被净化，如，各种形式的电收尘器。

163. 旋风收尘器的收尘性能有何特点

旋风收尘器是利用粉尘颗粒在离心力作用下沉降的原理设计的一种除尘设备，如果收集 10μm 以上的粉尘颗粒，收尘效率一般可达到 70%～90%。对于 10μm 以下的粉尘颗粒收尘效率很低（5%～15%），因此，经常把它做粗净化用或用于二级收尘系统的第一级。

164. 影响旋风收尘器的收尘效率的因素

影响旋风收尘器工作性能的因素很多，概括地讲，一为结构方面的因素；二为运行条件方面的因素。

结构方面的因素一般分为四个方面：

（1）入口与顶部

① 入口的形式：一般分为两种直接入口与涡流入口。

② 收尘器顶部通常是平面，但也有隆起式和螺旋式。

（2）排气管：普通旋风收尘器的排气管多为圆筒形且与收尘器本体同心。排气管插入深度越短，压力损失越低。

（3）收尘器的长度与直径：一般长径比大于2时，称为高效旋风收尘器；长径比小于2时，则为低效旋风收尘器。前者由于粉尘在其中停留时间长，因此效率较高。

（4）内壁粗糙度：旋风收尘器内壁越粗糙越容易引起涡流，这样会增加流体阻力和降低收尘效率。因而在制造中应注意焊缝要光滑，圆柱和圆锥这头过度要力求平滑。

运行条件方面的因素如下：

收尘器的运行条件包括气体的流量、温度、粉尘粒径、密度等因素。

（1）气体性能

① 气体流量：旋风收尘器的效率和阻力都与气体进入收尘器的流速有关。

② 气体温度：气体温度直接影响气体的黏滞系数。黏滞系数随温度升高而增加，而收尘效率随温度的升高而降低。

（2）粉尘性质

① 粉尘的颗粒大小：旋风收尘器的效率对粉尘的粒径是很敏感的。一般对于小于5μm的粒子，其效率较低，而大于20μm的粒子收尘效率达90%以上。

② 收尘的密度：粉尘密度越高，效率越高；当密度达到一定值时颗粒越小，密度的影响越大。但对于收尘器实际收尘范围影响相对较小。

③ 粉尘浓度：粉尘浓度对收尘器的效率和阻力都有影响。含尘浓度对收尘器性能的影响，一方面是由于含尘浓度高时，粉尘颗粒间的摩擦损失增大，气流的旋转速度降低，产生离心下降，从而使阻力和效率降低；但另一方面浓度的增加会产生粉尘的凝聚，使收尘效率提高。

因此只有足够地了解影响旋风收尘器性能的因素，才能更好地避免其性能损失，使旋风收尘器的收尘效率达到最高。

165. 如何计算旋风收尘器的处理烟气量

（1）烟气进口流速的计算

测量烟气流量的仪器利用S形毕托管和倾斜压力计。

S形毕托管使用于含尘浓度较大的烟道。毕托管是由两根不锈钢管组成，测端做成方向相反的两个相互平行的开口，如图1-4所示，测定时，一个开口面向气流，测得全压；另一个背向气流，测得静压。两者之间便是动压。

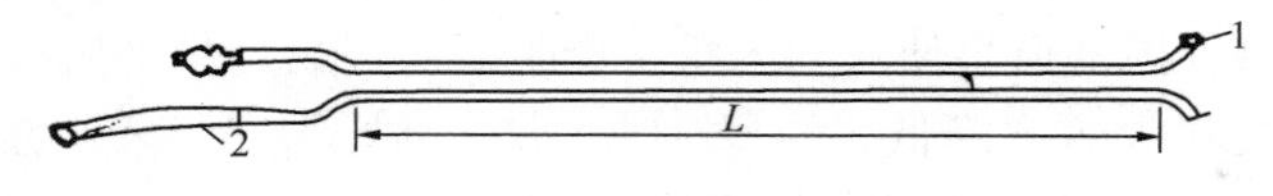

图1-4　毕托管的构造示意图

1—开口；2—接橡皮管

由于背向气流的开口上吸力影响，所得静压与实际值有一定误差，因而事先要加以校正，方法是通过与标准风速管在气流速度为2～60m/s的气流中进行比较，S形毕托管和标准风速管测得的速度值之比，称为毕托管的校正系数。当流速在5～30m/s的范围内，其校正系数值约为0.84。S形毕托管可在厚壁烟道中使用，且开口较大，不易被尘粒堵住。

当干烟气组分同空气近似，露点温度为35～55℃，烟气绝对压力在0.99～1.03105Pa时，可用下列公式计算烟气入口流速：

$$v_1 = 2.77K_p \sqrt{T} \sqrt{P}$$

式中　K_p——毕托管的校正系数，$K_p=0.84$；

T——烟气底部温度,℃；

v_1——各动压方根平均值，Pa；

$$\sqrt{P} = \frac{\sqrt{P_1}+\sqrt{P_2}+\cdots+\sqrt{P_n}}{n}$$

P_n——任一点的动压值，Pa；

n——动压的测点数，本试验取9。

测压时将毕托管与倾斜压力计用橡皮管连好，动压测值由水平放置的倾斜压力计读出。倾斜压力计测得动压值按下式计算：

$$P = L \cdot K \cdot \upsilon$$

式中　L——斜管压力计读数；

K——斜度修正系数，在斜管压力标出，0.2，0.3，0.4，0.6，0.8；

υ——酒精相对密度，$\upsilon=0.81$。

（2）除尘器处理风量计算

处理风量：　　$Q=F_1v_1$（m^2/s）

式中　v_1——烟气进口流速，m/s；

F_1——烟气管道截面积，m^2。

（3）除尘器入口流速计算

入口流速：　　$v_2=Q/F_2$

式中　Q——处理风量，m^3/s；

F_2——除尘器入口面积，m^2。

166. 为什么使用旋风收尘器应注意密闭性

使用旋风收尘器时，必须保证收尘器的密闭性，特别是防止灰斗及卸灰阀的漏风。否则，该处因漏风将使灰斗内粉尘产生二次飞扬，带至旋风收尘器的出口排出；同时造成收尘效率降低。漏风1%，收尘效率降低5%；漏风5%，收尘效率降低50%；漏风15%，收尘效率为0。

167. 常见袋式收尘器的分类及其性能

袋式除尘器按清灰方式分，主要有机械振打方式和气体反吹式两种。气体反吹又分为常压反吹和高压脉冲反吹两种。按控制方法还可分为离线清灰和在线清灰。袋式收尘器的收尘效率高，特别是对微细粉尘（≤5μm），收尘效率一般在99%以上。

168. 袋式收尘器为什么要清灰？洁灰方式如何选择

袋式收尘器在工作过程中，随着粉尘在滤布上的聚积，通风阻力逐渐上升，系统处理风量迅速减少，给生产过程带来影响。因此必须定期清除滤布上的积灰，恢复滤布的通风过滤作用。

清灰方式分为机械振打和反吹风清灰两大类，机械振打就是利用机械杠杆的作用力，使滤袋发生抖动，把粉尘抖落下来的清灰方法；而反吹风清灰就是利用压缩空气或反吹风机，逆气流方向强制吹落滤袋上收集的粉尘。

对于小型袋式收尘器可以采用机械振打清灰方式；而处理风量在4000m^3/h以上的袋式收尘器就应该采用反吹风的清灰方式。这样才能保证滤布迅速恢复过滤能力。反吹风清灰分为常压反吹风和高压脉冲反吹风清灰两种，对于净化湿含量较低含尘气体的袋式收尘器，可采用普通离心风机进行常压反吹风清灰，而处理含尘气体湿、含量或粉尘浓度较高的袋式收尘器一般都应采用由空压机提供气源的高压脉冲反吹风清灰方式。

169. 什么是在线清灰？在线清灰过程对收尘工作有无影响

在线清灰：滤袋不用分室，利用高于工作气流的压力和流量3～4倍的脉冲空气，逆向喷入正在工作的滤袋，抖动的滤袋将表面聚集的粉尘清除，落入下部的集灰斗。由于高压脉冲空气要克服工作气流的阻力，并且在清灰的瞬间，这些滤袋不能进行除尘工作，收尘器的有效过滤面积因此会受到一些影响。但是，被清灰的滤袋只是一部分，分批轮换，时间又短，所以对于处理上万立方米风量的大型收尘器来说，该影响可以忽略不计。

170. 什么是离线清灰？离线清灰过程对收尘工作有无影响

离线清灰：滤袋必须分室隔开，清灰过程是一室一室地轮流进行。滤袋因清灰而停止除尘工作，收尘器的总过滤面积将减少一个室的滤袋面积，这一点不如在线清灰经济划算。但是，离线清灰的过滤室因工作气流被隔断，所以喷吹的清灰气流仅用低压和与该室处理风量同等的流量就可以很好地完成清灰任务，且拨落的粉尘也不易产生二次飞扬。由于清灰空气压力低、流量小，不仅节约能源，而且滤袋使用寿命比在线清灰长，使除尘系统运行费用降低，有利于提高除尘器的运转率。

171. 脉冲袋式收尘器的工作特点是什么

脉冲袋式收尘器是逆气流反吹外滤式收尘器的一种。它是利用压缩空气向每排滤袋内定期轮流喷吹，造成与过滤气流相反的气流反吹和振动，清除附在滤袋上的粉尘。袋式收尘器的清灰周期一般为 2～4min，脉冲喷吹压力为 0.5～0.7MPa，清灰周期一般靠压差计或时间继电器，调控延时定时器和脉冲阀的打开时间来实现。

172. 简述电收尘器的结构组成

电收尘器主要由集尘极、电晕极、气体分布装置、清灰装置、壳体、集灰斗和高压整流设备等组成。

173. 简述电收尘器的分类

（1）按电极清灰方式不同，分为干式电收尘器、湿式电收尘器和半湿式收尘器；按气体在电收尘器内的运动方向，分为立式电收尘器和卧式电收尘器。

（2）按电收尘器的形式，分为管式电收尘器和板式电收尘器；按接收尘极和电晕极的不同配置，分为单区电收尘器和多区电收尘器。

174. 简述电压高低对电收尘器收尘效果的影响

在电收尘器工作时，不允许出现火花放电，电场电压能保证电晕放电即可，一般在 60～120kV 范围内。因为火花放电时电能消耗将激增，除尘效果反而会下降。电压过低，电场强度减弱，收尘效果也会降低。

175. 简述电收尘器的优缺点

（1）电收尘器的主要优点

① 收尘效率高，最高可达 99.99%；

② 阻力损失小；

③ 能处理大的烟气量；

④ 能处理温度较高的烟气；

⑤ 能捕集腐蚀性很强的物质；

⑥ 日常运行费用低；

⑦ 对不同粒径的粉尘有分类捕集作用。

（2）电收尘器的主要缺点

① 一次性投资较高；

② 不适应操作条件的变化；

③ 不能用于有害气体；

④ 应用范围受粉尘比电阻的限制；

⑤ 除尘效率受含尘浓度的影响较大；

⑥ 对制造、安装和操作水平要求较高；

⑦ 钢材消耗量大。

176. 什么是电收尘器整流变压器的一次电流和一次电压

输入整流变压器初级侧的交流电流称为一次电流，输入整流变压器初级侧的交流电压叫一次电压。

177. 什么是电收尘器整流变压器的二次电流和二次电压

整流变压器输出的直流电流叫二次电流，整流变压器输出的直流电压叫二次电压。

178. 什么是粉尘的比电阻？什么是“反电晕”现象

每 $1cm^2$ 面积上沿高度方向上 1cm 粉尘的电阻值称为粉尘的比电阻。它是衡量粉尘导电，放电性能的指标；当粉尘比电阻超过 $10^{11}\Omega \cdot cm$ 后，带电粉尘在收尘极上所带电荷很难中和，而且会逐渐地在收尘极形成负电场，电场强度逐渐升高，排斥带负电的粉尘靠近，使电收尘器的收尘效率下降。此现象称为反电晕现象。解决方法：对含尘气体增湿，可以降低粉尘的比电阻，避免反电晕现象，提高收尘效率。

179. 什么是“电晕封闭”现象？如何解决

进入电收尘器的气体含尘浓度较大时，带电粉尘减缓了在电场内运动速度，在中心空间形成了封闭圈，严重地抑制了电晕极的电晕放电作用，使越来越多的粉尘得不到足够的电荷，影响了电收尘器的正常工作，收尘效率降低，此现象称为电晕封闭现象。

解决办法：在电收尘器之前再增加一级收尘设备（如旋风收尘等），降低进入电收尘器气体的粉尘浓度，避免电晕封闭现象的发生。

180. 简述袋式收尘器滤袋破损的原因及处理方法

（1）因清灰周期过短或过长引起的滤袋破损，应调整清灰周期。

（2）因滤袋悬挂过于松弛引起滤袋破损，应改善挂袋工作质量。

（3）因过滤风速过高引起滤袋破损，应适当调整风量，减小过滤风速。

（4）因滤袋框架有棱角或车箱体摩擦引起滤袋破损，应修整框架或调整滤袋安装方法。

（5）因废气温度过高引起滤袋烧损，应控制进口温度，增设温控装置或改进滤料材质。

181. 简述袋式收尘器滤袋堵塞的原因及处理方法

滤袋堵塞是引起滤袋破损，收尘器失效的主要原因，具体如下：

（1）袋式收尘器密封不良，漏水造成堵塞，应加强密封；

（2）滤袋悬挂方式不正确，张力不足引起堵塞，应改进悬挂方式；

（3）因过滤风速过高引起滤袋堵塞，应适当调整风量；

（4）因粉尘湿含量高引起滤袋堵塞，应加强保温，控制进口温度与水分；

（5）因清灰不良引起的滤袋堵塞，应改善清灰方式与清灰装置。

182. 袋式收尘器的主要工作参数有哪些

袋式收尘器的主要工作参数如下：

（1）处理风量。单位时间内通过收尘器的含尘气体的体积流量，m^3/h；

（2）过滤面积。袋式收尘器参加过滤的滤袋总表面积，m^2；

（3）过滤风速。单位时间内通过滤袋单位面积上的含尘气体的体积流量，m/s；

（4）通风阻力。袋式收尘器和过滤过程对气流产生的阻碍作用。在工作时随清灰周期而波动，一般为600～1600Pa。

183. 袋式收尘器的主要工作参数有哪些以及计算方法

（1）过滤风速

在实际选用时，应根据工况条件，先确定过滤风速，再根据处理烟气量按下式求净过滤面积和总过滤面积。

$$F_{净} = Q/(60V)$$

式中 $F_{净}$——净过滤面积，m^2；

Q——处理烟气量，m^3/h；

V——过滤风速，m^3/min。

$$F_{总} = F_{净} \times (1 + 1/n)$$

式中 $F_{总}$——总过滤面积，m^2；

n——室数。

（2）耗气量

$$Q_1 = nZSK/T$$

式中 Q_1——耗气量，m^3/min；

n——室数；

Z——每室脉冲阀数；

S——每次喷吹气量，1.5in 脉冲阀 $S = 0.24m^3$，2.5in 脉冲阀 $S = 0.79m^3$；

K——系数，厂内系统供气 $K=1.5$，单独压缩机供气 $K=2$；

T——清灰周期，min。

清灰周期 T 的大小，取决于过滤风速、入口浓度等因素，由工况实测决定。

184. 简述电收尘器的操作注意事项

（1）每次开机前必须对电收尘器的各部进行检查，确认设备正常，电场内无人工作，各人孔门关好，方可开机。

（2）在给电场送高压电以前，应先开振打装置。电场停送电后，振打装置仍应运行半小时以上再停，以尽量振落电极上的积灰。

（3）已冷却的电收尘器在使用前，应先通烟气预热，让温度逐步升高。当通过的废气使电场温度升高，已无冷凝结露现象后，方可送电压。

（4）在窑炉点火或生产不正常时出现大量煤粉混入烟气时，应考虑暂停收尘。因为收集下来的煤粉，聚集在电场的个别地方，可能烧损设备或引起爆炸。

185. 电收尘器二次工作电流大，二次电压升不上去，甚至接近为零，为什么？怎样处理

（1）收尘极板和电晕极之间短路。应清除短路杂物或剪去折断的电晕线。

（2）石英套管内壁冷凝结露，造成高压对地短路。应擦拭石英套管或提高保温箱内的温度。

（3）电晕极振打装置的绝缘瓷瓶破损，对地短路。应修复破损的绝缘瓷瓶。

（4）高压电缆或电缆终端接头击穿短路。应更换损坏的电缆或电缆头。

（5）灰斗内积灰过多，粉尘堆积至电晕极框架。应清除灰斗内的积灰。

186. 电收尘器振打电动机烧毁的原因及处理方法

（1）冷态时

转动轴各轴承的中心线不同心，轴变形或轴链轮平面与电动机链轮平面不在一条直线上，导致转矩增大引起电动机烧毁。应调整各同心度，放大轴承间隙，各轴进行轴向固定。

（2）热态时

因温度作用转动轴位置发生变化，或因温度不均匀，各轴承不同心，造成阻力矩上升导致电动机烧毁。应进行位置调整，电动机加过载保护和改善气流分布的均匀性，以保证电场内温度均匀。

187. 影响电收尘效果的因素有哪些

（1）断面风速越大，净化效率越低；反之，断面风速越小，净化效率越高。

（2）粉尘的比电阻在 $10^4 \sim 2\times10^{10}\,\Omega/\mathrm{cm}$ 范围内为正常值，比电阻过高或过低都将影响收尘效率。

（3）含尘浓度一般不超过 $50\sim60\mathrm{g/m^3}$，含尘浓度过高收尘效率降低，而作为收集生料成品的电收尘多采用多室收尘的方式来提高收尘效率。

（4）粉尘粒度不小于 $0.07\mu\mathrm{m}$，过小，收尘效率降低。

（5）气体温度应在电收尘器的要求范围内运行，温度过高或过低都将影响收尘效率。

（6）气流分布越均匀，收尘效率越高。

188. 电除尘设备有哪几种供电方式

电除尘器的供电装置，是将外部电源供给的220V或380V交流电通过升压变压器和整流器，变为50～90kV的高压直流电，送到电除尘器的电晕线上。把交流电变为直流电的整流设备主要有三种形式：电子管整流、机械整流、硅整流管。目前多采用硅整流装置。

189. 电收尘器电场内产生爆炸的原因及处理方法

由于生产操作不正确或煤质变劣，造成煤粉燃烧不完全，致使大量CO气体和煤粉进入电场内引起爆炸。应改善操作方法，控制废气中的CO含量，若烟气中CO含量超过2%时，应立即关闭高压电源。

190. 电收尘器电晕线断裂的原因及处理方法

（1）由于振打作用产生间隙，使电晕线挂环和框架挂钩的连接处产生弧光放电，挂环与挂钩连接处烧断。可将挂钩与挂环连接处点焊牢固。

（2）由于电晕线松弛，在振打时产生摆动，引起电弧放电，烧断电晕线。可缩短电晕线长度或采取拉紧措施。

（3）因漏风引起冷凝，造成电晕线腐蚀断裂。应加强密闭堵漏和保温措施。

（4）因振打力过大，极限疲劳，造成电晕线断裂。应降低振打力以保持适中。

（5）因废气中SO_2造成电晕线腐蚀断裂。应改用耐腐蚀材质电晕线。

191. 电收尘器石英套管击穿破裂的原因及处理方法

（1）套管壁厚不均匀或内周不圆，安装或受力不均造成套管破裂。应注意安装质量和更换合格的石英套管。

（2）套管内部积灰。应定期清除。

（3）套管内部冷凝结露。应提高套管温度。

（4）绝缘瓷瓶、连杆、拉杆及悬吊杆位置不正确。应调整其位置。

（5）套管与底座之间无衬垫或衬垫太硬。

（6）提升脱钩下落位置不正确。应调整脱钩机构蜗杆，使其下落位置符合要求。

192. 改善收尘的措施和注意事项

袋式除尘器由于使用场所的特殊和高强度的工作状态，比较容易造成仪器的损耗，所以在日常作业过程中有一些注意事项需要谨慎对待。

（1）仪器安装注意事项

在除尘器工作之前要注意各个部位器件的安装问题：

① 合理安装喷吹管位置

对气体的喷吹效果好坏直接决定了除尘效果的优劣，安装喷吹管时要计算好角度、位置和距离，保证仪器工作时清灰彻底。如果喷吹管位置不正，就会损坏布袋或者不能有效清灰，缩小收尘面积，降低整体工作效率。

② 保证密封性能

有些仪器工作段内必须保证密封性能，防止漏灰漏气的现象发生。文丘里管内的气体处于高速状态，一旦发生泄漏，不仅严重影响除尘工作的进行，同时可能造成工程事故。安装仪器时注意各密封圈的紧固程度，有条件的做高压试验。

③ 紧固提升阀板

提升阀板是进气的关键部位，在长期的工作状态下，提升阀板要进行高强度的提升、关闭的周期性工作，因此比较容易损坏。在安装提升阀板时，除了厂家原有的紧固措施外，有条件的尽量加装防松装置。

（2）仪器维护注意事项

① 合理设置清灰、排灰频率

有的除尘装置采用固定时间周期清灰，有的采用固定阻力阈值来清灰，这两种方式都有可取之处，要根据现场的工作情况合理选择，防止滤袋上附集的粉尘过多不能及时清除，积灰过多易导致各部件工作不畅，影响除尘效率。

② 做好防风防雨措施

收尘器要尽量保证干燥，关闭时密封，防止糊袋的现象，物料遇水结块，如果长时间得不到处理，一是布袋失去过滤的功能，二是造成各部件堵塞，影响正常工作。措施是收尘器附近设置防雨装置，有条件的安装气体干燥设施。

③ 及时更换布袋

布袋所处的工作环境一般比较恶劣，常与酸、碱、有机溶剂蒸汽接触，并且处于连续高强度的工作状态，所以容易出现损坏。而布袋发生损坏，必然引起除尘效率的大大降低，所以必须保证及时发现损坏的布袋，及时更换，同时更换布袋也要注意新旧工艺布袋不能混杂，不同的布袋情况也会对仪器整体运行造成一定影响。

④ 各部件经常检修维护

提升阀容易出现故障，要及时检验气压是否足够，能否正常工作。需要润滑的部位要定期注油，保证润滑性能。

⑤ 专人维护

除尘器有着比较复杂的结构，又具备重要的作用，要保证有熟悉仪器性能、具备专业知识的人员来管理维护，要能及时发现问题并予以解决，保证正常的生产工作的进行。

布袋式除尘器因为结构复杂，并且工作环境特殊，所以故障率相对高，维护难度大，对除尘器的改进和完善重点如下：

（1）简化仪器结构

一般仪器越复杂，故障率就会越高，维护难度也就越大，所以好的仪器在于简洁、高效。从仪器结构入手应该遵循这个规律，可以考虑简化提升阀板、各进气管道，现有的旋风除尘器就是比较好的典型，其内部没有活动部件，工作效果理想。所以，设计除尘器时，应该采取模块化、精简化的手段，减少不必要的附属设施，从而减少故障率和维护工作量，扩大除尘器的可利用性。

（2）改进布袋材质

布袋作为除尘器的常用损耗品，是限制除尘器性能的关键环节，布袋易损耗增加了维护难度和运行成本。所以，改进布袋材质，使其能更好地适应复杂恶劣的工作环境是非常必要的。目前比较常用的布袋材料主要有三种：涤纶、丙纶和玻璃纤维。涤纶定型性能比较好，涤纶布袋经多次使用仍能保持一定工作性能；丙纶质地比较轻，这种材质的布袋耐酸、耐碱性能比较好，强度也很高；而玻纤布袋具有抗拉伸的特点，耐化学腐蚀能力也强。

布袋的性能要求主要有几点：耐热性、耐酸性、机械强度和收尘效率。综合来说，现有的材料中玻纤布袋性能是比较全面的，但是这三种材料在制作工艺、生产成本等方面也都各具优缺点，所以找到更好的布袋材料是我们改善布袋除尘器工作性能的突破口。

193. 胶带输送机由哪几部分组成

胶带输送机由传动滚筒，改向滚筒，输送带，上、下托辊，头、尾中间机架，拉紧装置，给料装置，传动装置，卸料装置及清扫装置组成。

194. 螺旋输送机一般由哪几部分组成

螺旋输送机主要由螺旋、机槽、吊架、吊轴承、止推轴承座、平轴承装置、进料口、卸料口及传动装置等组成。当螺旋输送机长度较长时，螺旋要分节制造。两节间用联轴节连接，并加装吊轴承。整个螺栓输送机由下部底座支撑固定。

195. 螺旋输送机使用时应注意哪些问题

（1）必须均匀加料，以保持荷载均匀。

（2）严禁将铁架及硬性粒子喂入螺旋输送机，防止卡压、损坏输送机。

（3）机壳连接处，需加石棉绳密封，防止漏料。

（4）运转过程中严禁将机盖取下查看物料输送情况。

（5）注意头部轴承与尾部轴承温升不超过 60℃。

（6）停机前先停止喂料，待物料走空后才能停机，做到空载停车，空载开车。

196. 简述FU链式输送机输送工作原理

散料在机槽内受到输送链在其运动方向上的拉力，在水平或是一定斜度输送时，这种内摩擦力既保证了料层之间的稳定状态，又形成连续整体滚动，当料层之间的内摩擦力大于物料与机槽壁的外摩擦力时，物料就随输送链向前运动。

197. FU链式输送机由哪几部分组成

FU链式输送机由驱动装置、首节（装有传动大链轮）、标准中间节、非标准中间节、尾节（从动轮、输送链张紧装置）、输送链、进料口、出料口及固定装置组成。

198. FU链式输送机有哪些特点

（1）输送能力大。

（2）密封好，扬尘小。

（3）使用寿命长，维修费用低。

（4）单机长度长，可达50m。

（5）在垂直立面有小于15°的爬坡。

（6）驱动功率比同输送量的螺旋输送机小45%～50%。

199. 影响FU链式输送机输送能力的原因有哪些

（1）输送链条没张紧。

（2）输送钩变形或磨损严重。

（3）输送链条上的套筒或销轴破损严重。

（4）导轨磨损严重。

（5）物料水分大。

（6）机槽内物料熟结现象严重。

（7）料槽内有异物。

200. 引起FU链式输送机振动的原因有哪些

（1）输送构件刮壳。

（2）料槽内有异物。

（3）输送链条脱轨。

（4）输送链条或传动齿轮磨损较大产生滑动。

（5）驱动小链条磨损，产生爬链现象。

（6）输送链条断裂。

201. 斗式提升机具有哪些特点

斗式提升机结构简单，外形尺寸小，在平面内所占地面较小，输送能力大，有良好的密封性，提升高度高，检修方便，易损件可以自制，但不宜输送黏性物料和尽可能避免输送磨损性强的物料。

202. 斗式提升机一般由哪些部分组成

斗式提升机主要由传动装置（电动机、减速机、驱动链轮）、牵引装置（环链、板链或胶带）、承载装置（料斗）、张紧装置（张紧链轮、弹簧、重锤）、制动装置（棘轮、棘爪）、机壳（进料口、卸料口、检视门）组成。

203. 斗式提升机日常维护保养事项

（1）每周润滑斗式提升机传动链和传动部分的各轴承；

（2）每班检查备连接板、销轴与料斗的固定情况；

（3）每周定班清理尾部节段内的堆积物料和杂物，防止挤坏料斗；

（4）定期调紧传动链的张紧程度，并且使两根传动链的张紧程度一致；

（5）清理松动或脱落的中间槽铸石板；当斗链过松造成料斗刮底或链条绕过头轮两侧间距不一致时，应通过拉紧装置进行不定期调整；

（6）及时更换磨损严重的斗链，为避免斗式提升机的两条斗链长短不一，必须同时更换两条斗链的链板；

（7）每 3 个月更换一次滚动轴承；更换无法转动的拉紧螺杆；

（8）滚筒及减速机滚动轴承的润滑使用 1 号或 2 号钙钠基润滑脂，每 3 个月更换一次；

（9）减速机一般半年更换一次润滑油，若使用中发现减速箱温度超过 60℃或油温超过 85℃，则必须更换润滑油。

204. 斗式提升机常见故障及处理

（1）料斗带打滑（皮带式）

① 料斗带张力不够，料斗带打滑，调整张紧装置，若张紧装置不能使料斗带完全张紧，说明张紧装置的行程太短，应重新调整。

② 斗提机超载时，阻力矩增大，导致料斗带打滑，此时应减少物料喂入量，并力求喂料均匀，若减小喂入量后，仍不能改善打滑，则可能是机内物料堆积太多或料斗被异物卡住。

③ 头轮和料斗带内表面过于光滑，使两者间的摩擦力减小，导致料斗带打滑。这时可在头轮和料斗带内表面涂一层胶，以增大摩擦力。

④ 头轮和底轮轴承转动不灵，阻力矩增大，引起料斗带打滑，可拆洗加油或更换轴承。

⑤ 进料不均匀，忽多忽少，严格控制进料量，空载开车，逐渐打开进料闸门，由机座的玻璃窗孔观察物料面上升状态，物料面达到底轮的水平轴线时，进料闸门不能再增大。

（2）料斗带跑偏

① 料斗带张力不够，料斗带松，调整张紧装置，若张紧装置不能使料斗带完全张紧，说明张紧装置的行程太短，应重新调整。

② 整机垂直度偏差太大，头轮和尾轮不平行，重新调节头轮和尾轮的平行度和垂直度。

③ 料斗带接头不正，指料斗带边缘不在同一直线上，工作时，料斗带一边紧，一边松，使料斗带向紧边侧移动，产生跑偏。

④ 进料偏向，调整进料位置。

⑤ 头轮、尾轮磨损严重，修理或更换头轮和尾轮。

⑥ 料斗带老化，更换皮带。

（3）料斗带撕裂

① 一般料斗带跑偏和料斗的脱落过程最容易引起料斗带的撕裂。应及时全面地查清原因，排除故障。

② 物料中混入带尖棱的异物，也会将料斗带划裂，因此在生产中，应在进料口装钢丝网或吸铁石，严防大块异物落入机座。

（4）链条脱槽

主动轮处脱槽原因：

① 有料斗变形或料斗内有杂物卡住机壳致使链条受到偏向力量，导致其上部脱出主动轮轮槽。应逐个做好排查，确保其转动顺畅无左右受力现象。

② 两根链条有个别出现断开现象。排查进行更换。

③ 斗钩损坏或安装的料斗两斗钩间距不一导致其脱槽。进行排查更换重新调整料斗上固定斗钩间的距离。

④ 主动轮链轮磨损严重无轮缘，更换链轮。

从动轮处脱槽原因：

① 有杂物或料斗损坏变形卡主机壳导致脱槽，调整排查。

② 两链条调整不一，链条过于松动，调整紧固链条。

③ 从动轮两侧不平衡，重新调整。

（5）料斗回料多

① 料斗运行速度过快，提升机提升不同的物料，料斗运行的速度有别：一般提升干燥的粉料和粒料时，速度为 1～2m/s；提升块状物料时，速度为 0.4～0.6m/s；提升潮湿的粉料和粒料时，速度为 0.6～0.8m/s。速度过大，卸料提前，造成回料。这时应根据提升的物料，适当降低料斗的速度，避免回料。

② 斗提机导料板在出料口，料斗与导料板间隙应为 10～20mm，不能太大，也不能太小，间隙大，回料多；间隙小，料斗与导料板相碰，无法运行。

③ 打开提升机的机头上盖，仔细观察提升机在工作中物料抛出后的运动轨迹。若物料抛得又高又远，已越过卸料管的进口，这说明机头外壳的几何尺寸过小。解决的办法是适当地把机头外壳尺寸放大。

④ 若发现部分物料抛得很高，落下来又达不到卸料管口时说明料斗抛料的时间过早，解决办法是降低胶带的运动速度。降低带速最简单的方法是将电动机

上的皮带轮缩小一些。

⑤ 若发现部分物料抛出后落得很近，不能进入卸料管，甚至倒入无载分支机筒内，这说明料斗卸料结束得太迟，解决办法是修改料斗形状，加大料斗底角或减少料斗深度。

⑥ 若发现部分物料抛出后碰到前方料斗的底部，撞回机筒形成回料时，这说明料斗间距过小，可适当增大距离。

⑦ 若发现料斗在头轮的后半圆时尾部翘起，改变了物料抛出后的运动轨道，形成回流，这说明料斗高度尺寸太大，可适当减少料斗高度加以解决。

（6）料斗脱落

① 进料过多，造成物料在机座内堆积，料斗运行不畅，此时应立即停机，抽出底座下的插板，排出机座内的积存物。

② 进料口位置太低，应将进料口位置调至底轮中心线以上，防止料斗脱落。

③ 料斗材质不好，强度有限，料斗是提升机的承载部件，对它的材料有着较高的要求，安装时应尽量选配强度好的材料。一般料斗用普通钢板或镀锌板材焊接或冲压而成，其边缘采用折边或卷入铅丝以增强料斗的强度。

④ 开机时没有清除机座内的积存物，在生产中，经常会遇到突然停电或其他原因而停机现象，若再开机时，易引起料斗受冲击太大而断裂脱落。

（7）电动机底座振动

① 电动机本身旋转不良，卸下转子检查静平衡。

② 减速机与电动机安装精度差，对中超过规范要求，进行重新调整。

③ 电动机底座安装精度不够，水平度超过规范要求，进行重新调整。

④ 头轮和尾轮安装有误差，需重新调整。

⑤ 头轮和尾轮松紧度不适当，应再调整。

（8）运转时发生异常音响

① 斗式提升机机座底板和料斗相碰，调整机座的松紧装置，使胶带张紧。

② 传动轴、从动轴键松动，带轮位移，料斗与机壳相碰，调整带轮位置，把键装紧。

③ 导向板与料斗相碰，修整导向板位置。

④ 导向板与料斗间夹有物料，放大机座部物料投入角。

⑤ 轴承发生故障，不能灵活运转，应更换轴承。

⑥ 料块或其他异物在机座内卡死，停机清除异物。

⑦ 传动轮链条产生空转，调整胶带长度。

⑧ 机壳安装不正，调整机壳全长的垂直度。

（9）提升量达不到设计能力

① 物料黏结在链斗及溜子上，根据黏结情况，定期做好检查清理。

② 斗提前部机械设备容量不足，物料投入量少，需设法提高前机设备的生

产能力。

③ 提升速度慢，改变传动链轮的转速比。

④ 料斗损坏或缺失过多。

⑤ 斗提进料点安装错误，导致料斗载料较少。

（10）物料排出量不足

① 提升机后部机械设备能力小，使排料管堵塞，提高后部机械设备的生产能力。

② 排料口料管较小或角度不合适，修正排料口或料管。

③ 物料粘在料斗或料管内，需定期做好清理。

（11）漏灰

① 机壳连接部分密封垫损坏或缺失，更换新的密封垫，涂抹密封胶，重新固定连接螺栓。

② 物料从机头、机座各缝隙处泄出，做好密封工作。

③ 投入物料的高差过大，增加了投料压力，需改变投料方法，增加进料的缓冲装置。

205. 气力输送系统的优缺点有哪些

（1）优点

① 直接输送散装物料，不需包装，输送效率高；

② 设备简单，占地面积小，维修费用小；

③ 操作人员少，便于实现自动化管理，管理费用低；

④ 布置灵活，合理；

⑤ 保证输送物料不受潮、污损或混进杂物；

⑥ 同时进行物料的混合分级干燥，加热、冷却和分离；

⑦ 可实现集中、分散、大高度、长距离输送。

（2）缺点

① 动力消耗大；

② 配备压气系统；

② 不适宜输送黏性大和粒度大的颗粒。

206. 空气输送斜槽的工作原理是什么

空气输送斜槽的槽体透气层分为上、下两层，粉状物料经进料管落入斜槽内上层，鼓风机产生的压缩空气进入槽体下层，空气经过透气层微孔，使上部物料充气呈流态化，流态化物料又受重力作用就像液体一样从槽体的高处流向低处，进入上槽内的空气经收尘器排出。

207. 空气斜槽有哪些特点

空气斜槽无传动部件，无噪声，操作维修方便，设备质量小，消耗低，设备简单，输送能力大和容易改变输送方向，且可多点加料、卸料，但对输送物料及其状态有限制。物料水分过大，或空气湿度过大时均会影响输送效果，在布置上有一定斜度要求。

208. 空气斜槽一般由哪几部分组成

空气输送斜槽一般由鼓风装置、进料装置、出料装置、上下槽体、透气层、支座等组成。

209. 空气输送斜槽的斜度范围，风压及透气层单位面积耗气量一般为多少

空气输送斜槽的斜度取决于工艺布置，斜度越大，则物料流动性越好，但工艺布置困难。斜度范围一般为6%、10%、14%、18%，用度数表示分别为4°、6°、8°、10°，所需风压一般为4～5.5kPa，透气层单位面积耗气量一般为1.5～$2m^3/(m^2\cdot min)$。

210. 立式气力提升泵由什么组成

立式气力提升泵由喷嘴、气室、进风管、逆止阀、充气室、充气板、清洗风管、泵体与输送管组成。

211. 胶带输送机常出现的不正常现象有哪些

胶带输送机常出现胶带跑偏、胶带打滑、胶带撕裂等现象。

212. 胶带输送机在何种情况下要装逆止器，其作用如何

逆止器常装在倾斜向上输送物料的胶带输送机的传动装置上，其作用是在因突然停电等突发事故时，防止胶带上的物料倒行、堆积，引起环境污染和人身伤害事故。

213. 板式输送机一般由哪几部分组成

板式输送机由牵引机构、底板、机架、驱动装置、拉紧装置组成。

214. 简述气力提升泵的工作原理

工作时，粉状物料由进料口喂入泵体，而输送物料的低压空气（压力为3～5MPa），由泵体底部的进风管通过逆止阀进入气室，并以大约100m/s的速度由喷嘴喷入输送管。与此同时，由充气管进入的低压空气通过充气板把喷嘴周围的物料气态化，由喷嘴出来的高速气流在喷嘴与输料管间形成局部负压，把被气化了的物料吸入输料管从而被高速气流提升到所需高度处进入膨胀仓，由于从输料管到膨胀仓的体积突然增大，使得气流速度急剧下降，在此又受到反击板的阻挡，从而使物料从气流中分离出来被输送设备运走，被分离后的气体则经收尘器处理排入大气。

215. 煤粉制备系统为什么要实施保温措施

为防止管道、仓壁结露，进而导致结壁，时间长，煤粉制备系统易产生自燃风险。

216. 简述喂煤系统日常维护与检修注意事项

日常维护：

（1）始终保持设备的清洁，并防止与其他物体接触；

（2）转子秤转子间隙尽量小，并于每月对转子间隙进行重新设定；

（3）定期检查喷吹系统及消风管道工作情况，发现问题及时处理。

检修注意事项：

（1）转子秤停机前，必须首先关闭物料闸板，并且只有在转子全部放空时才能关停设备，最后关掉鼓风机；

（2）长时间停窑时，放空煤粉仓，对煤粉仓结壁进行清理，并对转子秤内部进行检查，防止清落大块进入秤体，影响计量。

217. 煤粉质量对窑煅烧的影响因素有哪些

煤粉质量对窑煅烧的影响因素主要有热值、挥发分、灰分、水分和细度。

218. 水泥包装机的工作原理

水泥包装机是一种包装水泥的机器，随着目前建筑工程进度的加快，水泥需求增大，水泥包装机也运用得越来越频繁。

水泥包装机工作原理：料仓的水泥物料进入包装机出料斗壳体，经人工插袋，同时启动行程开关，把信号传至微机，启动电磁阀，通过汽缸工作，打开出料嘴，由高速运转的叶轮将水泥物料经出料嘴连续不断地灌装于编织袋，当袋重达到设定值时，由传感器把信号传至微机，电磁阀通过微机控制启动汽缸，关闭出料嘴定制灌装；同时电磁阀通过感应器的信号进行吸合，压袋器作用，使包装袋自动倾斜掉袋。整个灌装过程为电气一体控制，除人工插袋外，水泥袋压袋，出料嘴的开启、关闭，水泥灌袋，称重计量，自动掉袋等功能均可自动完成，从而减少机械故障，保证了包装设备的高效运转。

（1）按水泥包装机的袋重控制原理可分为两种，分别是机械式和电子式。

① 机械式包装机：称重机构根据杠杆原理制造，杠杆一端挂有配重块，另一端是秤架，中间是支点，依靠杠杆机构的上下翻转来控制袋重。机械式包装机的袋重控制性能很差，原因有二：一是配重、支点摩擦阻力变化、袋座上的落灰等都被带入计量，造成秤的零点偏离，而在水泥包装过程中，落灰是无法避免的；二是在粉尘的环境下，杠杆支点会受到影响。

② 电子式包装机：依靠弹簧片支撑秤架，称重传感器检测袋重，控制器计量控制，汽缸（或电磁铁）为执行机构。电子控制系统可以在每袋水泥装料前对秤架进行除皮归零，确保了秤零点的准确，而汽缸（或电磁铁）受环境影响小，

动作更加可靠。

（2）按装料运动与否可以分为固定式和回转式。

① 固定式包装机常有单嘴、双嘴、四嘴几种类型，操作工正坐在秤架前方进行操作，因为操作工的手、脚随时可以接触秤架而改变袋重，故这种包装机袋重控制容易受人为因素干扰，而且固定式包装机劳动生产率很低，比较适用于中小型水泥厂。

② 回转式包装机常见的有六嘴、八嘴、十四嘴等形式，在旋转过程中装料，操作工不能干扰袋重，而且回转式包装机劳动生产率要比固定式包装机高出许多。由于其台时产量高、袋重指标优异，在市场上运用广泛。

回转式电子称重水泥包装机国内常用的有唐山、黄石、无锡等地制造的国产机器以及进口的德国 HAVER 机器，其工作原理和过程大致相同，维护时主要是要求秤架清洁灵活，执行机构动作更为可靠。

219. 水泥包装机的常见故障有哪些？如何处理

（1）故障表现一：水泥包装机数据无显示。

可能原因：①电源故障或供电不到位（指中途开路如保险管断等）；②显示电路损坏。

处理办法：①检查电源、保险管；②检测内部电路。

（2）故障表现二：水泥包装机不计数不报警。

可能原因：①电源故障；②信号线中断；③器件损坏。

处理办法：①检查内部线路；②检测电源是否到位；③检测 IC04 和 IC2004 等。

（3）故障表现三：水泥包装机的电磁铁不吸合。

可能原因：①线路中断；②电磁铁线圈烧断；③主机内部故障；④机械问题。

处理办法：①查看电磁铁是否有通电，排除机械卡阻；②检查电磁铁保险管；③检测故障在主机内部还是外部；④检测内部电源、SSR 和 IC2004 等。

（4）故障表现四：水泥包装机数据显示紊乱。

可能原因：①电压偏低或失稳；②电源或有关线路虚接；③显示电路损坏。

处理办法：①重新上电；②试探和检测内部电源情况；③检测更换 IC138. 计算机等。

（5）故障表现五：称重状态下，显示随外力增加负向均匀增长。

可能原因：传感器输入或输出的极性接反。

处理办法：校对重新。

（6）故障表现六：称重状态下，显示随外力增加无变化或变化异常。

可能原因：①线路中断或接法有误；②供桥电压故障；③传感器损坏；④主

机内部其他故障。

处理办法：①暂时接上一个好的传感器，判断故障点；②由①进一步检测传感器及连线或主机的荷重信号；③由②的后者进一步检测供桥和放大电路或计算机输出显示电路。

(7) 故障表现七：清零后示数不归零、显示－FF.F或不清零。

可能原因：①偏移量超出零点跟跟踪范围，预加载超限；②线路中断或接法有误；③清零开关损坏；④主机内部其他故障。

处理办法：①调整机械部件尤其是簧片的水平度；②调节基准电位器；③试探线路是否故障；④卸下主机，通过内部短接施加清零信号，判断故障位于机内还是来自开关。

(8) 故障表现八：系统重复性不好，袋重不稳定。

可能原因：①机械重复性不好；②有随机外力如人为扶碰或操作不当，运行失稳；③初装遗留问题或配套设备问题。

处理办法：①按照机械维修原则仔细观察和调整；②清除干扰，正确操作；③重新调校电气系统；④对设备进行整体改造。

(9) 故障表现九：校表、设定或基准电位器失调。

可能原因：①有关的连线中断；②三端稳压器故障；③预加载超限；④稳压管、电位器等损坏。

处理办法：①调整机械部件尤其是簧片水平度；②查看线路情况；③检测电源和稳压管等。

220. 散装机系统的工作原理

水泥散装机是散装水泥的专用设备，它将水泥库与水泥散装运输工具相连接，通过一系列控制装置联锁动作，实现散装水泥的自动化或半自动化发货。

水泥散装机由库侧给料器、螺旋闸门、气动卸料阀、空气输送斜槽、散装下料头、料满控制装置和电气控制柜等组成。水泥散装机的设计合理、结构紧凑，可与库底、库侧卸料装置组合，具有电动升降、自动定位、料满自动报警停机等功能。其生产效率高、操作简单、维修方便，是水泥散装的理想设备。

水泥散装机的工作原理如下：

(1) 定位过程

散装汽车开到指定位置，使其罐上的进料口为下料头的正下方。开启升降机构将下料头降下，至汽车的下料口后由松绳开关机构自动切断电源。

(2) 装车过程

开启下料装车开关、充电电磁阀、气动卸料阀、离心鼓风机、袋式除尘器（无除尘器的无此程序），各料满控制制器全部投入工作。库侧给料器（用空压机或压缩空气）向库内充气后使库内物料松动流化，经由气动卸料阀，空气输送槽进入散装下料头后装进汽车。该过程所有设备的动作顺序均采用联锁控制。

（3）料满装置

当水泥在散装车内达到一定高度时，料满检测器阻旋料位仪的探头被埋入水泥，经阻旋料位仪检测并转换为机械动作，接通控制信号，切断供料，提升散装下料头（经手动或自动）复位，装车过程完成。

221. 散装机系统常见故障有哪些，如何处理

散装机的常见故障处理方法：

（1）散装布袋卷扬电动机不动作；线路故障：排除线路故障。

（2）散装布袋下料锥斗到位后装料操作不能进行；①线路故障：排除线路及行程开关内部故障；②松绳开关装置凸轮位置不正确；调整凸轮位置。

（3）散装布袋下料锥斗无法上升下降，电动机工作正常；钢丝绳绕轴或卡死在滑轮之间：重新调整钢丝绳位置。

（4）散装布袋压力控制器开机后马上报警，风嘴堵死；清除堵塞管路和风嘴的异物、粉尘。

（5）散装布袋料未满报警，除尘系统负压不足或处理风量偏小：检修或更换除尘设备。

（6）散装布袋料满时不报警：①管路漏气；②微压风机损坏；③气电转换元件损坏。从风机的风嘴处堵住出风口，若报警则表明是管路漏气应予重新处理。若仍无报警声则需更换风机或电气元件。

（7）散装机斜槽送料能力不足或不能送料：①除尘系统故障：检查除尘风机和振打装置；②离心风机故障：检查离心风机；③斜槽透气布破损：检查斜槽内堆积块状物和透气布。

1.2　高　级　工

222. 粉碎物料平均粒径的表示计算方法

（1）算术平均粒径$\overline{d_1}$

$$\overline{d_1}=\frac{x_1d_1+x_2d_2+\cdots+x_nd_n}{x_1+x_2+\cdots+x_n}=\frac{\Sigma(x_id_i)}{\Sigma x_i}$$

（2）几何平均粒径$\overline{d_2}$

$$\overline{d_2}=(d_1x_1\cdot d_2x_2\cdot\cdots\cdot d_nx_n)/\Sigma x_i$$

（3）调和平均粒径$\overline{d_3}$

$$\overline{d_3}=\frac{x_1+x_2+\cdots+x_n}{x_1\cdot\frac{1}{d_1}+x_2\cdot\frac{1}{d_2}+\cdots+x_n\cdot\frac{1}{d_n}}=\frac{100}{\Sigma\left(\frac{x_i}{d_i}\right)}$$

式中　d_1，d_2，…，d_n——群体颗粒中每一颗粒范围的平均粒径；

x_1，x_2，…，x_n——各粒级的质量百分数；

i——$1\sim n$ 的正整数。

223. 简述生料均化库的种类、工作原理及特点

生料均化库大体分为两种：间歇式生料均化库和连续式生料均化库。

（1）间歇式生料均化库

间歇式生料均化库包括搅拌库和贮存库。出磨生料先入搅拌库，库底设置充气装置，分区轮换充气进行搅拌，搅拌后的生料送入贮存库内贮存。间歇式均化库的优点是均化能力高，均化效果可达 10～20（某一成分均化前后的标准偏差比值），适用于原料成分波动较大，不设预均化堆场，且配料设备不够准确的生料制备系统。缺点是基建投资大，电耗高，日常管理复杂，维修工作量大。间歇式均化库的布置形式有三种：第一种是搅拌库置于贮存库之上，即双层库；第二种是搅拌库与贮存库并列布置，搅拌均匀的生料由输送设备送入贮存库；第三种是多座间歇式搅拌库组成，既做生料均化库又可做生料贮存库使用。

（2）连续式生料均化库

连续式均化库的特点是生料均化作业连续化，具有工艺流程简单，占地少，布置紧凑，操作方便，易于实现自动化控制等特点，基建投资比间歇式均化库节省 20%左右，电耗低，操作维修费用低。其缺点是当出磨生料成分偶然性大幅度波动时，出库生料波动值大，且由于不能进行调配且难以进行事先纠正。因此采用连续式均化库时，对生产过程中质量的控制较为严格，入库生料成分的绝对波动值不能过大。

连续式均化库的种类有混合室连续式生料均化库、均化室连续式均化库、多点流生料均化库（MF 库）、中心室连续式均化库、控制流连续式生料均化库（CF 库）等。

224. 球磨机的特点是什么？其规格如何表示

（1）优点

① 对物料的适应性强，能连续生产，生产能力大。

② 粉碎比大，可达 300 以上，并易于调节粉磨产品的细度。

③ 可适应各种不同情况的操作，既可干法作业，也可湿法作业，还可把烘干和粉磨合并一起同时进行。

④ 结构简单、坚固，操作可靠，维护管理简单，能长期连续运转。

⑤ 有很好的密封性，可以负压操作，防止灰尘的飞扬。

（2）缺点

① 工作效率低。水泥厂用于粉磨作业的电量占全厂用电量的 2/3，粉碎物料的能量利用率只有 2%～3%，绝大部分电能都转变成热量或噪声而消失。

② 体形笨重，初次投资大。

③ 由于筒体转速低，一般为15～30r/min，驱动电动机需昂贵的减速装置。

④ 研磨体、衬板等金属消耗量大。

⑤ 操作时噪声大。

（3）规格

磨机的规格用筒体的直径（m）和长度（m）表示，如ϕ3.8m×11m。

225. 水泥厂普遍使用哪几种研磨体？其规格为多少

水泥厂使用的研磨体有钢球、钢棒、钢段、异型钢球、海卵石等，但最常用的研磨体是钢球和钢段。

钢球规格：ϕ20、ϕ30、ϕ40、ϕ50、ϕ60、ϕ70、ϕ80、ϕ90、ϕ100（mm）。

钢球材质：锰钢，高铬钢，其他合金钢铸造或锻造等。

钢段规格：ϕ15×20、ϕ20×25、ϕ25×30、ϕ30×35（mm）。

226. 何谓球磨机填充率？各种类型磨机的填充率应控制在多少

填充率是指磨机内研磨体占磨机有效容积的百分数。根据经验，磨机研磨体填充率可控制在如下范围内：

（1）开路烘干磨 25％～28％；

（2）开路长磨 28％～30％；

（3）棒磨 25％～28％；

（4）一级闭路长磨 30％～36％；

（5）闭路烘干磨 35％～38％；

（6）二级闭路短磨 40％～45％。

227. 为什么要进行研磨体级配

物料在粉磨过程中，一方面需要冲击作用，另一方面需要研磨作用。不同规格的研磨体配合使用，还可以减少相互之间的空隙率，使其与物料的接触机会增多，有利于提高能量利用率。

在研磨体装载量一定的情况下，小钢球比大钢球的总表面积大；要将大块物料击碎，钢球就必须具有较大的能量，因此，钢球（段）的尺寸应该较大，需要将物料磨得细一些，就应该选择小些的钢球（段）。因此在粉磨作业时，要正确选择研磨体且必须进行合理的级配。

228. 选粉机粗粉和细粉的出口为什么要安装锁风装置

选粉机进风口锥体处在正压状态，从这里到粗粉排出口部分如发生大量风向外泄漏，不但造成车间粉尘飞扬，而且破坏了循环气流平衡与稳定，使循环风量降低，选粉效率大幅度下降，破坏磨机各仓与选粉机间平衡，影响生产。另外，细粉出口负压区发生漏风就直接影响细粉收集，因此选粉机粗粉和细粉的出口必须安装锁风装置。

229. 选粉机设备的选粉能力计算以及选粉用风量的计算

(1) 选粉能力指选粉机选出产品的能力，该值等于磨机产量（喂料量）。

离心式选粉机：$G_1=K_1D_1^{2.65}$ (t/h)；

旋风式选粉机：$G_2=K_2D_2^{2.0}$ (t/h)。

高效选粉机：以喂料浓度和选粉浓度指标计算：

喂料浓度：$G_3=2.5\times10^{-3}Q$ (t/h)；

选粉浓度：$G_4=0.8\times10^{-3}Q$ (t/h)。

式中 K_1、K_2——选粉机产量系数见表1-11；

表1-11 选粉机产量系数

产品	生料	42.5水泥	52.5水泥
K_1	0.847	0.564	0.422
K_2	7.12	5.35	4.2

D_1——离心式选粉机直径，m；

D_2——旋风式选粉机的选粉室直径，m；

Q——高效选粉机风量，m^3/h。

(2) 选粉机用风量

旋风式选粉机的循环风机和高效选粉机的通风量计算如下：

① 循环风机的选型风量

$$Q_F=(1.10\sim1.15)Q=(1.10\sim1.15)\times KA\times3600\text{m}^3/\text{h}$$

式中 Q_F——循环风机选型风量，m^3/h；

Q——旋风式选粉机循环风量，m^3/h；

K——上升气流断面风速，m/s，与要求选粉机成品细度有关，一般$K=3.4\sim4.1$m/s，生料粉取高值，52.5水泥取低值；

A——选粉室截面积，m^2。

② 高效选粉机通风量

高效选粉机的规格以选粉机空气量m^3/min表示。空气量用喂料浓度C（即料风比）和选粉浓度C_1（单位风量选出的成品量）两个指标核算，以其中通风量大者配套。

按喂料浓度计：

$$Q=(1+L)G/(60C)(\text{m}^3/\text{min})$$

按选粉浓度计：

$$Q=G/(60C_1)(\text{m}^3/\text{min})$$

式中 Q——选粉用空气量，m^3/min；

G——磨机产量，kg/h；

L——循环负荷，用小数表示；

C——喂料浓度，kg/m^3，C 太小，选粉效率低，$C>3.0$，选粉效率下降，通常取 $C=2.5kg/m^3$；

C_1——选粉浓度，kg/m^3，统计值为 0.75～0.85，计算是可取 $0.80kg/m^3$。

230. 什么是循环负荷率？怎样计算

循环负荷率（k）是指选粉机的回粉量（即粗粉）（T）与成品量（Q）之比，它是一项直接关系到闭路粉磨系统产、质量的重要工艺参数。

循环负荷率由下式计算：

$$k=\frac{T}{Q}=\frac{c-a}{a-b}\times100\%=\frac{A-C}{B-A}\times100\%$$

式中 k——循环负荷率,%；

a——出磨物料（即入选粉机物料）通过指定筛孔筛的物料量,%；

b——回料（指选粉机粗粉）通过指定筛孔筛的物料量,%；

c——产品（指选粉机细粉）通过指定筛孔筛的物料量,%；

A——出磨物料（即入选粉机物料）细度筛余百分数,%；

B——回料（指选粉机粗粉）细度筛余百分数,%；

C——产品（指选粉机细粉）细度筛余百分数,%。

231. 闭路粉磨系统的循环负荷率与磨机产量有什么关系？球磨机一级闭路粉磨系统的循环负荷率一般为多少

循环负荷率反映磨机和选粉机的配合情况，循环负荷率的高低也代表着物料在球磨机内的停留时间的长短。循环负荷率过高，说明物料在磨内停留时间短，其被粉磨的程度可能不足，出磨物料中细粉含量偏低，粉磨系统的台时产量提高受到限制；若循环负荷率过低，物料在磨内停留时间过长，合格的细粉不能及时出磨，容易发生过粉磨现象，也会造成粉磨效率降低，影响磨机产量。因此必须在适当的循环负荷率下操作，才能提高磨机的产、质量。循环负荷率与磨机规格、工艺配置、选粉机的构造以及被粉磨物料的物理性质和产品细度等都有密切的相互关系，一般一级闭路粉磨系统的循环负荷率为100%～200%，最理想的循环负荷率应通过生产实践不断摸索后才能确定。

232. 使用辊压机应注意哪些问题

（1）过饱和喂料

辊压机的加料仓必须足够大，使物料在仓内能够保持一定的料位，在辊缝上部充满物料，形成料柱，满足辊压机高压缩比的需要，连续、均匀、过饱和地喂入辊压机。

（2）减少边缘效应

辊压机由于结构原因，难免产生漏料现象，被称为“边缘效应”。辊子两侧挡板与辊端的间隙应适当，过大漏料严重，出料粗颗粒太多；间隙过小，则挡板易磨损、开裂。

（3）供料要除铁

物料进入加料仓前，一定要经过多次除铁，以防止铁件进入辊压机造成设备安全事故。

233. 取样中常见的缺乏代表性的现象

（1）瞬时取样法。在规定的时间内，在磨尾一次将分析实验样品取出，进行分析试验。这种取样方法简单，不用取样设备，但代表性差。

（2）连续取样法。在磨尾或将产品输送入库的地方，安装取样设备，连续均匀地取出样品，这样需增加设备投资，但代表性较好。

234. 球磨机运行一段时间后应该怎样补充研磨体

球磨机按周期清仓时，分别称量磨内还能够继续使用的研磨体和本次清出的碎球质量，根据本周期磨机的研磨体总装载量，计算出该周期研磨体消耗量，累计出本周期磨机总产量后，就可以计算出单位产品产量研磨体的消耗量，以它作为每次研磨体补充的参考值。根据本周期内总产量乘以单位产品产量研磨体消耗量，得到研磨体的消耗量，也就是本次的补球量。再根据电动机的电流所指示的负荷降低情况及设备本身的运转情况适当修正补球、补段量。

235. 一般情况下球磨机需要多长时间清仓倒球？如长期不清仓倒球对磨机产量、质量有何影响

清仓时间需根据研磨体的消耗情况定。一般对两仓球磨机来说，Ⅰ仓约 1 个月清仓一次，Ⅱ仓 3 个月左右清仓一次。对三仓管磨机来说，一般第Ⅰ仓 1 个月清仓一次，Ⅱ仓 3 个月清仓一次，Ⅲ仓（段仓）6 个月清仓一次。

磨机长时间运转后，研磨体的磨损严重，虽定期补充，仍不能保证研磨体级配的正确性。磨内的小球、小段和碎段及其他残渣越来越多，妨碍磨机的正常生产，粉磨效率大大降低，如不及时倒球清仓，势必影响磨机的产量、质量。

236. 怎样计算磨机的填充率（填充系数）

磨机的填充率计算分理论计算和测量计算两种方法。

（1）理论计算法。在知道磨机装载量的情况下，按下列公式计算

$$\Phi = \frac{G}{\pi R^2 L\gamma}$$

式中 Φ——填充率（填充系数），以小数表示；

G——研磨体装载量，t；

L——磨机有效长度，m；

R——磨机筒体有效半径，m；

γ——研磨体密度（一般取 4.5t/m^3）。

（2）测量计算法。测量填充系数，按下列计算公式计算

$$\Phi = F_1/F_2$$

式中　F_1——研磨体所占磨机筒体的横断面面积，m^2；

F_1——磨机筒体的横断面面积，m^2。

237. 怎样验证研磨体填充率与级配是否合理

研磨体填充率与级配可用下列方法进行验证：

（1）根据磨机产量、质量判断。正确的配球方案能使球磨机优质、节能、高产。

（2）检查磨内物料情况。在正常运转情况下，把磨机停下来检查磨内情况，填充率正常时，Ⅰ仓大钢球露出物料覆盖层的部分，占钢球直径的 50%左右；Ⅱ仓物料覆盖研磨体的厚度为 20mm。若钢球露出太多，说明钢球直径过大，或填充率过大；反之，则说明球径过小或装载量不足。Ⅱ仓覆盖物料过厚说明填充率不足；反之说明装载量过多。

（3）听磨声。在正常喂料的情况下，Ⅰ仓钢球的冲击作用较强，有“哗哗”的声音，若第Ⅰ仓钢球的冲击声音特别响亮时，说明Ⅰ仓钢球的平均球径过大或填充系数过大。若声音发闷，说明Ⅰ仓钢球的平均球径过小或填充系数过低。此时，应提高钢球的平均球径或填充率。Ⅱ仓正常时应能听到研磨体轻微“刷刷”声。

（4）测定筛余曲线。正常生产情况下停磨，在磨内长度方向每隔一定距离（大磨 0.5m，小磨 0.3m）为取样段，在每段上取 4～5 个样，混合均匀后，用 0.08mm 方孔筛进行筛析，测取各段线的筛余百分数，然后以纵坐标为细度值（0.08%），横坐标为磨机长度（m）做出磨机的筛余曲线图。根据筛余曲线图分析各仓各个位置的粉磨和破碎能力的情况，以便正确确定各种球径的比例及各仓的填充率。

238. 如何根据磨机产量、质量情况来判断研磨体级配和装载量是否合理

研磨体的装载量和级配是否合理，必须在生产实践中进行检验。如果这个方案能得到优质、高产、低消耗、安全运转的效果，这个方案就是正确的。否则，这个方案就是不合理的。

（1）磨机产量低，产品细度较粗。一般是装载量不足所致，应该增加研磨体装载量。

（2）磨机产量较高，但产品细度较粗。这是由于磨内物料流速太快，冲击能力过强而研磨能力不足所致，应该在装载量不变的情况下，减大球，加小球，降低平均球径。

（3）磨机产量低，产品细度较细。一般是大钢球太少，填充率偏大，导致冲

击破碎作用减弱，应该在装载量不变的情况下，减小球，加大球，提高平均球径。

239. 如何用计算法测定磨内物料流速及停留时间

先测定存料量，然后按下式计算磨内物料流速。

$$U = LF/(60G)$$

式中 U——磨内物料流速，m/min；

L——磨（仓）有效长度，m；

F——磨内物料通过量，t/h；

G——磨内存料量，t。

$$F = Q(k+1)$$

式中 Q——磨机喂料量，t/h；

k——循环负荷（以小数表示）。

物料在磨内停留时间

$$t = 60G/F$$

式中 t——物料通过磨内一次停留时间，min。

闭路磨机物料通过磨内总的停留时间

$$\sum t = t(k+1) = t\tau$$

式中 $\sum t$——物料通过磨内总停留时间，min；

τ——物料通过磨内平均循环次数；

k——磨机循环负荷率（以小数表示）。

240. 湿物料中的水分在烘干过程中是怎样排出的

湿物料在干燥过程中，首先是受热后使表面水分蒸发，同时形成了物料表面与内部间的湿度差，于是物料内部的水分扩散到物料表面，然后水分受热再蒸发。由于反复的扩散蒸发及干燥介质连续不断将汽化的水分带走，最终达到固体物料干燥的目的。

241. 物料含水方式分几类

按物料和水结合的方式可分为三类，即机械化合水、物化结合水、化学结合水。另外，如在一定干燥条件下，按物料中能否除去水分来分，可分为自由水分和平衡水分。

242. 水泥厂一般采用的烘干方法有哪几种

水泥厂一般采用的烘干方法有下列两种：一种是采用烘干兼粉磨的磨机，如循环提升磨、风扫立式磨；另一种是采用单独燃烧室（热风炉）的烘干设备。

243. 离心式通风机的主要性能参数有哪些

（1）风量。表示单位时间内通过风机的气体量。

（2）风压。风机工作时，出口全压与进口全压之差称为通风机的全压，简称风压。

（3）功率。表示单位时间内通风机给予气体的能量，即通风机输出功率。

244. 中卸提升循环磨系统的特点有哪些

中卸提升循环磨是风扫磨和尾卸提升循环磨的结合，从粉磨作用来说，又相当于二级圈流系统。其特点如下：

（1）热风从两端进磨，通风量大，又设有烘干仓，有良好的烘干效果。由于大部分热风从磨头进入，少部从磨尾进入，因此粗磨仓风速大，细磨仓风速小，不致产生磨内料面过低现象；同时有利于除去物料中的残余水分和提高细磨仓温度，防止冷凝。这种磨机系统可利用窑尾废气烘干含水分8%的原料。

（2）磨机粗、细磨分开，有利于最佳配球，对原料的硬度及粒度的适应性好。

（3）循环负荷大，磨内过粉碎少，粉磨效率高。

（4）缺点是密封困难，系统漏风较多，生产流程也比较复杂。

245. 磨机通风的作用是什么？通风方式有几种

（1）磨机通风的作用

① 粉磨过程中产生的10μm左右微粉，可以及时地被气流带走，消除了细粉的缓冲作用。

② 磨内的水蒸气能及时地排除，黏附现象减小，篦孔不致被堵塞。

③ 能降低磨机温度，有利于操作和水泥质量。

（2）磨机通风的方式

① 自然通风；

② 机械强制通风，即通风管接入收尘器，气体通过排风机排出。

246. 磨机负荷控制系统通过什么来检测控制

磨机负荷控制系统主要是通过对出磨斗式提升机的功率、磨声（即电耳信号）、粗粉流量三个参数的检测，送入计算机或由仪表系统来控制磨机负荷，以保证磨机安全生产，保证磨机具有最佳的生产能力。

247. 磨机“两仓平衡”的含义是什么

当磨机Ⅰ仓的最大冲击作用所表现出的破碎能力与Ⅱ仓的研磨作用所表现出的研磨能力两者相适应时，磨机“两仓能力”达到平衡，这时磨机发挥了最大的粉磨效率。如果Ⅰ仓的最大冲击作用大于Ⅱ仓的研磨作用，磨机只能在以最大研磨作用的情况下工作，磨机最大冲击作用发挥不出来，这时称Ⅰ仓能力过大，Ⅱ仓能力不够。反之，Ⅱ仓最大研磨作用大于Ⅰ仓的最大冲击作用，磨机只能在最大冲击作用状态下工作，而磨机的最大研磨发挥不出来，这时Ⅱ仓能力过大，或Ⅰ仓能力不足。上述两种情况都称“两仓能力不平衡”，都需要调整研磨体的数量、级配以及调整两个仓的长度等。调整可根据筛余曲线等情况而适当地进行。

248. 选粉机的选粉效率、循环负荷与磨内研磨体级配三者之间有什么关系

选粉机是闭路粉磨系统中磨机的附属设备，其选粉效率、循环负荷率与磨内研磨体的级配有密切的关系。在产品细度要求相同的情况下，当磨机配球平均直径过大时，钢球之间空隙大，物料流速快，出磨物料太粗，选粉效率低，循环负荷过大，磨内的料量过多，影响磨机的粉磨效率。反之，磨机配球平均直径过小时，出磨物料细度太细，磨机和选粉机的作用也同样不能充分发挥。因此选择合理的平均球径，把选粉机的选粉效率、循环负荷率控制在最佳范围内，才能使磨机达到优质、高产、低消耗的目的。

249. 熟料中煤灰掺入量的计算方法

熟料中煤灰掺入量可按下式计算

$$G_A = \frac{qA^y S}{Q_{DW}^Y} = PA^y S$$

式中 G_A——熟料中煤灰掺入量，%；

q——单位熟料热耗，kJ/kg 熟料；

Q_{DW}^Y——煤应用基低热值，kJ/kg 煤；

A^y——煤应用基灰分含量，%；

S——煤灰沉落率，%（窑外分解窑一般选为100%）；

P——煤耗，kJ/kg 熟料。

250. 生料配料计算的任务和步骤是什么

（1）生料配料计算的任务

① 根据水泥品种、原燃料条件、生料制备与熟料煅烧工艺确定水泥熟料的率值；

② 求出合乎熟料率值要求的原料配合比。

（2）生料配料的步骤

① 列出各原料、煤灰分的化学组成和煤工业分析资料；

② 计算煤灰掺入量；

③ 选择熟料矿物组成和率值；

④ 将各原料化学组成换算为灼烧基$\left(\times\frac{100}{100-\text{烧失量}}\right)$；

⑤ 按熟料中要求的 SiO_2、Al_2O_3、Fe_2O_3、CaO 以误差尝试法，求出各灼烧基原料的配合比；

⑥ 将灼烧基原料的配合比换算为应用基原料配合比；

⑦ 计算生料成分。

251. 配料计算的方法有哪几种

配料计算的方法有尝试误差法、递减试凑法、图解法、矿物组成法。目前较

先进的新型干法水泥生产企业采用计算机自动配料。

252. 熟料化学成分、矿物组成和各率值之间的计算

（1）由化学组成计算熟料率值

$KH=(CaO-1.65Al_2O_3-0.35Fe_2O_3)/(2.8SiO_2)$忽略$SO_3$

$n=SiO_2/(Al_2O_3+Fe_2O_3)$

$P=Al_2O_3/Fe_2O_3$

（2）由率值和化学组成计算矿物值

$C_3S=3.8SiO_2(3KH-2)$

$=4.07CaO-7.6SiO_2-6.72Al_2O_3-1.43Fe_2O_3$

$C_2S=8.6SiO_2(1-KH)$

$=8.6SiO_2+5.07Al_2O_3-1.07Fe_2O_3-3.07CaO$

$C_3A=2.65(Al_2O_3-0.64Fe_2O_3)$

$C_4AF=3.04Fe_2O_3$（$P>0.64$ 时）

（3）由矿物组成计算各率值

$KH=(C_3S+0.8838C_2S)/(C_3S+1.3256C_2S)$

$n=(C_3S+1.3254C_2S)/(1.4341C_3A+2.0464C_4AF)$

$P=1.1501C_3A/(C_4AF+0.6381)$

（4）由矿物组成计算化学组成

$SiO_2=0.2631C_3S+0.3488C_2S$

$Al_2O_3=0.3773C_3A+0.2098C_4AF$

$Fe_2O_3=0.3286C_4AF$

$CaO=0.7369C_3S+0.6512C_2S+0.6227C_3A+0.4616C_4AF$

253. 举例用尝试误差法进行配料计算

（1）原、燃料化学组成如表 1-12 所示。

表 1-12 化学组成 %

名称	烧失量	SiO_2	Al_2O_3	Fe_2O_3	CaO	MgO
石灰石	43.44	1.35	0.20	0.23	50.35	3.09
黏土	9.76	63.2	12.14	5.78	1.18	2.85
页岩	11.2	49.13	23.15	12.51	1.11	1.37
砂岩	1.50	92.57	3.21	1.40	0	0.12
铁粉	4.81	31.94	6.52	50.80	1.54	3.56
煤灰	—	49.64	27.64	4.19	4.33	4.61

（2）煤灰掺入量计算

煤的工业分析数据如表 1-13 所示。

表 1-13 煤的工业分析数据

灰分（%）	硫（%）	热值（kJ/kg 煤）
18	13	24560

熟料热耗为 3553（4.18×850）kJ/kg 熟料；

煤灰沉落率为 100%。

所以　煤灰掺入量≈3553×18%×100%/24560=2.60%

（3）若设定要求熟料矿物组成为

$$C_2S=16.2 \quad C_3S=58.3$$

$$C_3A=7.8 \quad C_4AF=9.5$$

计算率值和化学组成（%）如表 1-14 所示。

表 1-14 计算率值和化学组成

KH	*n*	*P*	SiO_2（%）	Al_2O_3（%）	Fe_2O_3（%）	CaO（%）
0.91	2.61	1.58	21.0	4.94	3.12	62.75

（4）将各原料的化学组成换算为灼烧基，如表 1-15 所示。

表 1-15 各原料化学组成换算为灼烧基　%

	SiO_2	Al_2O_3	Fe_2O_3	CaO
石灰石×100/（100－43.44）	2.39	0.35	0.41	89.02
黏土×100/（100－9.76）	70.04	13.45	6.41	1.31
页岩×100/（100－11.2）	55.33	26.07	14.09	1.25
砂岩×100/（100－1.50）	93.98	3.26	1.42	0
铁粉×100/（100－4.81）	33.38	6.81	53.09	1.61
煤灰	49.64	27.64	4.19	4.33

（5）按计算所得熟料化学组成，减去煤灰掺入的成分后，即无灰熟料成分，由此来计算煅烧原料之配合比与熟料成分、率值和矿物组成（表 1-16）。

表 1-16 矿物组成计算各率值和化学组成　%

	SiO_2	Al_2O_3	Fe_2O_3	CaO
计算熟料成分	21.0	4.94	3.12	62.75
煤灰成分×2.60%	1.29	0.72	0.11	0.11
无灰熟料成分	19.71	4.22	3.01	62.64

$$KH=(C_3S+0.8838C_2S)/(C_3S+1.3256C_2S)$$

$$=(58.3+0.8838\times16.2)/(58.3+1.3256\times16.2)$$

$$=0.91$$

$n=(C_3S+1.3254C_2S)/(1.4341C_3A+2.0464C_4AF)$
$=(58.3+1.3254\times16.2)/(1.4341\times7.8+2.0464\times9.5)$
$=2.61$

$P=1.1501C_3A/C_4AF+0.6381=1.1501\times7.8/9.5+0.6381=1.58$

$SiO_2=0.2631C_3S+0.3488C_2S=(0.2631\times58.3+0.3488\times16.2)\%$
$=21.0\%$

$Al_2O_3=0.3773C_3A+0.2098C_4AF=(0.3773\times7.8+0.2098\times9.5)\%$
$=4.94\%$

$Fe_2O_3=0.3286C_4AF=(0.3286\times9.5)\%=3.12\%$

$CaO=0.7369C_3S+0.6512C_2S+0.6227C_3A+0.4616C_4AF$
$=(0.7369\times58.3+0.6512\times16.2+0.6227\times7.8+0.4616\times9.5)\%$
$=62.75\%$

① 假定配料仅用石灰石、黏土、铁粉，计算各原料的配合比：

石灰石配合比≈($CaO_{无灰熟料}-CaO_{黏土}\times$黏土配合比)/$CaO_{石灰石}$
≈$CaO_{无灰熟料}/CaO_{石灰石}=62.64/89.02=70.37\%$

黏土的配合比≈($SiO_{2无灰熟料}-SiO_{2石灰石}\times$石灰石配合比)/$SiO_{2黏土}$
$=(19.71-2.39\times70.37\%)/70.04=25.74\%$

修正后的石灰石配合比≈($CaO_{无灰熟料}-CaO_{黏土}\times$黏土配合比)/$CaO_{石灰石}$
≈$(62.64-1.31\times25.74\%)/89.02=69.99\%$

铁粉配合比≈$100\%-69.99\%-25.74\%-2.60\%$
≈1.67%

按初步计算的配合比计算熟料的化学组成（%），如表1-17所示。

表1-17　按初步计算的配合比计算熟料的化学组成

原料名称	配合比（%）	SiO_2	Al_2O_3	Fe_2O_3	CaO
灼烧基石灰石	69.99	1.67	0.24	0.29	62.31
灼烧基黏土	25.74	18.03	3.46	1.65	0.34
灼烧基铁粉	1.67	0.56	0.11	0.89	0.03
煤灰	2.60	1.29	0.72	0.11	0.11
计算熟料	—	21.55	4.53	2.94	62.79

计算熟料率值：

$KH=(CaO-1.65Al_2O_3-0.35Fe_2O_3)/(2.8SiO_2)$

$n=SiO_2/(Al_2O_3+Fe_2O_3)=21.55/(4.53+2.94)=2.88$

$P=Al_2O_3/Fe_2O_3=4.53/2.94=1.54$

由上可知，n值偏高较多，而P值略低，仅用黏土作为硅质原料配料很难达到目标值，因此增加页岩、砂岩作为辅助硅质原料进行配料。

② 假定砂岩、页岩固定占配料量的3%和6%，则石灰石、黏土、铁粉的配合比计算如下：

石灰石配合比≈($CaO_{无灰熟料}$－$CaO_{黏土}$×黏土配合比－$CaO_{页岩}$×页岩配合比－$CaO_{砂岩}$×砂岩配合比)/$CaO_{石灰石}$

≈$CaO_{无灰熟料}$/$CaO_{石灰石}$＝62.64/89.02＝70.37%

黏土的配合比≈($SiO_{2无灰熟料}$－$SiO_{2石灰石}$×石灰石配合比－$CaO_{页岩}$×页岩配合比－$SiO_{2砂岩}$×砂岩配合比)/$SiO_{2黏土}$

＝(19.71－2.39×70.37%－55.33×6%－93.98×3%)/70.04

＝16.97%

修正后石灰石配合比≈($CaO_{无灰熟料}$－$CaO_{黏土}$×黏土配合比－$CaO_{页岩}$×页岩配合比－$CaO_{砂岩}$×砂岩配合比)/$CaO_{石灰石}$

＝(62.64－1.31×16.97%－1.25×6%－0×3%)/89.92

＝70.03%

铁粉的配合比≈100%－70.03%－16.97%－6%－3%－2.60%≈1.4%

按计算的配合比计算熟料的化学组成(%)，如表1-18所示。

表1-18 熟料的化学组成(1) %

原料名称	配合比(%)	SiO_2	Al_2O_3	Fe_2O_3	CaO
灼烧基石灰石	70.03	1.67	0.25	0.29	62.34
灼烧基黏土	16.97	11.89	0.28	1.09	0.22
灼烧基页岩	6	3.32	1.56	0.85	0.08
灼烧基砂岩	3	2.82	0.10	0.04	0
灼烧基铁粉	1.4	0.47	0.10	0.74	0.02
煤灰	2.6	1.29	0.72	0.11	0.11
计算熟料	—	21.46	5.01	3.12	62.77

计算熟料率值：

KH＝(CaO－1.65Al_2O_3－0.35Fe_2O_3)/2.8SiO_2

＝(62.77－1.65×5.01－0.35×3.12)/2.8×21.46＝0.89

n＝SiO_2/(Al_2O_3＋Fe_2O_3)＝21.46/(5.01＋3.12)＝2.64

P＝Al_2O_3/Fe_2O_3＝5.01/3.12＝1.61

计算熟料的矿物组成：

C_3S＝3.8SiO_2(3KH－2)＝3.8×21.46(3×0.89－2)＝54.64

C_2S＝8.6SiO_2(1－KH)＝8.6×21.46(1－0.89)＝20.30

C_3A＝2.65(Al_2O_3－0.64Fe_2O_3)＝2.65(5.01－0.64×3.12)＝7.98

C_4AF＝3.04Fe_2O_3＝3.04×3.12＝9.48

由上可知，计算熟料中率值和矿物组成与要求的有一定差额，因此适当增加石灰石和铁粉的配比，取石灰石配比为70.3%，黏土配比16.6，铁粉配比1.5。再次计算熟料化学组成（%），如表1-19所示。

表1-19 熟料化学组成（2）

原料名称	配合比（%）	SiO_2	Al_2O_3	Fe_2O_3	CaO
灼烧基石灰石	70.3	1.68	0.25	0.29	62.58
灼烧基黏土	16.6	11.63	2.23	1.06	0.22
灼烧基页岩	6	3.32	1.56	0.85	0.08
灼烧基砂岩	3	2.82	0.10	0.04	—
灼烧基铁粉	1.5	0.5	0.1	0.80	0.02
煤灰	2.6	1.29	0.72	0.11	0.11
计算熟料	—	21.24	4.96	3.15	63.01

则 $KH=(CaO-1.65Al_2O_3-0.35Fe_2O_3)/2.8SiO_2$

$=(63.01-1.65\times4.96-0.35\times3.15)/(2.8\times21.24)=0.90$

$n=SiO_2/(Al_2O_3+Fe_2O_3)=21.24/(4.96+3.15)=2.62$

$P=Al_2O_3/Fe_2O_3=4.96/3.15=1.57$

计算熟料矿物组成：$C_3S=3.8SiO_2(3KH-2)$

$=3.8\times21.24(3\times0.9-2)=56.5$

$C_2S=8.6SiO_2(1-KH)=8.6\times21.24(1-0.9)$

$=18.3$

$C_3A=2.65(Al_2O_3-0.64Fe_2O_3)$

$=2.65(4.96-0.64\times3.15)=7.8$

$C_4AF=3.04Fe_2O_3=3.04\times3.15=9.6$

以上计算熟料率值及矿物组成基本满足要求，还可根据生产实际情况进行微调。

（6）将煅烧原料配合比换算为应用基原料配合比，如表1-20所示。

表1-20 应用基原料配合比

原料名称	煅烧原料配合比（%）	应用基原料质量比	应用基原料配合比（%）
石灰石	70.3	70.3×100/（100−43.44）=124.3	124.3/（124.3+18.4+6.8+3+1.6）=80.7
黏土	16.6	16.6×100/（100−9.76）=18.4	18.4/（124.3+18.4+6.8+3+1.6）=11.9
页岩	6	6×100/（100−11.2）=6.8	6.8/（124.3+18.4+6.8+3+1.6）=4.4
砂岩	3	3×100/（100−1.5）=3	3/（124.3+18.4+6.8+3+1.6）=1.90
铁粉	1.5	1.5×100/（100−4.31）=1.6	1.6/（124.3+18.4+6.8+3+1.6）=1.0

（7）计算生料成分。各原料成分乘以应用基原料配合比之和即生料成分，见表 1-21。

表 1-21　生料成分　　%

	烧失量	SiO_2	Al_2O_3	Fe_2O_3	CaO	MgO
石灰石×80.7%	35.06	1.09	0.16	0.19	40.63	2.49
黏土×11.9%	1.16	7.52	1.44	0.69	0.14	0.34
页岩×4.4%	0.49	2.16	1.02	0.55	0.05	0.06
砂岩×1.90%	0.03	1.76	0.06	0.03	0	—
铁粉×1.0%	0.04	0.32	0.07	0.51	0.02	0.04
生料成分	36.78	12.85	2.75	1.97	40.84	2.93

评定：生料中 MgO 偏高，应考虑 MgO 含量低的石灰石。

254. 立式磨磨辊压力、通风量及产量的计算方法

（1）磨辊碾压力 P

$$P = K_4 b$$

式中　b——磨辊宽度，m；

K_4——常数，取 800～1200kg/cm，难磨物料取高值；反之，则取低值。

（2）磨机通风量

$$V = \frac{Q}{400 \sim 600} \times 10^3$$

式中　V——通风量，m^3/h；

Q——产量，kg/h。

（3）磨机产量 Q

$$Q = K_1 shnz\gamma$$

式中　s——每转一圈单个磨辊的碾压面积，m^2（$s \approx 60\pi Db$，$b = K_2 D$）；

h——磨辊压实的物料厚度，m（$h = K_3 D$）；

n——磨盘转速，r/min（$n = K_4 D^{-0.5}$）；

K_1——比例常数；

γ——物料表观密度，t/m^3；

z——磨辊个数；

D——磨辊直径；

b——磨辊宽度。

上式也可改写为：

$$Q = KD^{2.5} \quad (t/h)$$

式中　K——常数，随磨机和物料而异。

255. 辊压机生产能力、转速、功率的计算方法

（1）生产能力计算

① 单机生产能力　　　　$Q=3600Bev\gamma$

式中　Q——辊压机生产能力，t/h；

B——辊压机辊宽，m；

e——料饼厚度，基本同间隙，m；

v——辊压机线速度，m/s；

γ——料饼表观密度，t/m^2，由实验得出，生料取 $2.3t/m^2$，熟料取 $2.5t/m^2$。

② 新生比表面积计算法

$$Q=\frac{KS_0Q_R}{S_1}$$

式中　Q——辊压机生产能力，t/h；

S_0——开路满负荷生产是，出口料饼经打散后比面积，m^2/kg；

Q_R——辊压机通过能力，t/h；

S_1——辊压机产品比面积，m^2/kg；

K——通过量波动系数，取 0.8～0.9。

③ 辊压机处理能力

$$Q_R=\frac{Q(1+L_R)}{K}$$

式中　Q_R——辊压机通过能力，t/h；

Q——辊压机生产能力，t/h；

K——通过量波动系数，取 0.8～0.9，若 Q_R 是保证值，K 取 1.0；

L_R——辊压机循环负荷，以小数表示，与流程有关：

边料循环预粉磨和混合粉磨时：$L_R=1.5$；

半终粉磨：　　　　　　　　　$L_R=3\sim4$；

终粉磨：　　　　　　　　　　$L_R=4\sim6$。

（2）转速计算

辊压机加压时间对料饼质量无关，故转速对质量段有影响，转速只与辊压机的能力有关。转速快、能力大，但超过一定速度，能力不再增加。

辊压机的转速常用辊子的线速度表示，通常为 0.8～1.5m/s，换算成转速为

$$n=\frac{60v}{\pi D}$$

式中　n——转子转速，r/min；

D——辊子直径，m；

v——辊子表面线速度，m/s。

对于辊压不同石灰石的特性，一般有以下的特点：

① 对于细颗粒的石灰石辊速超过 1.5m/s，能力不再增加，直线不再延伸。

② 对于粗颗粒的石灰石，有时临界值可达 3m/s。

③ 物料水分改进了喂料行为。

因为细颗粒存在一个排气问题，此外转速太快、辊面磨损加大。

当然转速加快，辊压机动力增加，但单位功率消耗不变。

辊压机的实际速度过去一般为 1.0～1.2m/s，现在一般达 1.5～1.6m/s，有的还略高。过去有的辊压机设计为变速，目的是适应能力改变的要求。当前一般均设计为恒速，为适应能力改变的需要，可用物料循环来满足。

（3）功率计算

辊压机的功率与被挤压物料的品种、工艺流程有关，即

$$N_0 = K_1 Q_R$$

式中 N_0——辊压机的功率，kW；

Q_R——通过量，t/h；

K_1——单位产品功耗，kW·h/t，见表 1-22。

在实际配用电动机功率时应乘以备用系数 1.10～1.15。

表 1-22　不同粉磨系统 K_1

流程	预粉磨	半终粉磨	终粉磨
循环负荷	150	300～400	400～600
熟料	3.3～3.5	2.4	—
生料	3.5	2.1～2.3	1.9～2.2
矿渣	6～7	—	4.5～5
石灰石	3	—	—

256. 简单描述辊压机预粉磨工艺流程

配料皮带秤→稳流仓→辊压机→球磨机→选粉机→袋收尘器→成品库。

257. 简单描述立磨预粉磨工艺流程

配料皮带秤→稳流仓→立式磨→旋风筒→缓冲仓→球磨机→选粉机→袋收尘器→成品库。

258. 水泥助磨剂的作用机理及种类

助磨剂主要是能够降低粉磨阻力和阻止微粉聚集。助磨剂通过物理化学作用吸附于物料表面，颗粒间的摩擦力和黏附力减小，颗粒表面的电荷得到中和，使其在磨内的流动性好，从而改善磨内工作环境。助磨剂可以减少物料在磨内的停留时间，故单位时间内的磨机产量大。相同产量下，开流粉磨的细度越好，闭路

系统则可在相同细度下提高产量。不同的助磨剂品种，助磨效果也不同。物料及其产品性能如 3d 强度、凝结时间、需水量等也具有相对适应性。

助磨剂的种类包括无机类、有机类和复合类三大类型。

259. 辊压机的常见故障原因与处理

辊压机的常见故障原因与处理如表 1-23 所示。

表 1-23 辊压机的常见故障原因与处理

现象	原因	处理
1. 机体振动大	① 入料粒度过细或过粗； ② 料压不稳； ③ 挤压压力偏高	① 调整物料平均粒径； ② 保持称重仓稳定； ③ 调整适宜的压力
2. 液压系统工作不正常	① 密封圈破损； ② 油缸漏油； ③ 易损件磨损	① 更换密封圈 ② 修补或更换油缸； ③ 修补或更换易损失
3. 辊压机辊面损坏	① 磨损； ② 物料含铁太多	① 修补； ② 加强除铁功能

260. 水泥制成系统有几种配置方式

水泥制成系统主要有 6 种配置方式：

（1）开路长磨或中长磨（高细高产筛分磨）；

（2）一级闭路中长磨或管磨；

（3）一级闭路中卸磨；

（4）二级闭路球磨；

（5）辊压机、球磨机联合粉磨系统；

（6）立磨、球磨机联合粉磨系统。

261. 水泥颗粒的大小对水泥的性能有什么影响

水泥的水化速率和浆体强度的作用发挥，主要取决于水泥颗粒的大小。0～10μm 粒径的水泥在 7d 内起主要作用，10～30μm 粒径的水泥在 7d～3 个月期间起主要作用，30～60μm 粒径的水泥在 28d 以后起一定的作用，大于 60μ 粒径的水泥 3 个月后可能起一些作用。因此水泥具有较好耐久性和较高强度的最佳粒径组成是 3～30μm 的含量应占 65%以上。

262. 提高出磨水泥细度合格率的措施有哪些

出磨水泥细度合格率是水泥质量控制中很重要的一项质量控制指标，为了提高出磨细度合格率和稳定水泥的质量，常采取以下措施：

（1）提高喂料设备的计量精度，使各种原料的配比准确可靠；

（2）降低入磨水泥熟料的粒度和混合材水分，有利于喂料量的稳定；

（3）严格控制熟料质量的变化；

（4）熟料库内储量、料位相对稳定；

（5）保持连续均匀喂料，流量适宜稳定，研磨体级配合理，磨机操作正常。

263. 怎样提高圈流磨水泥的比表面积

水泥成品的比表面积与其物理力学强度之间具有良好的相关性，从某种意义上说，提高水泥比表面积，增大其磨细程度是提高水泥强度的有效途径之一。由于圈流粉磨工艺的特殊性及粉机自身的分级精度、研磨体级配等方面的原因，其成品比表面积一般都不很高，制约了水化性的发挥。实际生产过程中，可采取以下技术措施，将水泥比表面积提高至 350m^2/kg 以上。

（1）积极采用磨前物料预处理技术，严格控制入磨物料最大粒度小于 5mm，减轻磨机Ⅰ仓负担，适当缩短Ⅰ仓长度，延长Ⅱ仓长度。

（2）根据入磨物料粒度优化研磨体级配，缩小研磨体平均尺寸，增加研磨体与物料的接触，创造更多的微粉。

（3）磨机Ⅰ仓填充率应低于Ⅱ仓 20%～30%，并在Ⅱ仓对衬板实施活化排列，如使用分级衬板等，对研磨体进行“激活”，充分发挥研磨体的磨细作用。

（4）适当降低粉磨系统的循环负荷，同时还可适当降低选粉机的循环风量，使其能够将更细的成品分选出来。

（5）采取强力通风除尘措施，磨内风速宜控制为 1.0～1.5m/s。

采取上述技术措施后，应及时测定水泥的比表面积，直至调整达标。

264. 如何根据经验调整磨机仓位长度

磨机仓位长度是影响粉磨系统产、质量的重要参数之一，以下经验公式可作参考。

（1）开流双仓磨机　Ⅰ仓$=\frac{1}{3}L_0$；Ⅱ仓$=\frac{2}{3}L_0$；

（2）圈流双仓磨机　Ⅰ仓＝（0.4～0.45）L_0；Ⅱ仓＝（0.55～0.60）L_0；

（3）干法圈流Ⅲ仓磨机　Ⅰ仓＝（0.25～0.30）L_0；Ⅱ仓＝（0.25～0.30）L_0，Ⅲ仓＝（0.45～0.50）L_0。

265. 水泥磨机Ⅰ仓阶梯衬板磨损后对产量的影响

阶梯衬板磨损后会造成研磨体提升高度降低，研磨体与衬板间产生切向滑动，影响粉磨系统的产量。

266. 简述煤粉制备系统高温区域及预防处理方式

高温分为几个区域：出磨口、收尘灰斗、煤粉仓。

（1）出磨温度高：合理控制入磨温度，检查原煤秤下煤是否正常。

（2）收尘灰斗温度高：控制收尘入口温度，停磨时检查清理收尘积煤点。

（3）煤粉仓温度高：局部结壁导致，放仓清理；若为系统温度整体偏高，观察温升速度，若温升较快，马上采取紧急措施。

267. 简述CO检测装置的使用与维护

系统工作原理：

（1）样气从探头中经过滤器取出，通过取样管到达分析柜上的样气入口，经过气水分离粉尘过滤器（除去粒径大于2μm的颗粒）、样气取样泵、电子冷凝器（除去样气中的水分），通过切换阀和样气流量计进入红外气体分析仪，红外气体分析仪将CO的含量明确显示出来，以4～20mA的直流电流形式输出。

（2）控制过程：将转换开关置于运行位置。系统启动后取样泵工作，系统开始取样分析，10min（时间可由现场实际情况调整）后系统进入清扫阶段；停取样泵、打开吹扫电磁阀SV（吹20s），清扫完毕后关SV、开取样泵。

系统维护：

（1）为保证整个分析仪系统可靠运行，主要维修工作只限于观察气路是否堵塞，如探头过滤芯等。需定时清除粉尘或更换滤芯。

（2）检查各电磁阀的工作状态，是否有漏电现象。

268. 简述二氧化碳灭火装置的使用与维护

（1）本保护系统火灾危险性极高，建议将火灾报警控制器上的“手动-自动”选择锁置于“自动”状态。

（2）一路探测器报警后，系统发出警铃报警信号，并将此信号反馈到消防控制主机。现场负责人员或中控人员立即赶往现场确认，如发现温度严重超标或肉眼观察到已发生火灾，可按下现场的“紧急启动”按钮，灭火装置释放灭火药剂实施灭火，之后按照“复位步骤”将整个系统复位。

（3）二路探测器报警后，系统发出声光报警信号，控制器将自动发出灭火指令实施灭火。现场负责人立即赶往现场，确认灭火动作已完成，当火灾完全灭掉后，现场负责人按照“二氧化碳气体灭火操作说明书”及“火灾自动报警控制器说明书”恢复整个系统。

恢复步骤（详细分解参照说明书）：

① 在24h内到气体生产厂充装二氧化碳以及氮气药剂。

② 将选择阀门复位：调节选择阀门顶部螺栓，将选择阀阀门开关复位之后拧紧螺栓即可。

③ 输入“复位”密码，将气体灭火控制器复位（复位密码专人负责）。

④ 现场负责人员定期对本“火灾自动灭火系统”进行检测，确保整个系统正常工作。同时每隔1～2h对煤粉制备系统进行巡查，确保煤粉制备系统处于正常运作状态。

269. 怎样利用用电峰谷

有停机计划的设备尽量选择在峰时停机，计划开机时间尽量安排在谷时开机。一般 23：00～8：00 是谷时，保证生料磨在此时间连续运转，包括煤磨、矿山破碎等的启停时间都要进行合理安排，做到峰停谷开。

1.3 技师、高级技师

270. 简述被粉碎物料的物理性质有哪些

被粉碎物料的物理性质有：

（1）强度、硬度、韧性、脆性

① 强度。强度是指物料抗破坏的力，一般用破坏应力表示。随破坏时施力方法的不同，可分为抗压、抗剪、抗弯、抗拉应力等。

② 硬度。硬度是指物料抗变形的力。一般对非金属材料用莫氏硬度表示。以刻痕法测定，分成 10 个等级，金刚石最硬为 10，滑石最软为 1。

③ 韧性和脆性。是两个相对应的性质，表示物料抗断裂的力。脆性好的物料，易于粉碎。

（2）水分和黏结性

物料的表面水分对粉碎有一定影响，若原料水分大而且含有较多泥质，则在干法破碎、粉磨、贮存、运输过程中易于黏结和堵塞。

（3）易碎性

易碎性是表示物料破碎难易程度的特性。

（4）易磨性

易磨性是表示物料粉磨难易程度的特性。

（5）磨蚀性

物料的磨蚀性是物料对粉碎工具（齿板板锤、钢球、衬板、衬套等）产生磨损程度的一种性质。通常用粉碎 1t 物料粉碎工具的金属消耗量来表示，单位为 g/t。

271. 物料的易磨性如何测定

物料的易磨性用 K 来表示：

$$K = S/S_1$$

式中 K——物料的易磨性系数（或称作易磨性）；

S——被测物料的比表面积（cm^2/g）；

S_1——标准物料的比表面积（cm^2/g）。

易磨性的测定是将被测物料破碎至 5～7mm 粒度，与福建平潭标准砂在相同的粉磨条件下，分别粉磨相同的时间，然后分别测定其表面积值（不能测比表面积的可测定其筛余细度），得到 S 与 S_1，便可计算出易磨性系数。

272. 简述粉磨过程中粉磨功的计算方法

$$W = K\left(\frac{1}{\sqrt{p}} - \frac{1}{\sqrt{F}}\right)$$

式中 W——每吨物料所需的粉磨功，kW·h/t；

p——成品粒径，以 80%通过的筛孔尺寸表示，μm；

F——粉碎前的粒径，以 80%通过的筛孔尺寸表示，μm；

K——系数。

273. 简述生料细度均匀性的含义

细度均匀性 n：

$$n = \frac{\lg\lg\dfrac{100}{R_1} - \lg\lg\dfrac{100}{R_2}}{\lg X_1 - \lg X_2}$$

式中 R_1、R_2——分别为粒径为 X_1、X_2（μm）的累计筛余量，%；

n——均匀性系数。

实际生产中，生料的颗粒分布越窄，均匀性越好，越有利于煅烧；粒度分布太宽，过粗或过细颗粒量有可能增多，化学成分的均匀性变差，最终将影响生料的易烧性。因此，生料细度均匀性以 n=0.6～1.2 为宜。以 80μm 筛控制，若筛余较小时，n 可取小值；反之，n 值应偏大。一般窑外分解窑生料细度 80μm 筛余＜12%，粒径大于 200μm 粗颗粒应＜1.5%。

274. 评价生料成分均匀性的指标有哪些？各代表的含义是什么

评价生料成分均匀性的指标有三个参数：标准偏差 S、变异系数 R 和均化倍数（又称均化效果）H。

各参数所代表的含义如下：

（1）标准偏差 S 是一项表示物料成分（如 CaO、SiO_2 等含量）均匀性的指标，其值越小，成分越均匀。

（2）标准偏差和算术平均值一起构成变异系数 R，可以表示物料成分的相对波动情况。

（3）成分波动于标准偏差范围内的物料，在总量中大约占 70%，还有近 30%的物料其成分的波动比标准偏差还要大。

标准偏差 S 可由下式求得

$$S = \sqrt{\frac{1}{n-1}\sum_{i=1}^{n}(x_i - \overline{x})^2}$$

式中 S——标准偏差；

n——试样总数，一般 n 应不少于 20 个；

x_i——每一个试样的成分，$x_1 \sim x_n$；

$\overline{x}$——各 x_i 的总算术平均值，$\overline{x}=\frac{1}{n}\sum_{i=1}^{n}x_i$。

变异系数 R 和均化倍数 H 可由下式求得

$$R=\frac{S}{\overline{x}}\times 100\%$$

$$H=\frac{S_1}{S_2}$$

式中 R——变异系数；

H——均化效果或均化倍数；

S_1、S_2——进料和出料，即均化前后的标准偏差值。

变异系数 R 值越小，物料越均匀；均化倍数 H 值越大，均化效果越好。而在实际生产中，要控制均化库出料的标准偏差值，以保证其成分的均匀性。

275. 简述研磨体级配的一般原则

（1）入磨物料的平均粒径大，易磨性差，或要求成品细度粗时，钢球的平均球径应大些，反之应小些。磨机直径小，钢球平均球径也应小。一般生料磨比水泥磨的钢球平均球径大些。

（2）开路磨机，前一仓用钢球，后一仓用钢段。

（3）研磨体大小必须按一定比例配合使用。钢球的规格通常用 3～5 级，钢段一般用 2～3 级。若相邻两仓用钢球时，则前一仓的最小规格应作为后一仓的最大规格（交叉一级）。

（4）各级钢球的比例可按“两头小，中间大”的原则配合。用两种钢段时，各占一半即可；用三种钢段时，可根据具体情况适当配合。

（5）在满足物料细度要求前提下，平均球径应小些，借以增加接触面积和单位时间的冲击次数，提高粉磨效率。

276. 研磨体在磨机筒体内有哪些运动状态

研磨体在磨机筒体内有三种运动状态：

（1）倾泻状态；

（2）抛落状态；

（3）周转状态。

277. 什么是选粉效率？怎样计算

选粉机的选粉效率 η 是指选粉后的成品中所含的通过规定孔径筛网的细粉量与进选粉机物料中通过规定孔径筛网的细粉量之比，它也是一项直接关系到闭路粉磨系统产、质量的重要工艺参数。其计算如下：

$$\eta=\frac{c(a-b)}{a(c-b)}\times100\%=\frac{(100-C)(B-A)}{(100-A)(B-C)}\times100\%$$

式中 η——选粉效率,%;

a——出磨物料（入选粉机物料）通过指定筛孔筛的物料量,%;

b——回料（选粉机粗粉）通过指定筛孔筛的物料量,%;

c——产品（选粉机细粉）通过指定筛孔筛的物料量,%;

A——出磨物料（入选粉机物料）细度筛余百分数,%;

B——回料（选粉机粗粉）细度筛余百分数,%;

C——产品（选粉机细粉）细度筛余百分数,%。

278. 闭路系统选粉机的选粉效率与磨机产量有什么关系？球磨机一级闭路粉磨系统的选粉效率一般是多少

不能认为选粉效率越高，磨机产量也越高。经验证明，选粉效率最高时，磨机的产量不一定最高。因为选粉机本身并不能起粉磨作用，不能增加物料的比表面积，它只能及时地从粉磨物料中把细粉分离出来，有助于提高粉磨效率。因此，选粉机的选粉作用一定要和磨机的粉磨作用相配合，才能提高磨机产量。

选粉机的选粉效率与选粉机的构造及调整、出磨物料及产品的细度、循环负荷等有关。球磨机一级闭路粉磨系统的选粉效率一般应为60%～85%，最理想的选粉效率要经过多次实验确定。

279. 怎样计算研磨体消耗量

研磨体消耗量是指粉磨物料所消耗研磨体的质量，为了便于比较，一般换算成吨物料消耗研磨体的量来表示，单位是克/吨（g/t）。其计算方法是，某一阶段研磨体的消耗量除以磨机总产量。

280. 怎样计算粉磨系统的电耗

粉磨系统中所有电器设备的耗电量除以该段时间内的总产量即为电耗，单位是度电/吨（kW·h/t）。

粉磨系统的电耗是衡量系统中各参数选择是否得当的重要经济技术指标。

281. 什么叫平均球径？怎样计算

球磨机中的研磨体是按多种规格配合使用的，为了便于比较，就假定有这样一个球的直径能代表该仓所有大小球的球径。这个代表球径称为平均球径，按下式计算：

$$D=\frac{D_1G_1+D_2G_2+\cdots+D_nG_n}{G_1+G_2+\cdots+G_n}$$

式中 D——钢球的平均球径，mm；

D_1、D_2、…、D_n——n种球的直径，mm；

G_1、G_2、…、G_n——直径为D_1、D_2、…、D_n的钢球装载量，t。

282. 简述粉磨系统技术标定的意义和目的

粉磨系统的技术标定就是对粉磨系统的工艺条件、技术指标、操作参数和作业效率进行全面的技术认证和检查。

通过对系统中各物料的数量和粒度测定、性能试验、流体的工况测定和操作参数的测定以及工作指标的计算，进行综合分析，可以帮助操作人员更加全面地了解设备性能，掌握粉磨系统中各操作参数相关的规律性，确定最佳的操作方案。

283. 磨机技术标定的内容有哪些

（1）列出或计算磨机以及辅助设备的原始数据。包括规格性能、研磨体填充率、功率、原料配比、产品种类以及对细度的要求等。

（2）入磨物料物理性能的测定。包括表面温度、水分、表观密度、密度、粒度特性及易磨性的测定等。

（3）磨机粉磨能力（小时产量及瞬时喂料量）。磨内各仓存料量及单位容积物料通过量，粉磨系统物料筛余分析，绘制筛析曲线，测算磨机循环负荷和成品细粉量。

（4）选粉机选粉能力。每小时选出成品量、每小时喂料量、循环风量和选粉效率等。

（5）磨机通风与收尘系统的测定。包括通风量、磨内风速、排出气体含尘量，收尘器进、出口风压和风量，粉尘浓度以及除尘器收尘效率等。

（6）烘干磨和立式磨热平衡计算。包括热风量、热收入和热支出、散热损失和流体阻力、收尘和通风量计算等。

284. 粉磨系统在标定时，应具备什么特点

粉磨系统在标定时，应处于正常的粉磨状态下，即

（1）磨机的声音正常；

（2）出磨提升机负荷处于正常负荷值，其电流表电流稳定在正常范围之内；

（3）出磨物料细度或选粉机（或其他分级设备）成品细度已控制在合格范围之内；

（4）校测喂料量为一特定值；

（5）磨机喂料设备计量准确无误；

（6）各机电设备和收尘设备运转正常。

285. 测定与计算磨内存料量与球料比的方法有哪几种

测定与计算磨内存料量与球料比有三种方法，即

（1）检查性测定。将运转中的磨机突然停下，同时停止喂料（包括选粉机的回磨料）。打开磨机各仓孔检查料面情况，并测量料面高于或低于研磨体表面的尺寸，从而大致判断磨内存料量的多少。

（2）称重法。停磨打开磨门，倒出各仓钢球和物料，然后过筛清理，分别将钢球和物料过磅称重，计算出球料比。这种测定方法比较准确，但操作量大，一般只适宜小型磨机测量。

（3）测量计算方法。在检查性测量的同时，分别测量球面和物料面通过磨机中心至磨机顶部的垂直距离，然后按下面公式计算存料量和球料比。

① 存料量

当料面高于或等于钢球表面的高度时

$$g=\left(F_2L-\frac{G}{\gamma_1}\right)\gamma_2$$

当料面低于钢球的高度时

$$g=F_2L\gamma_2\left(L-\frac{G}{F_1L\gamma_1}\right)$$

$$F_1=F\phi_1;\quad F=0.785D_i^2;\quad F_2=F\phi_2$$

② 球料比

$$i=G/g$$

式中　g——磨（仓）内存料量，t；

i——球料比；

G——研磨体装载量，t；

L——磨（仓）有效长度，m；

γ_1——研磨体的密度（球 7.8，段 7.3），t/m^3；

γ_2——物料表观密度，t/m^3；

F_1——以研磨体表面为弦长的弓形面积，m^2；

F——磨内部横截面面积，m^2；

F_2——以物料面为弦长的弓形面积，m^2；

D_i——磨机有效内径，m；

ϕ_1、ϕ_2——以钢球面和物料面计算的填充率。

286. 水泥工业粉磨技术的发展趋向是什么

（1）粉磨设备大型化。大型球磨机不仅产量高，而且产品质量好，物料在磨内粉磨、均化过程充分，产品粒度均齐，比表面积大，过粉磨现象少，单产电耗低。

（2）筒辊磨、立式磨、辊压机逐步代替球磨机。

287. 离心式风机的选择原则与选型步骤是什么

（1）选择原则

① 要求效率高，在调节风量时，其压力变化不大；

② 具有良好的密封性能；

③ 叶轮、外壳具有较高抗磨性和一定的耐蚀性；

④ 具有较好的抗震性；

⑤ 高温离心通风机应具有良好的耐高温抗氧化性能。

（2）选型步骤

① 根据工作条件（如含尘气体浓度、温度高低）选定风机类型；

② 按工艺系统所需的风量和风压最大负荷值加 10%～20%的储备能力，并根据通风机产品样本中的性能曲线选取；

③ 通风机样本中列出的技术参数是生产厂规定的技术条件下的性能参数，实际使用中应根据使用工作情况予以校正；

④ 应选取高效节能风机。

288. 如何组织新安装或大修后的烘干机的试运转

（1）试运转前，应检查各基础连接与润滑点。盘车检查各机件有无卡位、干扰等。

（2）开单机试运转。电动机空负荷试运转 2h，再带减速机运转 4h。检查电流、温升及注意声音。

（3）烘干机连续空负荷运转 8h 之后，加料带负荷运转 48h，并做下列检查：

① 传动装置不得有振动、冲击及不正常噪声，齿轮的齿合及接触力度应符合规定；

② 电动机负荷不应超过额定功率 30%，温升不超过 40℃，电流不应超过额定电流；

③ 轮带及托轮的接触宽度为轮带宽度的 70%以上，挡轮接触应良好；

④ 筒体两端密封装置不应有局部磨损现象；

⑤ 检查各润滑点的润滑及漏油、油质情况，油温不应超过 60℃；

⑥ 各处连接有无松动，并再紧固。

289. 现代化的回转式烘干机系统应增加哪些性能

（1）采用低煤耗高温沸腾炉技术，可利用劣质煤、煤矸石、废气物中可燃物质。

（2）烘干机内部采用组合式扬料装置，具有均流自碎，导向高效传热等功能。

（3）烘干机内分仓，各仓担负不同的烘干职能。

（4）收尘设备所排放的废气污染物低于国家环保标准排放要求。

（5）采用计量设施，使料、煤配合适当，保质保量，稳定生产。

（6）采用中控微机操作，配备各工艺控制点的测试仪表，便于集中控制。

290. 什么是磨机的理论适宜转速和实际转速？计算公式是什么

（1）理论适宜转速。能使研磨体产生最大粉碎功的磨机转速叫作磨机的理论适宜转速，其公式：

$$n=\frac{32}{\sqrt{D}}$$

式中 n——磨机筒体的适宜转速，r/min；

D——磨机筒体的有效内径，m。

（2）实际转速。即某一磨机的具体转速。它的选取要从磨机的经济指标、技术指标出发，全面考虑磨机的结构、生产方式、衬板形式、填充率及入磨物料的各种性能等。其可参考下列公式。

① 当 $D>2\text{m}$ 时，$n_g=(32/\sqrt{D})-0.2D$；

② 当 $1.8\leqslant D\leqslant 2\text{m}$ 时，$n_g=n=32\sqrt{D}$；

③ 当 $D<1.8\text{m}$ 时，$n_g=(32/\sqrt{D})+(1\sim1.5)$。

式中 n_g——磨机实际转速。

291. 什么是磨机的临界转速？计算公式是什么

（1）临界转速。是指磨内最外层的研磨体刚好开始随磨机筒体内壁做圆周运动，这一瞬时磨机转速叫作磨机的临界转速，用 n_0（r/min）表示。

（2）计算公式。

$$n_0=42.2/\sqrt{D}$$

式中 D——磨机筒体的有效内径（m）。

292. 影响磨内物料运动的因素有哪些

在磨机的仓数确定以后，影响物料运动的因素取决于磨内隔仓板型式、研磨体级配，以及磨内通风好坏、物料水分等。

当磨机使用双层隔仓板时就比单层的物料流速快。研磨体级配若导致研磨能力过剩，冲击能力不足时，物料流速慢；反之，则快。

物料水分大时，易堵篦缝，物料运动也将减慢。当磨机通风不好时，物料流速也变慢。

293. 简述常见立式磨的几种结构型式

立磨结构型式的不同，主要在于磨辊的几何形状、数量以及加压方式等。常见立式磨的几种结构型式有：

（1）德国伯力鸠斯公司的 RM 型；

（2）皮特斯公司的 E 型；

（3）莱歇公司、美国福勒公司和日本宇部公司的 LM 型；

（4）德国法埃夫公司和美国爱立斯、查英尔斯公司的 MPS 型；

（5）丹麦史密斯公司的 Atox 型；

（6）英国拔伯葛公司 R 型；

（7）合肥水泥公司研究设计院的 HRM 型。

294. 研磨体质量对粉磨效率有何影响

研磨体质量是影响粉磨效率的一个重要因素，这个因素往往容易被忽视。在水泥粉磨过程中，磨内温度高于生料磨，当采用普通碳素钢材质的研磨体时，由于其材质的原因导致表面光洁度较差，易造成糊球现象，而降低了磨机的粉磨效率。当采用高硬度、较高韧性的低铬合金材质研磨体时，由于表面光洁度良好，可以在较长时间内稳定保持较高的粉磨效率。一般要求研磨体硬度：HRC48～55，α_k 为 3～10J/cm^2。

295. 水泥磨前物料预处理方法有哪些

水泥磨前物料预处理方法有：

（1）预破碎。采用细破机对入磨物料进行预处理，一般可将入磨最大粒度降至 8mm 以下，使系统增产 20%～30%，节电 15%～20%。但该工艺采用的细破机锤头磨损较快，使用寿命偏短。

（2）预粉碎。采用碾压式挤压设备（如辊压机）对入磨物料进行预粉碎，可使入磨物料最大粒度降至 5mm 以下，且预处理后的物料中有 80%以上细粉，可使系统产量提高 40%以上，节电 20%～30%。但该工艺的装备辊面磨损严重及固有的“边缘效应”和设备造价高等一系列问题，导致推广应用中的步伐仍较慢。

（3）预粉磨。采用短粗型棒磨机对入磨物料进行预处理。经棒磨处理后的物料，最大粒度均在 2mm 以下，且含有 30%左右的成品。该工艺简单实用，设备运转率高，故障少，可使系统增产 30%～50%，节电 20%～30%，效果显著。

另外，可采用立磨对入磨物料进行预处理，增产与节电效果更为显著。

296. 适当提高磨机的工艺转速有何好处

由于国内设计制造单位在磨机工艺转速上取值较低，即磨机转速率小于 80%，导致磨机的一部分潜在能力难以发挥，同时易造成研磨体与衬板间产生切向滑动，降低粉磨效率。可适当提高磨机的工艺转速（如转速率大于 83%）。

（1）可显著增加研磨体对物料的冲击粉磨次数。

（2）可有效提高研磨体提升冲击高度，加强冲击能量。

（3）使磨内研磨体之间、研磨体与衬板之间的摩擦能力增强，提高对物料的研磨作用，最终达到提高粉磨效率的目的。

297. 简述生料、水泥及煤粉等过程质量控制标准

生料、水泥及煤粉等过程质量控制标准如表 1-24 所示。

表 1-24 生料、水泥及煤粉过程质量控制标准

指标名称			范围标准	合格率（%）
新型干法窑生料	出磨生料	细度	±2.0	≥90
		KH	±0.02	≥80
		n	±0.1	≥85
		P	±0.12	≥85
	入窑生料	*KH*	±0.02	≥85
		n	±0.1	≥85
		P	±0.1	≥85
煤粉	灰分		±2.0%	≥70
	水分		≤2.0%	≥90
	细度		≤10.0%	≥85
出磨水泥	出磨水泥比表面积		≥350m^2/kg	≥85
	混合材掺加量		±2.0%	≥85
	SO_3		±0.3%	≥70
	MgO		≤4.5%	100
	石灰石掺加量		±0.5%	≥85
袋重	单包净含量		50kg	100
	20 包净含量		≥1000kg	100

298. 简述煤粉制备系统如何配合余热发电操作

尽多使用篦冷机中低段风温来满足原煤烘干所需热量（一般入煤磨系统热风有中温风和低温风，在确保出磨温度控制到目标范围内的前提下，如果低温风能够满足煤磨需求，尽量不使用或少使用中温风，更不宜采取开启入煤磨冷风阀掺入冷风的方式调节煤磨系统温度，尽可能地将高温热源进入余热发电系统提高余热系统发电量，提高热利用率）。

299. 窑内工况变化时的煤磨操作调整有哪些

（1）窑内工况不稳导致入磨风温波动，可通过调节冷热风阀门比例稳定入磨负压及入磨温度；

（2）若窑内小部分窜料则需要关闭煤磨热风阀或进行停磨处理。

300. 罗茨风机及磨机厂房噪声处理方式有哪些

（1）加隔声罩；

（2）冬季空间密封。

301. 检修清仓作业及扬尘处理方式有哪些

（1）降低放料口高度；

（2）减少或避免用压缩空气喷吹清理改用木质工具清理；

（3）做好防尘防护，清仓区域空间应相对密闭，防止煤粉漫延。

302. 简述煤粉制备系统工艺管道储仓维护及优化

维护措施：

（1）煤磨系统易积煤点做到逢停必清；

（2）每次检修对煤磨系统所有工艺管道、收尘器等进行细致检查，排除隐患；

（3）所有工艺阀门做到逢检必校；

（4）各工艺联锁关系在检修试机时再次确认；

（5）对检查时发现长期易积煤点进行浇注料等填补工作。

优化措施：

（1）对长期易积煤点表面可以采取喷涂抗粘材料；

（2）适当增大输送管道角度，防止积煤；

（3）储仓外表面增加伴热带，减小内外温差，防止煤粉结露产生结壁。

303. 简述煤粉制备计量系统的日常维护与数据核算

日常维护措施：

（1）储气罐定期放水；

（2）检查仓助流工作是否正常，避免仓内煤粉粘挂内壁形成结皮，长期滞留导致自燃结焦及仓内着火，也可避免喂煤不稳定；

（3）检查煤粉仓上部收尘器及消风管道是否正常，避免窜风影响下煤；

（4）定期标零点；

（5）定期检查秤体，防止异物附秤影响计量。

数据核算：定期根据原煤永续盘存数据变化以及原煤计量秤累计数据分析对比，来校验煤粉计量秤的准确性，确保计量误差在允许范围内。

304. 简述煤粉制备系统能耗核算与分析应用

煤粉制备系统能耗包括电耗与热耗，除掉消耗损失，净单耗计算：

热耗 $Q=CM\Delta T$/煤磨产量（t）

电耗＝煤磨系统用电总耗/煤磨产量（t）

其中可控变量为磨机的小时耗电量、系统风机耗电量、选粉机耗电量和台时产量，而热耗来自窑头废气，不增加成本，在允许条件下尽量提高入磨温度。

所以，煤粉制备能耗的降低就取决于台时产量、大的可控设备的小时耗电量。

降低措施：

（1）对磨机定期检查维护，力求运行状态最佳，保证合理的装球量及级配，更换磨损较大的衬板；

（2）在保证安全的前提下尽量提高烘干仓的烘干能力，同时恰当控制入磨水分和粒度；

（3）保证适宜的风速、风量；

（4）在满足细度的情况下，减小选粉机转速；

（5）减小系统漏风，合理的通风机拉风量，减小通风机电流。

2 熟料煅烧中控操作员

2.1 中 级 工

305. 优质硅酸盐水泥熟料的矿物组成是什么

优质硅酸盐水泥熟料的化学成分和矿物组成应适当。在熟料的基本矿物中，C_3S的计算含量为45%～65%，应在生产条件容许下力求高些，但也不应超过65%；C_3A+C_4AF的计算含量为19%～22%，条件容许时应力求低些。其余为C_2S的计算含量。一般熟料中含C_3S+C_2S 70%～75%，因而C_2S的计算含量为30%～10%。矿物组成确定后，化学成分和率值也就相应确定，熟料中基本组分$CaO+SiO_2+Al_2O_3+Fe_2O_3$含量一般为94%～98%，微量组分$MgO+K_2O+Na_2O+SO_3$等的含量为2%～6%。

306. 生料中$CaCO_3$含量波动对熟料矿物的影响

生料中$CaCO_3$含量每增1%，将导致C_3S含量约增13%，而C_2S含量约减11.5%。这么大的波动将使窑的操作和熟料性能无法稳定。为求窑的煅烧操作、所制熟料的矿物含量以及性能稳定，生料中$CaCO_3$含量的容许波动应不大于±0.2%。

307. 如何保证窑系统的最佳稳定的热工制度

为了保证窑系统的良好燃料燃烧和热传递条件，从而保证窑系统的最佳稳定的热工制度，在生产中必须做到生料化学成分稳定、生料喂料量稳定、燃料成分（包括热值、煤的细度、油的雾化等）稳定、燃料喂入量稳定和设备运转稳定（包括通风设备），以保证热工制度稳定，即“五稳保一稳”，这是水泥窑生产中一条最重要的工艺原则。

308. 预分解窑系统的主要结构单元有哪些

预分解窑系统的主要结构单元有：

（1）旋风筒（筒）；

（2）换热管道（管）；

（3）分解炉（炉）；

（4）回转窑（窑）；

（5）冷却机（机）。

309. 回转窑内物料填充率、滞留时间、运动速度的计算方法

窑的填充率 f

$$f=\frac{G}{3600V_{\mathrm{m}}\cdot\frac{\pi}{4}D_i^2\gamma}=\frac{0.376G\sqrt{\beta}}{\alpha D_i^3 n\gamma}$$

窑内物料滞留时间 t

$$t=\frac{1.77L\sqrt{\beta}}{\alpha D_i n}$$

式中　f——窑内物料填充率，%；

G——单位时间窑内通过物料量，t/h；

V_{m}——物料在窑内运动速率，m/s；

D_i——窑有效内径，m；

Y——物料表观密度，t/m^2；

a——窑的倾斜角度，°；

n——窑的转速，r/min；

β——物料休止角，°；

t——窑内物料滞留时间，min；

L——窑的长度，m。

窑内物料运动速度 v

$$v=x/t$$

式中　x——回转窑长度；

t——停留时间。

310. 生成熟料的干原料消耗量计算方法

（1）生成 1kg 熟料的煤灰掺入量 m_{A}

$$m_{\mathrm{A}}=m_l\cdot A^{\mathrm{y}}\cdot\alpha\cdot\frac{1}{100}\quad(\mathrm{kg/kg.\ cl})$$

式中　m_{t}——煤耗，kg/kg. cl；

A^{y}——煤灰分，用小数表示；

a——煤灰掺入率，%。

（2）生成 1kg 熟料的生料中 $CaCO_3$ 消耗量 m_{CaCO_3}

$$m_{CaCO_3}=\frac{CaO^{cl}-CaO^{A}\cdot m_{\mathrm{A}}}{100}\cdot\frac{100}{56}\quad(\mathrm{kg/kg.\ cl})$$

式中　CaO^{cl}——熟料中 CaO 含量，%；

CaO^{A}——煤灰中 CaO 含量，%。

“cl”表示熟料，“A”表示煤灰，以下同。

（3）生成 1kg 熟料的生料中 $MgCO_3$ 消耗量 m_{MgCO_3}

$$m_{MgCO_3}=\frac{MgO^{cl}-MgO^{A}\cdot m_{\mathrm{A}}}{100}\cdot\frac{84.3}{40.3}\quad(\mathrm{kg/kg.\ cl})$$

(4) 生成1kg熟料的生料中高岭土消耗量 $m_{AS_2H_2}$

$$m_{AS_2H_2}=\frac{Al_2O_3^{cl}-Al_2O_3^{A}\cdot m_A}{100}\cdot\frac{258}{102}\quad(kg/kg.\ cl)$$

(5) 生成1kg熟料的生料中 CO_2 消耗量 m_{CO_2}

$$m_{CO_2}=\frac{CaO^{cl}-CaO^{A}\cdot m_A}{100}\cdot\frac{44}{56}+\frac{MgO^{cl}-MgO^{A}\cdot m_A}{100}\cdot\frac{44}{40.3}\quad(kg/kg.\ cl)$$

(6) 生成1kg熟料的生料中化合水消耗量 m_{H_2O}

$$m_{H_2O}=\frac{Al_2O_3^{cl}-Al_2O_3^{A}\cdot m_A}{100}\cdot\frac{36}{102}\quad(kg/kg.\ cl)$$

(7) 生成1kg熟料的干原料消耗量 m_{gy}

$$m_{gy}=1+mCO_2+mH_2O\quad(kg/kg.\ cl)$$

"gy"表示干原料。

311. 简述一般烧成系统的生产工艺流程

(1) 物料

生料均化库→输送设备→称重仓→计量设备→输送设备→预热器→分解炉→回转窑→冷却机→输送设备→熟料库。

(2) 煤粉

窑头(窑尾)煤粉仓→窑头(窑尾)煤粉计量秤→回转窑(分解炉)。

312. 简述预热器及分解炉系统的工作原理

预热器及分解炉系统是一种生料悬浮预热、分解的设备，生料粉在悬浮状态下与高温气体充分混合，迅速传热，传热面积大，热效率高，生料的升温速度快。生料由预热器的上部喂入，然后按照与系统高温气流相反的方向，依次经各级旋风筒、分解炉进行预热及分解，分解率达85%～95%，最后由最下一级旋风筒收集入窑，而高温气流依次经过窑尾烟室、缩口、混合室各级旋风筒与生料进行热交换，温度逐渐降低，最后由窑尾高温风机排出。分解炉内喷入煤粉，由冷却机引来的三次空气助燃，供氧充足，煤粉燃烧快，燃烧后的高温气体进入混合室，与窑尾缩口来的气流汇合向上进入最下一级旋风筒。

313. 简述回转窑的工作原理

水泥回转窑是低速旋转的圆形筒体，是用以煅烧水泥熟料的设备，它以一定斜度依靠窑体上的轮带，安放在数对托轮上，由电动机带动，通过窑身的大齿轮，使筒体在一定转速内转动。生料自高端（窑尾）喂入，向低端（窑头）运动，燃料自低端喷入形成火焰，将生料通过碳酸盐分解，放热反应、烧成和冷却四个自然带的复杂物理化学变化，烧成熟料，由窑头卸出，烟气由窑尾排出。

314. 简述熟料冷却机的机能与作用

（1）作为工艺设备

它承担着对高温熟料的骤冷任务。骤冷可阻止矿物晶体长大，特别是阻止 C_3S 晶体长大。急冷还可以控制有水化活性的 β-C_2S 转变成无水化活性的γ-C_2S，有利于熟料强度及易磨性能的改善。同时，骤冷可使液相凝固成玻璃体，使 MgO 及 C_3A 大部分固定在玻璃体内，有利于熟料安定性的改善及抗化学侵蚀性能。

（2）作为热工设备

在对熟料骤冷的同时，承担着对入窑二次及入炉三次风的加热升温任务。在预分解窑系统中，尽可能地使二、三次风加热到较高温度，不仅有效地回收了熟料中的热量，并且对燃料（特别是中、低质燃料）起火预热、提高燃料燃尽率和保持全窑系统有一个优化的热力分布都有着重要作用。

（3）作为热回收设备

它承担着对出窑熟料携出的大量热量的回收任务。一般来说，其回收的热量为 1250～1650kJ/kg. cl。这些热量以高温热随二、三次风进入窑、炉内，有利于降低系统煅烧热耗，以低温热形式回收也有利于余热发电。

（4）作为熟料输送设备

它承担着对高温熟料的输送任务。对高温熟料进行冷却有利于熟料输送和贮存。

315. 水泥窑用固体燃料的分类

水泥窑用的固体燃料有无烟煤、贫煤、烟煤、褐煤、石油焦渣、工业废料等。

（1）无烟煤

可燃质中固定碳含量达 93%～98%，挥发分＜10%，属低反应活性燃料，着火及燃烧均较困难。

（2）贫煤（又称半无烟煤）

挥发分含量为 10%～20%，属次反应活性燃料。

（3）烟煤

挥发分含量一般＞14%，反应活性较强，但随灰分含量增高，热值降低，反应活性相应下降。

（4）褐煤

属碳化程度较低的燃料，具有高挥发分、高水分和低热值的特点，燃烧温度相对较低。

（5）石油焦渣

属炼油废渣，一般来说其挥发分及灰分含量均较低，含硫量及热值较高，可分别达 6%～7%及 33400kJ/kg 以上，发火能力及反应活性较差。

（6）工业废料

如汽车轮胎、生活废弃可燃物质等，大多在窑尾直接投入窑内使用。

316. 煤粉细度的控制要求是什么

一般煤粉细度要求与煤的挥发分有关，挥发分高时可控制得粗一些，挥发分低时，则必须控制得细一些，以保证良好的燃烧状态。

煤粉细度控制经验式有：

$$煤粉\ 88\mu m\ 筛余(\%) \leqslant \frac{1}{2}V_m$$

$$煤粉\ 100\mu m\ 筛余(\%) = \frac{1}{2}IV_m$$

$$IV_m = V_m/(100-W-A)$$

式中 IV_m——挥发分指数；

V_m——挥发分百分含量；

W——水分百分含量；

A——灰分百分含量。

317. 预热器的构成和连接方式

预热器由分解炉、旋风筒、锥体、下料管、上升烟道等组成。连接方式：旋风筒与旋风筒之间主要通过上升烟道连接；分解炉与五级预热器通过鹅颈管进行连接。

318. 简述预热器系统漏风的种类

预热器系统漏风主要有外漏风和内漏风：

（1）外漏风主要是检查门、捅料孔、法兰、热工检测孔等处的漏风。

（2）内漏风主要指锁风阀形式简单，或生产中变形损坏，动作不灵，使下级热风经下料管直接窜入上级预热器。

319. 简述预热器漏风对烧成系统的影响

预热器漏风对烧成系统的影响有：

（1）热耗增高，产量、质量下降。对于回转窑系统，冷风的漏入减少了由冷却机进入窑内的二次风量和回收入窑的总热量；对于三次风管和分解炉系统，冷风的漏入减少了经冷却机、窑头罩进入炉内的三次风量和回收入炉的总热量；对于预热分解系统，冷风的漏入还降低了系统的分离效率和换热效率，增高了热耗，并降低了烧成系统的有效通风能力，导致系统操作不稳定，降低了产量、质量；有效通风能力的降低，还直接导致了单位产品电耗的增加。

（2）漏风是预热分解系统黏结堵塞的重要原因，进而降低系统运转率，增加了运行成本，而人工处理时还会带来系统热耗的上升，增加劳动强度，带来环境污染。当系统漏风比较严重时预热器系统的分离效率显著降低，物料会随气流由内筒和上升管道回到上一级预热器，物料内循环量大，易在系统锥部及下料管处造成堵塞。漏入的冷风与热物料接触后，易造成物料冷凝，黏附在耐火材料表面造成结皮堵塞，而且当燃料燃烧不完全时，与漏入的新鲜氧气重新进行燃烧反应，产生局部高温而造成结皮堵塞。

(3) 漏风会导致漏灰的出现，带来环境污染。

320. 简述预热器的主要作用

预热器的主要功能是充分利用回转窑和分解炉排出的废气余热加热生料，使生料预热及部分碳酸盐分解。为了最大限度地提高气固间的换热效率，实现整个煅烧系统的优质、高产、低消耗，预热器必须具备气固分散均匀、换热迅速和高效分离三个功能。

321. 分解炉的构成

分解炉的构成：上旋流室、下旋流室、反应室。

322. 分解炉的主要作用

新型干法水泥生产工艺的核心技术是熟料煅烧前采取悬浮状态的预分解技术，即各种类型的分解炉，它使煤粉在悬浮状态下燃烧释放出热量，而生料同样在悬浮状态下接受这些热量分解，它不仅能快速地为生料的煅烧创造最好的石灰石分解条件，而且提供了最为理想的均衡稳定分解过程，其化学反应过程能做到均衡稳定的程度相当之高。

323. 窑头密封装置的种类

窑头密封装置的种类：汽缸、迷宫、鱼鳞片石墨等密封结构，由于鱼鳞片、石墨密封结构但仍然能导致漏风、漏料现象比较严重，现大部分改造为双柔式密封装置。

324. 简述窑头漏风对烧成系统的影响

窑头漏风时，热端吸入大量冷空气，会使来自熟料冷却机的二次风被排挤。吸入的冷空气要加热到回转窑的气体温度，造成大量热损失。

325. 何为一次风

一次风是指鼓风机输送煤粉入窑的风，为总风量的7%～25%，即从喷煤管送煤粉入窑的一次空气。

326. 一次风的主要作用是什么

一次风为燃料燃烧时最初和燃料混合的空气，一次风除输送煤粉外，还担负着与煤粉混合的任务，混合程度对燃烧有着重要意义。

327. 何为二次风

二次风是指从冷却机预热后送入窑内的热空气，占总风量的75%～90%。

328. 二次风的主要作用是什么

二次风的主要作用是供窑内煤粉碳粒子燃烧。它事先不与燃料混合，因此可以预热至较高温度，入窑后可以提高火焰温度，二次风入窑温度高低与所用的冷却设备及料层厚度有关。在一般操作中，二次风的风量和风速调节是靠窑尾排风机和三次风闸阀来实现的，当其他因素不变时，加大窑尾排风量，二次风量加大，燃烧内气流速度增大，可使火焰拉长，并且会增加窑的过剩空气系数，使火焰温度降低。

329. 何为三次风

三次风是指在窑尾排风机的抽引下，从窑头罩经三次风管进入分解炉的热风。

330. 三次风的主要作用是什么

三次风的主要作用：供分解炉内煤粉碳粒燃烧。三次风的风量与风温对分解炉的工况有较大影响。

331. 如何通过熟料的外观、颜色、质量来判断熟料的质量

一般情况下，正常的水泥熟料的颜色为结粒均匀密实的黑亮颗粒。当出现大量的灰黄色、棕褐色或灰白色的粉状熟料时，大多是熟料出现生烧和粉砂料所致，若熟料中的 f-CaO 较高，则多为生烧和欠烧所致，应适当提高烧成带的温度，加强熟料的煅烧；当出现棕黄色、黄褐色、局部白色或灰色的熟料，且结粒正常，多半是由于窑内通风不良，在还原气氛下煅烧的结果，不但影响水泥熟料的质量，也会影响水泥成品的颜色。

另外，虽然从熟料的外观看，还算正常，但破碎后，熟料内部存有大量的夹芯黄料，其原因多半是由于窑速过慢，窑内的煅烧温度不均匀，局部出现液相过多，铝含量较高，造成生烧夹生问题，表现为熟料中 f-CaO 较高，影响水泥熟料的质量。

332. 烘窑中的转窑要求

烘窑中的转窑要求如表 2-1 所示。

表 2-1　转窑控制要求

窑尾温度（℃）	转窑量（圈）	转窑时间间隔（min）
100 以下	0	不慢转
100～250	1/4	60
250～450	1/4	30
450～600	1/4	15
600 以上	1	连续慢转

333. 简述烧成系统的操作原则

烧成系统操作基本原则是高度集中、反应快捷、减少事故、稳妥积极、快速过渡、薄料快烧，具体操作如下：

（1）在提温投料过程中或提产的过程中，要注意先提风，后加煤的原则；在减产降速阶段，应遵循先减料、减煤，再减风的原则，以防止系统塌料堵塞。

（2）由于预分解系统对操作参数响应灵敏，这就要求操作人员具备反应灵敏、判断准确、动作迅速的良好素质，否则系统运行将会偏离正常运行的要求，严重时导致重大事故的发生，影响生产。

（3）点火投料的初期要注意窑尾烟室结皮的发生，回转窑上下窜动造成窑尾密封问题的产生及后窑筒体的红窑等问题。

（4）注意窑喷煤嘴位置和火焰的调节，以形成窑前合理的烧成环境，既要避免窑前温度过高造成烧流，也不能出现生烧和夹生现象的存在。同时，要注意火焰的形状，以免冲刷窑皮。

（5）在生产操作过程中，要注意分解炉出口温度的控制，过低会增加回转窑的负担，造成频繁跑生料，过高易于导致中间矿物和液相成分的过早出现，造成结皮和堵塞。

（6）对于离线炉而言，在由 SP 过渡到 NSP 系统过程中，要注意 CS 级筒物料和窑尾两路燃烧器中燃料的稳步增加，避免燃料与物料脉冲和局部过热现象的产生；在线分解炉可直接投入 NSP 运行。

（7）加强冷却机的管理和控制，以免造成二、三次风量和风温出现较大的变动，影响窑内的煅烧。

（8）系统的操作过程要以平稳和缓慢调节为原则，注意观察各参数的变化及变化的速度，若变化速度较大，说明操作不合适，应避免生产控制参数的大起大落。

334. 一般烧成系统有哪些自动控制回路

一般烧成系统的主要自动控制回路有：

（1）喂料称重仓仓重自动控制回路；

（2）窑喂料量的自动控制回路；

（3）喷煤量自动控制回路；

（4）最下一级旋风筒入窑物料温度自动控制回路；

（5）窑头喷煤量自动控制回路；

（6）窑头负压自动控制回路；

（7）篦冷机冷却风量自动控制回路；

（8）篦冷机一室（或二室）篦压（料层厚度）自动控制回路；

（9）篦冷机喷水自动控制回路；

（10）篦冷机各段篦速自动控制回路；

（11）增湿塔喷水自动控制回路；

（12）煤粉仓重自动控制回路。

335. 烧成系统正常操作时有哪些重点控制参数

烧成系统正常操作时的重点控制参数如下：

(1) 窑主机电流；

(2) 高温风机入口温度及进、出口压力；

(3) 一级筒出口压力与温度；

(4) 最下一级旋风筒的进、出口及下料管温度与压力；

(5) 各级旋风筒的温度与压力；

(6) 窑尾温度与压力；

(7) 窑尾及预热器出口的气体分析数据；

(8) 篦冷机一、二室篦板及篦下温度；

(9) 篦冷机各段电流；

(10) 篦冷风机的电流；

(11) 出篦冷机的熟料温度；

(12) 入窑二次风温、入炉三次风温；

(13) 窑头负压；

(14) 入炉三次风负压；

(15) 入窑喂料量；

(16) 各输送设备电流；

(17) 窑头、窑尾喷煤量及罗茨风机压力、电流；

(18) 窑头余风风机入口温度；

(19) 窑托轮温度；

(20) 煤粉仓各点温度；

(21) 入窑分解率；

(22) 熟料立升重及 f-CaO 含量；

(23) 窑筒体温度；

(24) 高温风机、余风风机电流；

(25) 高压气压力。

因各企业的工艺状况不同，工艺参数的控制指标略有差异。

336. 烧成系统风量的调节原则是什么

窑头一次风量的调节应以保持适宜的火焰形状和温度分布满足熟料烧成需要为原则；分解炉一次风量的调节应以满足炉内煤粉燃烧完全为原则；入炉三次风量的调节应以保持窑、炉用风比例适宜，窑内通风适当为原则；总排风量的调节应以满足生料悬浮需要和燃料燃烧需要，保持适宜的窑、炉过剩空气系数为原则。

337. 窑速的调节原则是什么

窑速的调节应以保持窑内稳定合理的填充率为原则：应根据喂料速度大小和烧成难易，确定一适宜的窑速，窑速应与喂料量相对应并随喂料量的增减而增减，在同一喂料量下，窑速应能高则高，快转有利增加物料的翻动频率，有利于物料的预烧及烧成；当仅调节煤、风不能恢复正常煅烧制度或烧成温度过低、已来不及升温有可能出欠烧料时，则应及时调低窑速，以适应煅烧要求；当烧成温度上升后应及时将窑速提起，以免长时间慢窑造成窑内物料填充率增加，降低传热效率，降低熟料产量，影响熟料质量。

338. 窑内产生粘散料的原因是什么？应如何操作

（1）产生粘散料的原因

① 生料成分不当，n 值过高，液相量少使料发散；

② 生料中 Al_2O_3 或碱的含量高，或煤灰分大，使熟料中 Al_2O_3 含量高，料发黏；

③ 操作不合理，尾温过高，物料预烧过好，进入烧成带后，料过于好烧而发黏；

④ 窑前结圈。

（2）操作处理方法

① 配料中适当增加 Fe_2O_3 含量；

② 适当增大窑内拉风，使碱的挥发量增加；

③ 控制好烧成温度，以熟料结粒细小均齐为准，在控制 f-CaO 不超指标的前提下，减少窑头用煤量，降低烧成带温度；

④ 适当提高窑速，减少物料在烧成带停留时间，若前圈较高应先烧掉前圈，使物料运行顺畅。

339. 处理窑内后结圈一般采取哪几种方法？应注意什么问题

（1）处理后结圈一般采取烧圈法，有热烧法、冷烧法和冷热交替法。

（2）处理后结圈应注意的问题：①热烧时，烧成温度比正常高，火焰应长，火点往窑内伸，窑速应慢些；冷烧时，烧成温度应稍低，且火焰应回缩，火点往窑头移，窑速要力争快转；冷热交替法就是冷烧和热烧交替进行，使结圈处温度有较大变化，让结圈塌落。②烧圈时，应注意火焰形状不能扫窑皮。③烧圈时，中控应与窑巡检员密切配合，协调操作，火点的移动可通过调整窑内通风、窑头喷煤管位置及内外风阀门的比例来实现。

340. 怎样挂窑皮

根据挂窑皮的理论，挂好第一层窑皮是关键。挂窑皮的时间一般为 72h (3d)，在 3d 之内要减少下料量，压低产量，第一天为设计产量的 70%，第二天为 100%。当物料进入烧成带之前，必须把耐火砖表面烧熔，使物料结成小颗粒与耐火砖粘挂上第一层窑皮，在这期间必须仔细观察，操作要勤，调整要及时，熟料颗粒要细小均齐，保持物料与窑皮温差要小，窑速要稳定，快转，防止窑皮挂得过快，同时要防止跑生料。窑内通风比正常略小，以保持窑皮的位置，煤管位置偏料偏下，根据窑头温度变化，逐步将喷煤管内伸，以保持烧成带挂上均匀稳定的窑皮。必须保持窑内清亮，火焰保持活泼顺畅，严禁大火烧流。3d之后待挂上去的窑皮与蚀下来的窑皮相等，窑皮厚度为150～200mm较适宜。

341. 预热器旋风筒锥体或下料管堵塞有何征兆？造成堵塞的原因有哪些？杜绝堵塞的方法有哪些？堵塞发生后如何处理

（1）旋风筒锥体堵塞的征兆

① 从发生堵塞的旋风筒至窑尾的气体温度明显上升。

② 发生堵塞的旋风筒锥体压力明显下降，直至零压。

（2）造成堵塞的原因

① 下料翻板阀闪动不灵或被硬物卡死。

② 锥体被异物堵死。

③ 结皮未及时清理，温度波动时大量垮落。

④ 操作不当引起温度超高物料黏结。

⑤ 拉风过小，旋流速度低未将锥体积料冲刷掉。

⑥ 有较集中的大塌料被绷住。

⑦ 生料化学有害成分过高或生料化学成分波动过大。

⑧ 系统设计不合理。

⑨ 系统漏风较多。

（3）杜绝堵塞的方法

① 加强系统的巡检工作，避免因设备失灵造成不必要的堵塞问题。

② 严格按照生产过程参数操作，避免局部高温现象的存在和热工操作参数的波动，以消除因热力作用造成的局部黏结引发的堵塞现象。

③ 化学有害成分的控制。严格控制原燃料的有害化学成分含量（K_2O＋Na_2O、SO_3、Cl^-等），同时注意生料三率值及MgO含量的变化，根据变化采取相应的操作。

④ 生产操作过程中，要避免大起大落的操作和控制，一定要做到风、煤、料的稳步提高或降低，以克服因加料过猛造成的堵塞问题。

⑤ 避免因预热器系统内通风不良，煤粉燃烧不完全，造成堵塞。

⑥ 现场注意检查系统漏风情况。

（4）堵塞发生后的处理方法

① 内部堵塞程度的判断。预热器系统堵塞后，要根据堵塞时间的长短，判断旋风筒内部物料的堵塞情况。在没有搞清内部情况之前，千万不能将较大的人孔门打开。在观察时，应从旋风筒的高处向下，从较小的观察孔逐步进行检查。检查时，检查人员一定要穿戴安全防护服装，以确保人身的安全。

② 在清堵过程中，一般情况下高温风机必须工作，以保证预热器内处于一

定的负压状态。但不宜过大，以免引起窑内温度降低过快。

③ 捅料开始的位置应在堵塞的最下部，逐步向上清理，并且在堵塞以下所有的翻板阀应吊起，切记不可随意打开阀门端盖。

④ 处理故障时，窑应处于慢转状态，以防窑体变形。随时通知有关岗位注意安全，防止冲料，造成人员烧伤。特别注意冷却机及地下熟料链斗输送机处的人员安全问题。

⑤ 清理前，捅料孔以下部位所有观察门孔必须关闭。

⑥ 利用压缩空气吹堵法。采用该方法时，处理人员必须穿戴安全防护服装和手套，且一定要将捅料杆插入预热器内部或物料的深处后，才能开启压缩空气进行处理。

⑦ 采用放水炮的方法处理。采用该方法时，要将捅料铁管（头部多开些$\phi5\sim\phi8$mm 小孔或砸扁）插入堵料的深处，并将管子进行必要的固定。管子的另一端安耐压橡胶软管并接高压水阀（切记不能让水流进金属管），等所有人员撤离现场到安全处后，迅速打开高压水阀，即可完成放水炮的过程。可以根据情况反复进行放水炮，直至清除堵料为止。

⑧ 可购买专业的高压“水刀”进行清堵作业。

342. 篦冷机堆雪人或入料口堵塞的原因有哪些？应如何进行操作调整和处理

（1）篦冷机堆雪人或入料口堵塞的原因

① 配料不当，熟料 n 值高，Al_2O_3 含量高；

② 煤灰分高；

③ 烧成带温度高，冷却带太短或没有冷却带，造成二次烧结；

④ 火焰变形物料产生不完全燃烧；

⑤ 有前结圈；

⑥ 高压冷却风机的风压、风量不够；

⑦ 熟料结大块，结蛋或掉大块窑皮；

⑧ 篦床故障停车而窑仍运转下料；

⑨ 预热器塌料或清理堵塞时突然垮落冲料。

（2）操作调整和处理方法

① 配料适当降低 n 率值，并增加 Fe_2O_3 含量；

② 窑头减煤适当，降低烧成带温度；

③ 调整火焰形状及位置，防止煤粉掺入熟料；

④ 适当提高窑速，缩短物料在烧成带停留时间；

⑤ 烧掉前圈；

⑥ 增大冷却风量；

⑦ 启动空气炮，将物料爆开；

⑧ 提高篦床速度，适时根据余风温度启动喷水装置，以控制进电收尘器余风温度；

⑨ 加强窑的操作，防止窑不正常运转；

⑩ 停窑，从冷却机侧部清理检查口，及时进行人工捅料排除。清理过程中禁止放空气炮。

343. 煤灰高时如何减少结后圈

在使用高灰分的煤时，应采取以下措施，以减少或杜绝结后圈。

（1）压低煤粉细度，减少水分，以加速煤粉燃烧。

（2）在不影响煅烧和不使尾温下降较多的情况下，尽力采用较短的火焰，以达火力集中，烧成带温度较高，煤粉燃烧较快的目的。

（3）定时活动煤管，不断改变火焰位置，防止煤灰集中沉降。

（4）注意用煤量不能过多，保证煤粉完全燃烧。

（5）改变配料方案，降低熔煤矿物含量，适当提高硅酸率。

（6）发现有厚窑皮现象，应及时采取措施，把它处理掉，以防形成后结圈。

344. 窑跑生料的原因与操作处理

窑出现跑生料的现象，主要是对系统操作过程的掌握和对系统偏离正常生产要求（回转窑的工作电流趋势图及烧成系统各控制温度趋势图）时没有及时发现或判断失误造成的。因此，作为中控室的操作人员，在生产控制过程中应做到“勤于观察，善于思考，迅速处理”。跑生料的具体原因与对应操作如表 2-2 所示。

表 2-2　跑生料的具体原因与对应操作

跑生料的原因	对应操作
（1）对于一定生料喂料量，用煤量偏少，热耗控制偏低，煅烧温度不够	加大喷煤量，加大系统通风
（2）结圈或大量窑皮脱落，来料量突然增大，而操作人员不知道或没注意，用煤量和窑速没有及时调节或判断有误	降低窑速，加大窑头喷煤量，必要时须降低窑喂入生料量，待窑况正常再恢复正常操作
（3）分解炉用煤量偏小，入窑生料分解率偏低，窑用煤量较多，但窑内通风不好，烧成带温度提不起来	增加分解炉喷煤量，必要时须降低窑喂入生料量，待窑况正常后再恢复正常操作，并保证合理的燃比（窑头喷煤量：窑尾喷煤量）
（4）回转窑产量在偏低范围内运行，致使预热器系统塌料频繁发生	在窑况较强时，提高窑速系统通风及喷煤量、窑产量，迅速越过低产不稳定塌料区，尽量使烧成系统在满负荷状态下运转

345. 熟料过烧或烧流的原因与操作处理

窑出现熟料过烧或烧流主要是对系统操作过程的掌握和对系统偏离正常生产要求（回转窑电流趋势及各控制点温度趋势）时没有及时发现或是出现判断失误。

熟料过烧时，窑内颜色白亮，物料发黏“出汗”呈面团状，物料被带起高度比较大，物料烧熔的部位，窑皮甚至耐火砖磨蚀；窑电动机电流较高，而烧流现象严重时，窑电流会突然下降，所以需要操作员判断准确。具体原因及操作处理如表 2-3 所示。

表 2-3　熟料过烧或烧流的原因及操作处理

熟料过烧和烧流的原因	对应的操作处理
（1）用煤量过多，烧成温度太高	若过烧状况不严重，适当降低窑头煤，提高窑速；若出现烧流现象，则须大幅降低窑头煤量，提高窑速。使后面温度较低的物料迅速进入烧成带以缓解过烧。但操作员应在窑头注意观察，避免跑生料
（2）熟料 KH 值和 n 值偏低，Al_2O_3 和 Fe_2O_3 含量偏高	根据煤质适当调整生料率值及液相量
（3）生料均化不好，化学成分波动过大，或者生料细度太细，致使物料易烧结	加强均化，控制生料细度在合理范围内，并保证煤质的稳定
（4）窑灰搭配不合理，瞬间掺入比例太大	严格控制窑灰的配比以保证入窑生料的稳定

346. 简述窑内“结蛋”现象、原因与处理方法

（1）窑内“结蛋”时较明显的现象

① 火焰短粗且不稳定，窑内气流不畅。

② 窑尾温度降低，窑尾负压波动较大。

③ 窑头负压降低且波动增大。

④ 烧成带来料不均匀，且波动大。

⑤ 窑电动机电流增加。

（2）窑内出现“结蛋”的原因

① 生料成分不合适，石灰石饱和比过低和硅酸率过低，形成过多的液相量，在分解炉温度、窑尾煅烧温度火焰控制和窑速不合适的情况下，易形成“结蛋”。一般预分解窑控制 $Al_2O_3+Fe_2O_3<9\%$，液相量 24%左右，$SiO_2>22\%$，$n>2.50$，若配料中 Al_2O_3、Fe_2O_3 含量高，SiO_2 含量低，则为窑内结蛋提供了条件。

② 煤的细度过粗、灰分过高以及喷煤嘴的位置、火焰形状控制不当，也易造成窑内“结蛋”。当窑内通风不良时，会造成煤粉不完全燃烧，煤粉跑到窑的

后部燃烧，液相提前出现，易造成窑内“结蛋”。另外，煤粉粗、灰分高时，容易引起煤灰与生料混合不均匀，当窑尾温度过高时，窑后物料出现不均匀的局部熔融，成为形成“结蛋”的核心，造成“结蛋”现象。

③ 入窑生料中有害成分过多，则它们的挥发率越高系统中富集程度越高，结蛋结皮的特征矿物（如钙明矾石 $2CaSO_4 \cdot K_2SO_4$，硅方解石 $2C_2S \cdot CaCO_3$）生成的机会也越多，窑内出现结蛋的可能性就越大。一般预分解窑生料中 $R_2O<1.0\%$，$Cl^-<0.015\%$，灼烧基硫碱摩尔比控制在 0.5～1.0，燃料中控制 $SO_3<3.0\%$。

④ 窑的热工制度控制不稳定，开、停窑频繁，加上喂料喂煤不稳定，系统塌料严重，导致窑内工况变化较大，即高低温起伏较大，窑内容易出现“结蛋”情况。

(3) 防止或减少窑内“结蛋”的方法

合理调整生料率值，严格控制入窑生料的有害成分和煤粉质量，提高入窑生料的均匀性，保证各计量设备运转稳定性。窑操作员应该精心操作，把握好风、煤、料和窑速的合理匹配，稳定烧成系统的热工制度。

347. 窑内结圈时的现象、原因及预防措施

(1) 窑内结圈时的现象

① 窑口前结圈，在窑头很容易观察到，严重时影响窑内通风。

② 窑内熟料圈或后结圈形成时：

a. 窑头火焰短粗，火焰前部白亮但发浑，窑内气流不畅，火焰受阻伸不进窑内，窑前温度升高，窑筒体表面温度也升高；

b. 窑尾温度降低，窑尾负压明显上升；

c. 窑头负压降低，并频繁出现正压发生倒烟现象；

d. 烧成带来料不均匀，波动大；

e. 窑主机电流增高；

f. 结圈严重时窑尾密封圈出现漏料；

g. 测窑体温度时，结圈处明显温度偏低。

(2) 窑内结圈的原因

① 窑生料成分波动大，喂料量不稳定

当生料的 KH 值高时，窑内物料松散不易烧结，熟料 f-CaO 高，喂料量大时需加煤提高烧成温度，有时还要降低窑速；而遇到低 KH 值料或料量少时，若操作上不能及时调整，成带温度偏高，物料过烧发黏易形成长厚窑皮，进而产生熟料圈。

② 入窑生料中有害成分的影响

结圈料中，$CaO+Al_2O_3+Fe_2O_3+SiO_2$ 含量偏低，而 R_2O 和 SO_3 含量偏高，生料中的有害成分在熟料煅烧过程中先后分解、气化和挥发，在温度较低的窑尾

凝聚黏附在生料颗粒表面，随生料一起入窑，容易在窑后部结成硫碱圈。在入窑生料中，当 MgO 值和 R_2O 值都偏高时，R_2O 在 MgO 引起结圈过程中充当“媒介”作用，形成镁碱圈。

③ 煤粉质量的影响

灰分高、细度粗、水分大的煤粉着火温度高，燃烧速度慢，黑火头长，容易产生不完全燃烧，煤灰沉落也相对比较集中，就容易结熟料圈。另外，喂煤量的不稳定，使窑内温度忽高忽低，也容易产生结圈。

④ 一次风量和二次风温度的影响

喷煤嘴的内流风偏大，若二次风温偏高，则煤粉一出喷煤嘴即着火，燃烧温度高，火焰集中，烧成带短，而且位置前移，容易产生窑口圈。

（3）窑内结圈的预防措施

① 调整合理的配料方案，稳定入窑生料成分。当窑上经常出现结圈时，应适当提高 KH 值或 n 值，减少熔剂矿物的含量对防止结圈有利。但高 KH 值、高 n 值的生料难烧，f-CaO 高，对保护窑皮和熟料质量不利。一般来讲，烧较高 KH 值和相对较低的 n 值或较高的 n 值和相对较低的 KH 值的生料都比较好烧，又不容易结圈。

② 减少原燃料带入的有害成分，严格控制黏土中的碱含量及煤中的硫含量。

③ 严格控制煤粉细度、水分，确保煤粉充分燃烧。

④ 控制好喷煤嘴的火焰形状，确保风、煤混合均匀并有一定的火焰长度；经常移动喷煤管，改变火点位置。

⑤ 提高窑的快转率。稳定烧成系统的热工制度，在保持喂料喂煤均匀、加强物料预烧的基础上尽量加快窑速。采取薄料快转，长焰顺烧，提高快转率。

⑥ 确定一个经济合理的窑产量指标。当窑产量超过一定限度以后，由于系统抽风能力所限致使煤灰在窑尾大量沉降并产生还原气氛，而加大拉风，则使窑内气流断面风速增加，火焰拉长，液相提前出现，这都容易形成熟料圈。

348. 简述窑前圈的处理方法

前圈不高时，一般对窑操作影响不大，不用处理。但当前圈太高时，既影响看火操作，又影响窑内通风及火焰形状。熟料长时间在窑内滚不出来，容易损伤烧成带窑皮，甚至磨蚀耐火砖，这时应将喷煤管往外拉，调整好用火和用煤量，要及时处理。

（1）如果前圈离窑下料口比较远，则一般系统风、煤、料量可以不变，把喷煤管往外拉出一定距离，可以把前圈烧垮。

（2）如果前圈离下料口比较近，并在喷嘴口前则将喷煤嘴往里伸，使圈体温度下降而脱落。

如果圈体不垮，则按下面两种方法处理：

① 把喷煤管往外拉出，同时适当增加内流风和二次风温度，这样可以提高烧成温度，使烧成带前移，把火点落在圈位上。一般情况下，圈能在2～3h内逐渐被烧掉，但在烧圈过程中应根据进入烧成带料量多少，及时增减用煤量和调整火焰长短，防止损伤窑皮或跑生料。

② 如果用第一种方法无法把圈烧掉时，则把喷煤管向外拉出并把喷嘴对准圈体直接烧，待窑后预烧较差的物料进入烧成带后，火焰会缩得更短，前圈将被强火烧垮。采用这种处理方法，由于喷煤管拉出过多，生料黑影较近，窑口温度很高，所以窑操作员必须在窑头勤观察，出现问题及时处理。

349. 红窑或掉砖的原因与处理方法

（1）窑出现烧红现象的原因

① 配料或操作不当，导致窑皮挂得薄厚不均或脱落；

② 窑衬质量或镶砌质量不佳，窑衬损坏或侵蚀变薄未及时更换；

③ 轮带与垫板磨损严重，间隙过大，使筒体径向变形增大；

④ 筒体中心线不直；

⑤ 筒体部分热变形，内壁凹凸不平，造成耐火砖脱落。

（2）相应的处理方法

① 加强配料工作及煅烧操作控制，以稳定窑皮；

② 选用高质量的窑衬，提高镶砌质量，严格掌握窑衬使用周期，及时检查砖厚，及时更换侵蚀损坏的窑衬；

③ 严格控制烧成带附近轮带与垫板的间隙，间隙过大时，要及时更换垫板或加垫调整：为防止和减少垫板间长期相对运动所产生的磨损，在轮带和垫板间加润滑剂；

④ 定期校正筒体中心线，调整托轮位置；

⑤ 做到红窑必停，对变形过大的筒体及时修理或更换。

350. 窑头一次风机跳停时的操作

如果窑头一次风机跳停，则首先确认能否立即启动备用风机。如果能则恢复正常操作；如果不能就进行停窑操作，查明故障原因，进行修理。

351. 窑头喷煤系统跳停时的操作

如果窑头喷煤系统跳停，则降低窑喂入量30%～40%，降窑速30%～50%，降篦速及篦冷风机风量。如果窑头喷煤系统能在5min内恢复运转，则恢复正常操作；如果不能则进行停窑操作，查明原因，清除故障。

故障原因分析：

（1）喂煤系统机械故障或卡死；

（2）煤粉计量系统或输送系统故障；

（3）罗茨风机故障；

（4）锁风或收尘系统故障，煤粉流动不畅。

352. 窑尾喷煤系统跳停时的操作

如果窑尾喷煤系统跳停，则降窑速30%～40%，降喂料量30%～50%，降篦速，降篦冷风机风量。如果窑尾喷煤系统能在5min内恢复运转，则恢复正常操作；如果不能则进行停窑操作，查明原因，清除故障。

故障原因分析：

（1）喂煤系统机械故障或卡死；

（2）煤粉计量系统或输送系统故障；

（3）罗茨风机故障；

（4）锁风或收尘系统故障，煤粉流动不畅。

353. 冷却机篦床跳停时的操作

如果一段篦床跳停，则进行停窑操作，查明原因清除故障。如果二、三段篦床跳停，则降窑速30%～40%，降喂入量30%～40%。如果篦床能在5min内启动则恢复正常操作；如果不能，则进行停窑操作，查明原因，清除故障。

故障原因分析：

（1）篦床变形，掉篦板，导致篦床推动功率大，造成跳停；

（2）篦床熟料过厚，造成篦床压死跳停；

（3）熟料锤破入口堵塞；

（4）电气故障；

（5）拉链输送机故障或排料阀故障，漏料堵塞风室。

354. 冷却机风室堵死的现象、操作与原因分析

（1）冷却机风室堵死的现象：

① 冷却机篦下压力增高；

② 风室内风温升高。

（2）如果确认冷却机风室堵死，则进行停窑操作，分析原因，清除故障。

（3）故障原因分析：

① 排料阀故障；

② 篦板磨损严重，漏料太大、太多；

③ 拉链输送机故障，停机时间太长。

355. 冷却机篦床上出现“红河”的现象、操作与原因分析

（1）“红河”现象

① 篦板局部温度高；

② 冷却机出料温度高。

（2）原因分析

① 熟料粗细分布不匀，粗料侧冷风量大，细料侧风量小；

② 篦床速度太快，料层较薄，形成吹穿现象。

(3) 操作处理

① 降低各段篦速，增加合理调配各段冷却风量；

② 停机检修时调整分流盲板，予以改善。

356. 篦板温度偏高的原因分析与操作方法

(1) 篦板温度高的原因

① 篦板脱落或篦缝较宽，漏料比较严重；

② 料烧成状况不良，颗粒过细；

③ 篦床上出现“红河”现象；

④ 篦床速度过快，料层过薄；

⑤ 干窑皮垮落或篦床堆料，无法及时冷却；

⑥ 风室冷却风量过大，或料层较薄，熟料层被吹穿；

⑦ 风室冷却风量过小，不能充分冷却熟料。

(2) 操作方法

① 检修时更换磨损的篦板；

② 提高窑头温度，控制熟料硅率值不宜过大；

③ 根据篦床，若料层过薄，可以适当降低篦床速度；

④ 如果风室风量过大，熟料层衬吹穿，则减少该风室风量，适当减慢篦速；

⑤ 如果风室风量过小，不足以冷却熟料，则开大该风室风量，适当提高篦速。

357. 冷却机出料温度偏高的原因与对策

(1) 温度偏高的原因

① 冷却风量不够；

② 篦床速度过快，熟料冷却后移；

③ 各风室风量匹配不合理；

④ 篦床出现“红河”或熟料结大块，掉窑皮。

(2) 相应对策

① 适当增加部分风室的风量，达到匹配合理；

② 适当减慢篦速；

③ 保证配料合理，烧成状况稳定；

④ 对篦床“红河”现象进行相应的处理。

358. 冷却机风机停车时的操作与原因分析

(1) 停车时的操作

① 如果冷却机高温段风机停车，则进行停窑操作，分析原因，清除故障，避免篦板烧损；

② 如果冷却机低温段风机停车，则降低喂入量30%～40%，降窑速30%～40%，调整其他室风机风量，分析原因，清除故障。

（2）故障原因分析

① 风机润滑不良或轴承磨损；

② 传动皮带断裂；

③ 电动机故障。

359. 窑头收尘器引风机跳停的操作与原因分析

（1）跳停时的操作

如果窑头收尘器引风机跳停，则降低喂入量50%，降窑速50%，调整冷却风机风量，保持窑头负压。若需较长时间修理或无法保证窑头负压，则进行停窑操作。

（2）故障原因分析

① 风机润滑或轴承不良；

② 风机振动大或机械故障；

③ 系统漏风大，风机超负荷；

④ 电气故障。

360. 计划停窑时的操作与注意事项

计划停窑（如需要检修等）时，应先做好停窑计划和检修计划，并注意：

（1）按停窑计划逐步减料、减煤、减风，直至断料停窑；

（2）长期停窑应将煤粉仓和生料称重仓的料用光，以防煤粉自燃或爆炸；

（3）停窑时窑内降温速度应和升温速度相同（30～50℃/h），转窑频度按升温时的频度即可，若长期停窑，还应按规定定期盘窑；

（4）按正常停窑和检修计划，对设备及工艺系统进行检查（包括烧成系统的耐火材料）；

（5）在对回转窑预热器内部进行检查时，注意内部是否有大量物料堆积，及时清除，以防塌料造成安全事故。

361. 事故停窑时的操作与注意事项

（1）事故停窑时，窑内温降速度应为30～50℃/h，按升温时转窑频度进行转窑，停电则应采用备用电源。

（2）窑头、窑尾喷煤风机在将管道内煤粉冲吹干净后再停止。

（3）一次风机在喷煤嘴逐渐冷却后再停止，并逐步将喷煤嘴抽出。

（4）注意煤粉仓及煤粉系统各点温度变化，若有异常及时处理。

（5）中控室操作员与现场紧急抢修人员及时沟通，确保工作安全。

362. 安全操作联锁设置的意义

安全操作联锁的意义主要是为了防止主机设备因轴承温度高、瓦温高造成较大的设备损坏，预热器压力联锁主要防止预热器堵塞，设备跳停联锁主要防止下一级设备故障停机时，上一级设备不能及时停机造成上一级设备损坏或出现溢料压死等事故，辅机设备与主机设备的联锁主要是防止因辅机设备出现故障时，造成主机设备损坏造成更大的损失。

363. 高温风机跳停时的操作与原因分析

原因：跳闸或现场停车。现象：窑头出现返火、正压现象。

操作处理：

(1) 将窑尾生料喂料量设定为零，停止向窑内喂料；

(2) 分解炉立即停止喂煤；

(3) 打开高温风机进风口冷风阀；

(4) 窑头喂煤量逐渐减小至一定程度；

(5) 逐渐减小回转窑转速和篦冷机篦床速度；

(6) 对高温风机进行检查和修复。

364. 窑尾废气风机跳停时的操作与原因分析

原因：跳闸或现场停车。现象：高温风机至窑尾废气风机间风管往外冒烟。

操作处理：

(1) 将窑尾生料喂料量设定为零，停止向窑内喂料；

(2) 分解炉立即停止喂煤；

(3) 立即停高温风机，使用慢转驱动装置；

(4) 窑头喂煤量逐渐减小至一定程度；

(5) 逐渐减小回转窑转速和篦冷机篦床速度；

(6) 对窑尾废气风机进行检查和修复。

365. 入窑回转下料器跳停时的操作与原因分析

止料，止尾煤，根据实际情况调整高温风机转速和调整窑速，适当降低头煤，通知巡检电工、机修工马上处理。

原因分析：①异物卡死；②尼龙棒断裂导致联锁跳停；③电动机故障；④电气故障。

366. 入窑斗提跳停时的操作与原因分析

复位后开启提升机，若开启不了，立即进行停窑操作。提升机跳停一般分为：①电气故障；②料斗脱落；③料斗带撕裂；④下料口堵塞；⑤料量过多。

367. 冷却机的破碎机跳停时的操作与原因分析

(1) 冷却机的破碎机跳停时的操作

冷却机的破碎机跳停，按联锁操作篦冷机的最后一段篦床停车，若破碎机

10min之内不能开启则进行减料、减煤、减窑速等停窑操作。

（2）冷却机破碎机跳停的原因

① 异物堵塞；

② 轴承磨损，或润滑油加注不及时；

③ 机械故障；

④ 电气故障。

368. 冷却机出口链斗机跳停时的操作与原因分析

（1）链斗机跳停时操作

冷却机出口链斗机跳停，按联锁操作篦冷机的最后一段篦床停车，若链斗机10min之内不能开启，则进行减料、减煤、减窑速等停窑操作。

（2）链斗机跳停原因

① 出口堵塞；

② 液力耦合器油温高，保险烧熔；

③ 其他机械故障（链斗脱落等）；

④ 电气故障。

369. 紧急停电时的备用电源应具备哪些功能

备用电源应具备以下功能：

（1）保证中控室的操作电源；

（2）驱动窑慢转电动机；

（3）驱动高温风机慢转电动机；

（4）驱动篦冷机一室冷却风机；

（5）驱动篦冷机一段传动电动机；

（6）驱动喷煤嘴一次风机。

370. 何为空气的基准状态与标准状态

空气的基准状态与标准状态如表2-4所示。

表2-4 空气的基准状态和标准状态

	温度（℃）	大气压（mmHg）	湿度（%）	密度（kg/m^3）
基准状态	0	760	0	1.293
标准状态	20	760	65	1.2

371. 烧成操作中窑电流变化的原因分析与操作方法

（1）窑电流逐渐升高（图2-1）

原因：窑内略有过烧，窑况变强。

操作方法：提高窑速，降低喷煤量或提高生料喂入量。

(2) 窑电流逐渐降低（图 2-2）

原因：窑况变弱。

操作方法：降低生料喂入量，增加喷煤量，降低窑速。

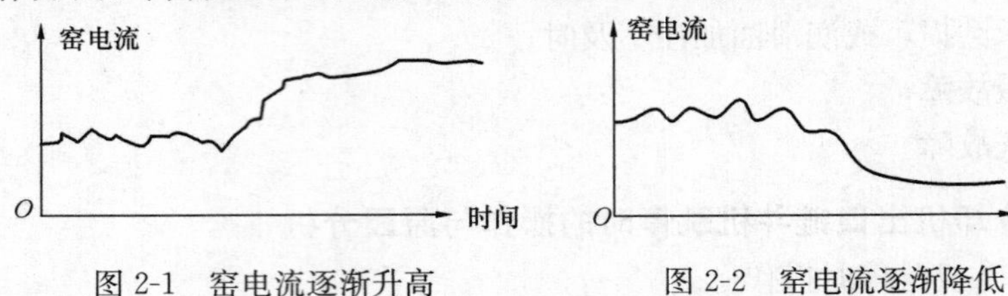

图 2-1　窑电流逐渐升高　　图 2-2　窑电流逐渐降低

(3) 窑电流突然升高，然后突然下降（图 2-3）

原因：窑况过强，出现烧流现象。

操作方法：① 大幅降低窑头喷煤量，提高窑速；

② 注意观察窑头状况，窑况变弱前增加喷煤量；

③ 增加篦冷机高温冷却风机风量。

(4) 窑电流缓慢升高（图 2-4）

原因：火焰偏长，长厚窑皮。

操作方法：注意调短火焰。

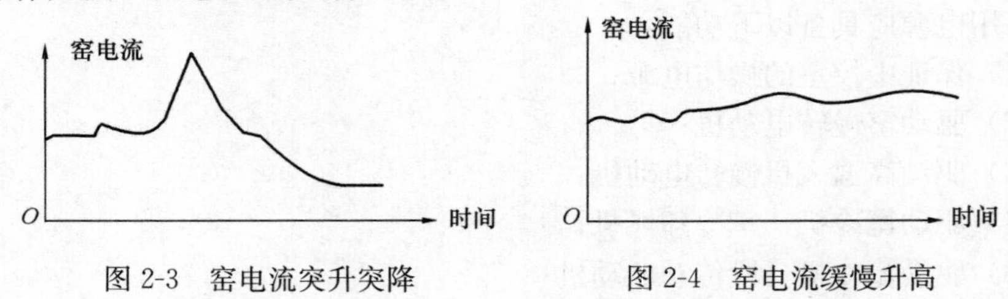

图 2-3　窑电流突升突降　　图 2-4　窑电流缓慢升高

(5) 窑电流缓慢升高且有突然波动（图 2-5）

原因：部分小窑皮脱落，填充率增加。

操作方法：注意观察电流变化，略加喷煤量并注意篦冷机及破碎机的电流。

(6) 窑电流突然升高很多，然后逐渐下降（图 2-6）

原因：有大块窑皮脱落。

操作方法：降窑速，增加喷煤量，降低生料喂入量。

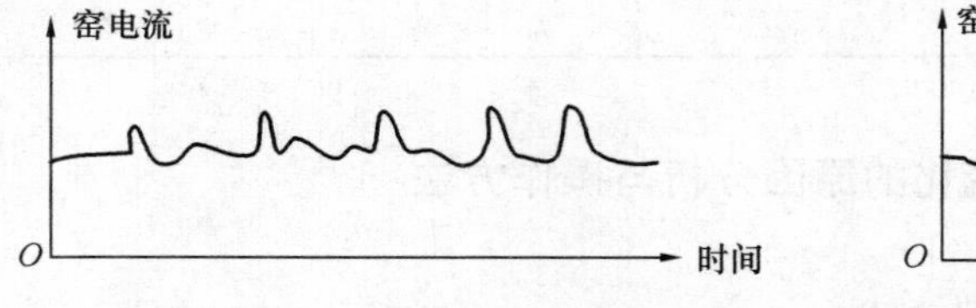

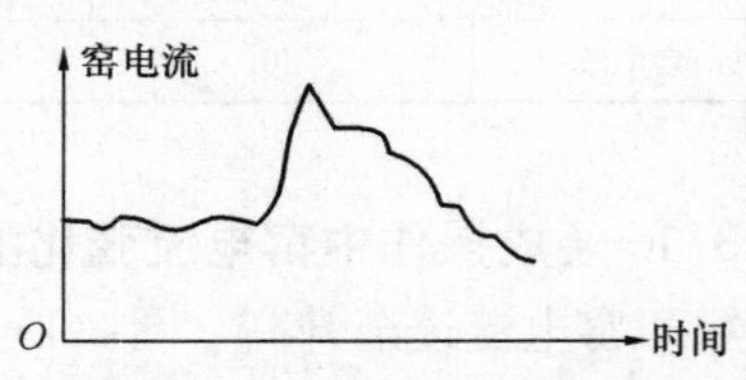

图 2-5　窑电流缓慢升高且有突然波动　　图 2-6　窑电流突然升高很多后逐渐下降

（7）窑转一圈电流差逐渐变小（图 2-7）
原因：窑内窑皮部分脱落，窑皮变得均匀。
操作方法：可保持原操作，注意观察进一步的电流变化。
（8）窑转一圈电流差变大（图 2-8）

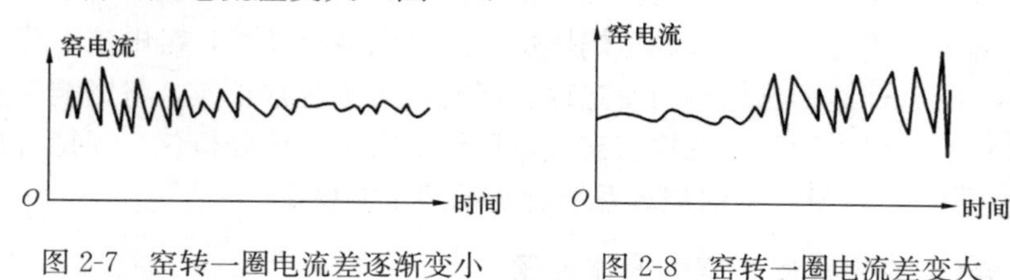

图 2-7　窑转一圈电流差逐渐变小　　图 2-8　窑转一圈电流差变大

原因：部分窑皮脱落，窑皮变得不均匀。
操作方法：可保持原操作，注意观察进一步的电流变化。

372. 入窑生料 *HM* 值（*HM*，二水硬率）变化与窑的操作

（1）生料 *HM* 值由高向低变化是因生料易烧而使窑电流升高。此时操作上采取措施，提高窑速、增加生料喂料量、降低喷煤量，使窑电流降到合理的程度。若还保持以前的高电流则可能过烧（图 2-9）。

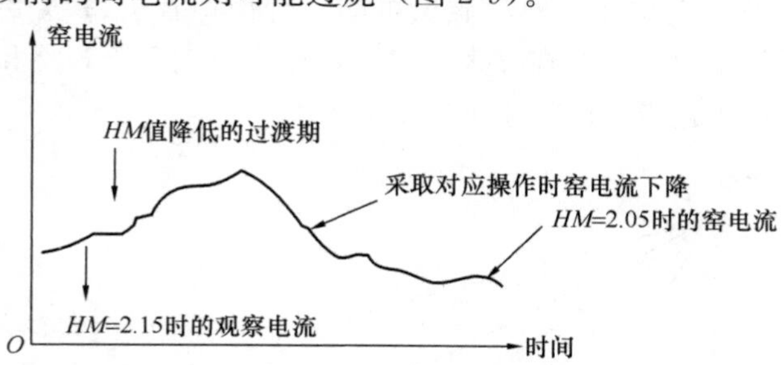

图 2-9　生料 *HM* 值由高向低变化

（2）生料 *HM* 值由低向高变化时因生料易烧性差而使窑电流下降。此时操作上采取减少生料喂料量，降低窑速，增加喷煤量，使窑电流上升到合理的程度。若还保持以前的低电流，则窑况就会变弱，熟料 f-CaO 高（图 2-10）。

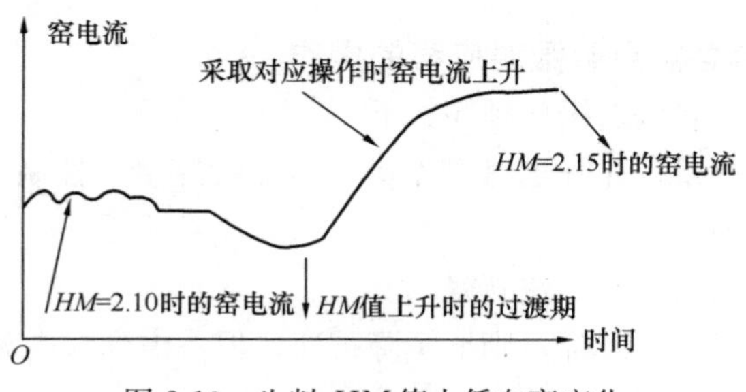

图 2-10　生料 *HM* 值由低向高变化

373. 窑内负压变化与窑的操作

（1）窑内负压过大时会造成长焰燃烧，最高温度点内移，窑电流上升，严重时熟料的立升重下降，影响熟料的质量。此时注意检查窑头负压计及窑尾气体分析仪，保持合理稳定的窑头负压，确保窑况恢复正常。

（2）窑头负压过小时会造成短焰燃烧，最高温度点外移，窑电流下降。此时熟料的 f-CaO 上升，影响熟料的安定性。同时，由于时常正压，将影响窑头设备及耐火材料的使用寿命。注意检查窑头负压计及窑尾气体分析仪，保持合理稳定的窑头负压和 O_2 含量，确保烧成系统稳定的热工制度。

374. 窑内掉大窑皮时窑的操作要领

窑内掉大窑皮时对窑况影响较大，此时应采取合理操作方法以保证窑况尽快恢复正常。

具体操作方法应是：减少生料喂入量、降窑速、增加喷煤量，但是把握合理的操作量尤为重要。

经过相应操作后，窑电流按 C 线变化最为合理；若按 D 线变化，则窑况偏强；若按 E 线变化，则窑内过烧，有烧流的危险，同时可能会损伤窑皮或窑衬；若按 B 线变化，则窑况偏弱，熟料质量可能不合格；若按 A 线变化，则会跑生料，造成工艺质量事故。因此在掉大窑皮时，操作员应勤于观察和思考，把握合理的操作量，避免工艺事故的发生（图 2-11）。

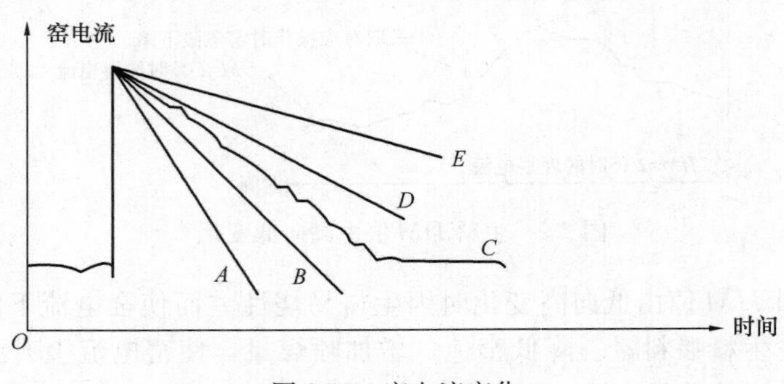

图 2-11　窑电流变化

375. 如何结合各重点参数对应窑的操作

对应各参数变化趋势，操作顺序如下：

（1）为了补足热量，先降生料喂入量，增加喷煤量，控制 C_5 下料管物料温度为 $T_2(T+X_1℃)$。

（2）降低窑速以阻止窑电流下降。

（3）若窑电流进一步下降，则继续降窑速，但考虑到窑内充填率的问题，注意调整生料喂入量。

(4) 当热量不足的熟料进入冷却机，则二次风温下降。此时应注意预热器的温度，若预热器温度下降，则降低生料喂入量，保持 T_2 温度。

(5) 当窑电流上升，二次风温上升开始时，逐步提高窑速。另外，如果窑电流上升较快，而二次风温还较低，此时也应逐步提高窑速。

(6) 二次风温上升时，生料喂入量增加，喷煤量减少，控制预热器温度为 T_3($T+X_2$℃)。

(7) 当窑电流接近正常时，生料喂入量增加，喷煤量减少，控制预热器温度恢复到 T。

结合各重点参数对应窑的操作，如图 2-12 所示。

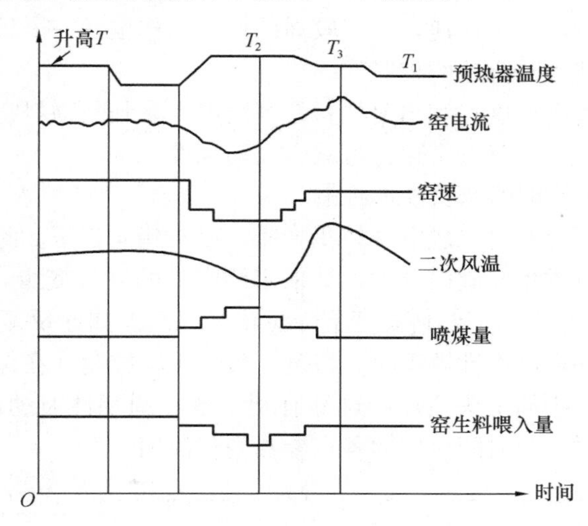

图 2-12　结合各重点参数对应窑的操作

376. 窑况周期性波动时的操作

在窑的运转中，预热器温度、窑电流、出窑熟料温度、二次风温有规律性的波动，这种现象称为窑况周期性波动。这种现象常常是风量不足、生料在预热器内短路、原燃料成分或计量波动、冷却机吹穿所引起的。

(1) 窑况周期性波动的种类

① 预热器温度、窑电流不变，出窑熟料温度周期性波动；

② 窑电流不变，预热器温度、出窑熟料温度周期性波动；

③ 预热器温度不变，窑电流、出窑熟料温度周期性波动；

④ 预热器温度、窑电流、出窑熟料温度全部周期性波动。此现象最为常见。

(2) 解除周期性波动的方法

① 把握二次风温的波动量，决定生料喂料量、喷煤量的增减量；

② 窑电流上升时，把握二次风温、预热器温度的下降量；

③ 通常讲，窑电流升高时应增加生料喂入量，减少喷煤量，而在周期性波动时应反向操作；

④ 要想解除窑况的周期性波动，必须保证预热器温度、窑电流、出窑熟料温度、二次风温稳定。这里最容易控制温度的是预热器的温度，具体操作如下：

a. 由二次风温的波动量决定操作量；

b. 通过观察预热器温度上升、下降的起始点决定操作的起始点；

c. 采取调整操作后，再次确认二次风温的变化量，以确定下一步的操作幅度。

（3）周期性波动时冷却机的操作

周期性波动时应稳定篦速，保持较高的篦压操作也是一个较好的调整方法。

（4）周期性波动时窑速的控制

通过预热器最高温度点和出窑熟料最高温度点来判断物料窑内通过时间。若比正常时短，则应适当降低窑速，可减轻波动幅度。

（5）周期性波动时窑头负压的控制

出窑熟料温度上升时二次空气体积膨胀，窑头趋向正压。此时窑头负压若自动控制，则冷却机收尘器阀门开大，结果窑侧吸入的空气变少，窑尾 O_2 含量下降，严重时出现 CO；出窑熟料温度下降时正好相反。如此反复会加剧窑况的周期性波动，因此处理周期性波动时，将窑头负压手动控制，在保证窑头不喷出的情况下尽量保持较小的窑头负压，这样有利于解除周期性波动。图 2-13 所示为窑况周期性波动时，与时间对应的各点参数变化简图。

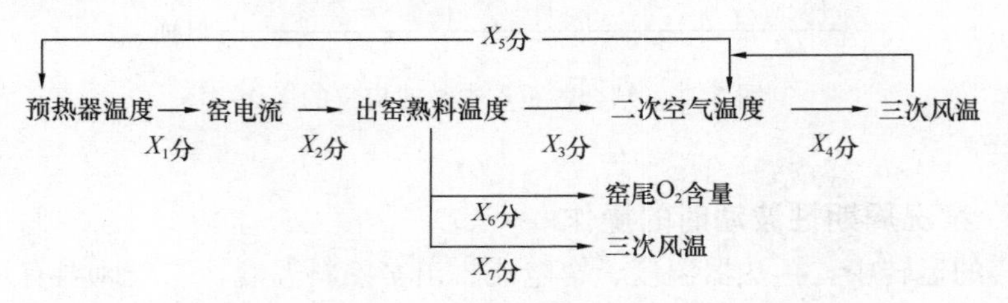

图 2-13　窑况周期性波动时的各点参数变化

377. 熟料质量（f-CaO 和立升重）变化时的原因分析与对应操作

（1）f-CaO 高（表 2-5）

表 2-5　f-CaO 高的原因分析和对应操作

原因分析	对应操作
窑况弱	采取强烧操作
高温保持时间短、火焰过短	① 考虑到立升重的情况下调长火焰； ② 将喷煤嘴内伸

续表

原因分析	对应操作
高温保持时间长，但烧成带温度低	① 长焰调成短焰； ② 煤嘴外拉； ③ 调低窑头负压（趋向“0”）； ④ 适当增加窑侧喷煤量

（2）f-CaO 低，立升重也低（表 2-6）

表 2-6　f-CaO 低，立升重也低的原因分析和对应操作

原因分析	对应操作
高温保持时间过长	① 喷煤嘴外拉； ② 调低窑头负压（趋向“0”）； ③ 调短火焰； ④ 降低窑侧燃料比率，改善窑侧燃烧状况； ⑤ 提高煤粉细度
窑内过烧	逐渐降低喷煤量，烧成带前移
n 值高	拉制生料率值

（3）f-CaO 高，立升重也高（表 2-7）

表 2-7　f-CaO 高，立升重也高的原因分析和对应操作

原因分析	对应操作
高温保持时间过短	① 火焰过短时调长火焰； ② 喷煤嘴内伸； ③ 增加窑侧喷煤量
窑内负压不足	增加高温风机排风量，若达到高限则降生料喂入量

（4）f-CaO 及立升重标准，但熟料强度低（表 2-8）

表 2-8　f-CaO 及立升重标准，但熟料强度低的原因分析和对应操作

原因分析	对应操作
短焰过烧，烧成带温度上升，液相增多，突然急冷，熟料玻璃化	调整窑内热工状态，适当调整火焰形状、喷煤嘴位置及喷煤量

378. 熟料是褐色的原因分析与操作对象

（1）褐色的原因

① 过剩空气不足、烧成不足致使 Fe^{2+} 增加；

② 窑头温度过高，窑内氧化冷却带没有，Fe^{2+} 氧化困难。

（2）对应的操作

① 保持合理的过剩空气率（m 值）。

② 调整火焰以防火焰打在熟料上。

③ 注意控制窑头温度，喷煤嘴适当内伸，以保证窑口有足够的冷却带。

379. 简述稳定窑头负压的意义

（1）稳定窑头负压可防止热风或熟料颗粒从窑头罩喷出，造成安全事故。

（2）窑头罩的负压稳定，可以保证喷煤嘴的火焰稳定，同时可保护窑头耐火材料。

（3）可减少漏风量，降低热耗。

380. 如何通过火焰颜色判断窑内温度

火焰颜色对应温度高低变化：

温度低——————→温度高

暗红→红→红黄→黄→黄白→白→亮白

381. 简述窑电动机电流高的原因分析与处理方法

窑电动机电流高的原因分析与处理方法如表 2-9 所示。

表 2-9　窑电动机电流高的原因分析与处理方法

窑电动机电流高的原因	处理方法
① 窑速太低，窑内物料填充率高	提高窑速，降低填充率
② 窑用煤量比例大，控制热耗高	调解窑炉燃料比率，降低热耗
③ 窑皮厚长	调整火焰、喷煤嘴，缩短火焰
④ 窑内结圈	采取烧圈操作
⑤ 窑内掉大量窑皮	采取应急操作，电流自动下降
⑥ 窑传动齿轮和小齿轮润滑不好，传动阻力增加	加强润滑
⑦ 轮带和托轮接触不好，托轮调整不良	重新调整托轮
⑧ 窑筒体弯曲	调整窑凸起部，转到上方略停留适当时间，即可校正
⑨ 窑尾末端与下料斜坡太近，运行中产生摩擦	检修时调整不良接触位置
⑩ 窑头、窑尾密封装置活动件与不活动件接触不良，增加阻力	检修时修复
⑪ 电动机故障	检修电动机

382. 窑主电动机电流偏低的原因分析

（1）窑况弱，烧成带温度低。

（2）窑产量低，窑速较快，窑负载轻。

（3）烧成带窑皮较薄，而且比较平整。

（4）生料易烧，火焰较短。

383. 窑尾或预热器出口 CO 含量高的原因分析

（1）系统排风不足，控制过剩空气系数偏小（m 值小）。

（2）煤粉粗，水分高，燃烧速度慢。

（3）喷煤嘴内流风偏小，煤风混合不好。

（4）二次风温或烧成带温度偏低，煤粉燃烧不好。

（5）预热器系统捅料孔、观察孔打开时间太长或关闭不严，造成系统抽力不够。

（6）窑内结圈或窑尾缩口结皮太多，影响窑内通风。

（7）系统漏风严重。

384. 窑托轮轴瓦温度高的原因分析与处理方法

窑托轮轴瓦温度高的原因分析与处理方法如表 2-10 所示。

表 2-10 窑托轮轴瓦温度高的原因分析与处理方法

原因分析	处理方法
① 筒体中心线不直，使托轮受力过大，局部超负荷	定期校正窑筒体中心线
② 托轮调整不良，歪斜过大，轴承推力过大	调整托轮
③ 轴承内冷却水管不通或漏水，冷却水水压低，水量少	检修冷却水管，调整冷却水水压水量
④ 润滑油变质或变脏，润滑装置失灵	清洗，检修润滑装置及轴瓦，更换润滑油

385. 窑头火焰偏短的原因分析

（1）二次风温偏高，煤粉燃烧速度快。

（2）窑头负压偏小，甚至出现正压。

（3）喷煤嘴太靠外，需内伸。

（4）窑内结圈、结厚窑皮或预热器结皮堵塞。

（5）煤粉质量好，着火点低，燃烧速度快，此时煤粉细度可放粗。

（6）喷煤嘴内流风太大，外流风太小。

386. 窑头火焰太长的原因分析

（1）煤粉挥发分低，灰分高，热值低，或煤粉细度太粗，水分高，煤粉不易着火燃烧，黑火头长。

（2）喷煤嘴外流风太大，内流风太小，风煤混合不好。

（3）二次风温偏低。

（4）窑内负压偏大，系统排风过大，火焰被拉长。

（5）喷煤嘴内伸过多。

387. 窑头或冷却机回窑熟料粉尘量太大的原因分析

（1）熟料结粒不良，烧成带温度偏低，熟料烧成不好，f-CaO 含量高。

（2）窑头火焰太长，熟料结粒过细，f-CaO 含量合格，但立升重低。

（3）窑速过慢或回转窑 L/D 值偏大，入窑生料 $CaCO_3$ 分解率又控制太高，使新生态 CaO 和 C_2S 在较长的过渡带内产生结晶，活性降低，形成 C_3S 较为困难，容易产生飞砂料。

（4）n 值太高，液相量偏少，熟料烧结困难，也容易产生飞砂料。

（5）窑头跑生料。

（6）冷却机一室高压风机风量太大，出现“吹穿”现象。

（7）大量较为疏松的窑皮垮落，造成粉尘量增大。

388. 预热器系统塌料的原因分析

（1）窑生料喂入量偏低，系统风量风速处于不稳定状态，易引起塌料。

（2）窑生料喂入量计量不良或控制不良，喂料量忽大忽小，造成系统的不稳定。

（3）旋风筒设计结构不合理，旋风筒进口水平段太长，涡壳底部倾角太小，容易积料。

（4）旋风筒锥体出料口、翻板阀和下料管等处密封不好，漏风严重。

389. 如何合理调整窑侧与分解炉侧燃煤比率

一般预分解窑燃料比为，窑头喷煤量：窑尾喷煤量＝(40%～48%)：(60%～52%)。

窑头喷煤量主要是根据生料喂料量、入窑生料 $CaCO_3$ 分解率、熟料立升重和 f-CaO 以及窑尾烟室温度来确定。用煤量偏少时，烧成带温度偏低，生料烧不熟，熟料立升重低，f-CaO 高；用煤量过多时，窑尾废气带入预热器热量过高，势必减少分解炉喷煤量，致使入窑生料分解率降低，分解炉不能发挥应有的作用，同时窑的热负荷高，耐火砖寿命短，窑运转率就低，从而降低回转窑的生产能力。

分解炉的喷煤量主要是根据入窑分解率、下料管物料温度及出口温度来进行调节，在风量分配合理的情况下，如果分解炉温度低，入窑生料分解率低，下料管物料温度和出口气体温度低，则说明分解炉用煤量过少。如果分解炉用煤量过多，则预分解系统温度偏高，热耗增加，甚至出现分解炉内煤粉燃烧不完全，煤粉到下料管内继续燃烧，严重时可使预分解系统产生结皮和堵塞。

一般来讲，窑/炉用煤比例取决于分解炉类型、工艺状况、L/D 值、窑的转速以及燃料特性，因此各个水泥生产企业的窑/炉燃料比率略有差别。

390. 如何合理调配窑和分解炉的风量

一般窑和分解炉用风量的分配是通过窑尾缩口闸板和三次风管阀门开度来实现的，正常生产情况下，一般控制窑尾 O_2 含量为1%左右，分解炉出口 O_2 含量为3%左右。如果窑尾 O_2 含量偏高，说明窑内通风量偏大（窑头喷煤量正常的情况下），其现象是窑头、窑尾负压比较大，窑内火焰拉长，窑尾温度偏高，分解炉喷煤量增加时炉温上不去，而且可能还有下降，下料管及预热器温度上升。出现这种情况，在喂料量不变的情况下，应开大三次风管阀门（或关小窑尾缩口闸板），以增加分解炉燃烧空气量，同时降低系统阻力，此时相应增加分解炉用煤量，以利于提高入窑生料 $CaCO_3$ 分解率。如果窑尾 O_2 含量偏低，窑头负压小，窑头喷煤量增加时，出现CO，则说明窑内用风小，炉内用风量大。这时应适当关小三次风阀开度，风量调整完毕后，可适当增加窑头喷煤量，减少窑尾喷煤量。

另外，因分解炉的类型较多，有些分解炉需考虑炉内风速与物料悬浮能力，此时窑侧与炉侧风量的调节更为重要。

391. 窑头回火的原因分析

（1）窑内结圈或窑尾烟室缩口结皮过多，系统阻力增加，窑头负压减少甚至出现正压。

（2）窑尾捅灰孔、观察孔突然打开，系统抽风能力减小。

（3）冷却机废气风机阀门开度过大。

（4）熟料冷却风机出故障或料层太致密，阻力太大，致使冷却风量减少。在冷却废气风机风门开度不变的情况下，将从窑内争风。

392. 预热器负压偏高的原因分析

（1）入窑生料喂入量过大时，系统阻力增加，预热器负压升高。

（2）气体管道、旋风筒入口通道及窑尾烟室产生结皮或堆料，则在其后负压升高。

（3）篦板上料层太厚或前结圈较高使二次风入窑风量下降，但窑尾高温风机排风量保持不变，系统负压上升。

（4）窑内结圈或结长厚窑皮，则在其后负压增大。

（5）窑头负压控制太低。

393. 二次风温太低的原因分析

（1）喷煤嘴内伸，火焰太长，窑内冷却带太长。

（2）冷却机一室料层太薄，料层薄回收热量少，温度低。

（3）冷却机一室高压风机风量太大，吹穿熟料层。

（4）篦板上熟料分布不均匀，冷却风短路，没有起到冷却作用。

394. 冷却机废气温度偏高的原因分析

（1）冷却机篦板运行速度太快，熟料没有充分冷却即进入冷却机中部或后部。

（2）篦冷机冷却风机风量调配不合理，熟料冷却风量不足，出冷却机熟料温度高，废气温度也升高。

（3）熟料层阻力太大（料层太厚或熟料颗粒细）或料层太容易穿透（料层太薄或熟料颗粒太粗），则熟料冷却不好，出口废气温度升高。

395. 二次风温偏高的原因分析

（1）喷煤嘴外拉或火焰太短，高温带前移，冷却带太短或没有，出窑熟料温度太高。

（2）火焰太散，粗粒煤粉掺入熟料，入冷却机后继续燃烧。

（3）冷却机一室料层太厚或高温冷却风机风量不足。

（4）熟料结粒太细，料层阻力增加，二次风量减少，风温升高，大量细粒熟料随二次风一起返回窑内。

（5）大量窑皮掉落，结圈垮塌，使短时间出窑熟料量增加，则使二次风温升高。

396. 窑内烧成带温度偏低的原因分析

（1）冷却机一室篦板上的熟料料层太薄，吹穿熟料层，二次风温太低。

（2）风、煤、料配合不好。对于一定喂料量，热耗控制偏低或火焰太长，高温带不集中。

（3）窑速过低，窑内填充率过高，烧成条件太差。

（4）在一定的燃烧条件下，窑速太快，熟料烧成不足。

（5）预热器系统的塌料以及温度低、分解率低的生料窜到窑前。

（6）窑内来料多或大量窑皮掉落时，喷煤量、窑速、生料喂入量未做及时调整。

（7）在窑内通风不良的情况下，又增加窑头用煤量。结果窑尾温度升高，烧成带温度反而下降。

397. 窑尾和预分解系统温度偏高的原因分析

（1）检查生料 KH 值、n 值是否偏高，熔融相（Al_2O_3 和 Fe_2O_3）是否含量偏低，生料中 SiO_2 是否偏高，生料细度是否偏粗。如若干项属实，则生料易烧性差，熟料难烧结。上述温度偏高属正常现象，但应注意极限温度和窑尾及预热器 O_2 含量的控制，采取措施将生料成分及细度控制达到目标值。

（2）检查煤粉发热量是否偏低，挥发分偏低或水分过高。同样需采取措施将煤粉质量控制达到目标值。

（3）窑内通风不好，窑尾空气过剩系数值控制偏低，系统漏风产生二次燃烧。

（4）预热器翻板阀太轻或动作不灵，致使旋风筒收尘效率降低，物料循环量增加，预分解系统温度升高。

（5）生料喂入量偏低或来料不均匀。

（6）旋风筒堵塞使系统温度升高。

（7）喷煤嘴内伸或外流风太大，火焰太长，致使窑尾温度偏高。

（8）二次风温低或烧成带温度太低，煤粉后燃。

（9）窑尾负压太高，窑内抽力太大，高温带后移。

398. 窑尾和预分解系统温度偏低的原因分析

（1）相对于喷煤量，生料喂入量偏多。

（2）预热器翻板阀工作不良，有局部堆料或塌料现象。由于物料分散不好，热交换差，致使预热器出口温度升高，而窑尾温度下降。

（3）预热器系统漏风，增加了废气量和烧成热耗，废气温度下降。

399. 氮氧化物的危害有哪些

（1）NO 能使人中枢神经麻痹并导致死亡，NO_2 会造成哮喘和肺气肿，破坏人的心、肺、肝、肾及造血组织的功能丧失，其毒性比 NO 更强。

（2）NO_x 与 SO_2 一样，在大气中会通过干沉降和湿沉降两种方式降落到地面，最终的归宿是硝酸盐或硝酸。硝酸型酸雨的危害程度比硫酸型酸雨的更强，因为它在对水体的酸化、对土壤的淋溶贫化、对农作物和森林的灼伤毁坏、对建筑物和文物的腐蚀损伤等方面不逊于硫酸型酸雨。所不同的是，它给土壤带来一定的有益氮分，但这种“利”远小于“弊”，因为它可能带来地表水富营养化，并对水生和陆地的生态系统造成破坏。

（3）大气中的 NO_x 有一部分进入同温层对臭氧层造成破坏，使臭氧层减薄甚至形成空洞，对人类生活带来不利影响；同时 NO_x 中的 N_2O 也是引起全球气候变暖的因素之一，虽然其数量极少，但其温室效应的能力是 CO_2 的 200～300 倍。

400. 水泥窑氮氧化物有哪几种产生方式

水泥窑内产生氮氧化物主要有四种方式：在高温下 N_2 与 O_2 反应生成的热力型 NO_x、燃料中的固定氮生成的燃料型 NO_x、低温火焰下由于含碳自由基的存在生成的瞬时型 NO_x、由窑喂料中含氮的化合物分解后而形成的生料 NO_x。

一般的水泥窑炉内产生的 NO_x 以煤为主要燃料的系统中燃料型 NO_x 为主，约占 70%以上，热力型 NO_x 为辅，瞬时型 NO_x 和生料 NO_x 生成量很小。

401. 减少和抑制 NO_x 生成量的控制措施有哪些

（1）采用低温燃烧的方法。由于温度是影响 NO_x 生成量的决定性因素，因此，降低燃烧系统的温度及控制可能产生的最高温度都可以相应地降低 NO_x 生成量。低温燃烧技术一直是最好的降低 NO_x 生成量的措施之一。

（2）控制氧含量。一是控制燃烧系统的总氧含量；二是控制局部燃烧区域的氧含量。控制系统的总氧含量可以使整个系统在较弱的氧化气氛下燃烧，使 NO_x 生成速度下降，减少 NO_x 的生成量。这种控制方法一定程度上延长了燃烧过程的时间。控制局部燃烧区域氧含量，主要是降低易产生 NO_x 的燃烧区域的氧含量。

（3）控制合理的煤粉粒径分布。对于现有的窑炉而言，所用煤的种类和物理化学性质大多数没有选择，因此对于煤的控制方面仅能从粒度分布这一物理性质上来进行适当控制。

（4）合理地设计窑炉，合理地评估窑炉的生产能力。合理地设计窑炉可以有效降低局部高温区域的出现，降低对燃料燃烧需氧量的要求，并可能产生弱氧化气氛或强还原气氛从而抑制或减少 NO_x 的生成量。另外要特别注意的是，合理地评估窑炉的生产能力，在合理的燃料喷入量下组织生产。

（5）其他措施。富氧燃烧技术、低氧燃烧技术、全氧燃烧技术等。

402. 降低燃烧温度的方法有哪些

（1）在燃料能够正常燃烧并满足工艺要求的情况下，适当增加炉窑容积从而通过低温、低速燃烧促使燃料燃尽；

（2）燃料分级加入，保证窑炉内温度场的均匀，避免出现局部高温；

（3）简化窑炉流场，同时保证有大的吸热反应与燃烧过程同步进行，从而避免热量聚集而产生高温区域；

（4）采用长火焰燃烧装置，使火焰温度保持在较低的水平；

（5）控制燃烧气氛，形成还原气氛也可以延缓燃料的燃烧速度，从而降低燃烧温度。

403. 怎样控制煤粉粒径以降低 NO_x 的生成量

煤粉过细和过粗都会对 NO_x 的生成量有影响。一般来说，对于挥发分较高的煤粉要求细度尽可能粗，从而降低挥发性 N 的快速逸出，并降低燃烧的最高温度而减少 NO_x 的生成量；而对于挥发性低的煤要求增加细度，以加速煤粉的燃烧并降低对温度和含氧量的要求，进而减少 NO_x 的生成量。

404. 脱硝的概念及种类

脱硝是在烟气中的 NO_x 含量超出规定标准的情况下，通过物理的或化学的方法削减烟气内 NO_x 含量的方法，主要有炉膛喷射脱硝和烟气脱硝两种。炉膛喷射代表性方法有选择性非催化还原法（SNCR），烟气脱硝代表性的有选择性催化还原法（SCR）。此外，烟气脱硝还有比较特别的硫化物、硝和粉尘联合控制工艺（SNBR）及湿法烟气脱硝技术。

405. 水泥窑 NO_x 的控制和减排可能的措施有哪些

（1）选取合适的原材料和率值、使用矿化剂，在保证熟料质量的情况下尽可能地降低烧成温度。

（2）保证适当的煤粉粒径分布来降低 NO_x 的生成量。

（3）优化操作，控制系统的漏风量，降低热耗，可以从根本上减少 NO_x 的生成量。

（4）合理使用一次风、二次风和三次风。

（5）使用合适的低氮型燃烧器。

（6）设计合理的分解炉结构和炉容，保证燃料充分燃烧的同时设计合理的温度场。

（7）采用低氮型分解炉，采用燃料分级技术创造局部强还原气氛，促使窑内的 NO_x 的反应转化为 N_2，采用空气分级技术在炉内形成弱还原气氛，并使炉内温度场均匀而抑制燃料内的 NO_x 的生成。

（8）选择性非催化还原 SNCR 技术。

（9）选择性催化还原 SCR 技术。

（10）采用富养燃烧技术、低氧燃烧技术、全氧燃烧技术降低 NO_x。

406. 干法脱硝技术包括哪几种

主要包括选择性还原法、吸附法、电子束照射法、脉冲电晕等离子体法、等离子体活化法等。选择性还原法根据其使用机理不同又可分为选择性非催化还原法和选择性催化还原法。

407. 简述 SNCR 脱硝技术原理

SNCR 脱硝技术是烟气中 NO_x 的末端处理技术，将氨水（质量浓度 20%～25%）或尿素溶液（质量浓度 30%～50%）经过稀释后通过雾化喷射系统直接喷入分解炉合适温度区域（850～1050℃），雾化后的氨与 NO_x（NO、NO_2 等混合物）进行选择性非催化还原反应，将 NO_x 转化成无污染的 N_2 和水。

408. 喷氨后炉内发生的主要化学反应有哪些

$$4NO + 4NH_3 + O_2 \longrightarrow 4N_2 + 6H_2O$$

$$2NO_2 + 4NH_3 + O_2 \longrightarrow 3N_2 + 6H_2O$$

409. 影响 SNCR 运行过程中的关键因素有哪些

水泥窑分解炉内 NO_x 的初始浓度、还原剂喷入的温度窗口、氨氮比、停留时间、还原剂和烟气的混合程度、烟气中氧含量、氨逃逸率和添加剂。

410. 温度高低对脱硝效率有哪些影响

当反应区温度过低时（正常低于 840℃）反应效率会明显降低；当反应区温度过高时（高于 1050℃），氨会直接被氧化成 N_2 和 NO。当把带有 CO、H_2、

CH_4、钠盐和一些醇类有机化合物的添加剂加入分解炉时，可以有效地改变反应温度窗口，使反应在温度较低时有较高的脱硝效率。微量的添加剂就能起到很好的效果。

411. 什么是氨逃逸

在SNCR脱硝技术中，还原剂雾化颗粒进入分解炉后，大部分与烟气中的NO和NO_2进行还原反应，少量的还原剂在烟气中未发生反应就逃逸出去，这些在反应温度区内未反应的还原剂，称为氨逃逸。未反应排出的氨会造成二次环境污染，也增加了脱硝成本。

412. 提高脱硝效率并实现NH_3的逃逸最小化需满足的条件有哪些

（1）选择合适的喷射点，喷射点的选择主要根据每条线实际情况来定，目前喷射点的选择主要位于鹅颈管出口（没有鹅颈管的预热器选择分解炉出口）及下料管上升烟道；

（2）在反应区域维持合适的温度范围（850～900℃）；

（3）在反应区域有足够的停留时间（至少0.5s，850～1050℃）；

（4）采用雾化效果好、穿透力强的喷枪；

（5）选择覆盖面更高的喷枪（建议单孔斜喷式或单孔直喷式），提高脱硝效率（图2-14）；

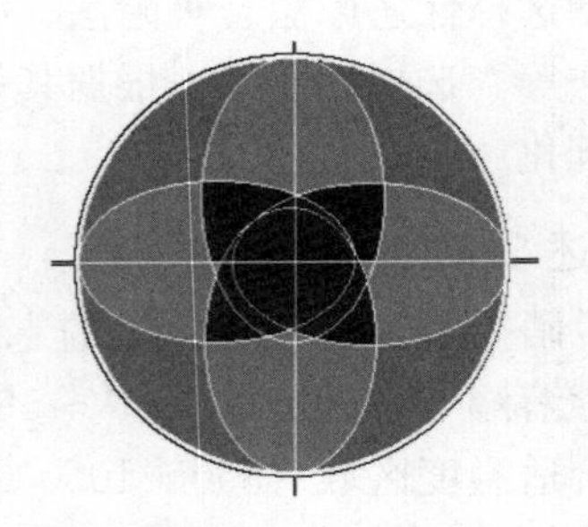

图2-14　高效喷枪流场分布和常规喷枪流场分布

（6）选择先进的脱硝自动控制程序，减少人为操作浪费的氨水。

413. 氨的排放限值是多少

《水泥工业大气污染物排放标准》（GB 4915—2013）规定，水泥窑及窑尾余热利用系统氨排放限值为10mg/m³，重点地区企业执行大气污染物特别排放限值为8mg/m³。氨无组织排放监控点浓度限值为1.0mg/m³。

414. 采用氨水作为还原剂的SNCR系统有哪些

采用氨水作为还原剂的SNCR系统主要包括卸氨单元及储存单元、氨水输送单元、计量分配控制单元、喷射控制单元、供配电单元及PLC控制单元。

415. SNCR 系统工艺流程图

SNCR 系统工艺流程图如图 2-15 所示。

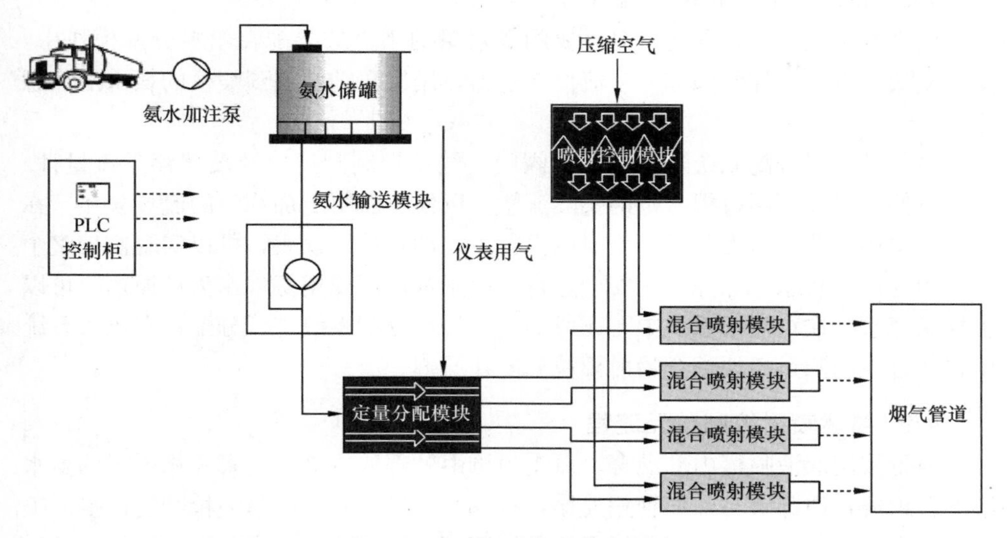

图 2-15　SNCR 系统工艺流程图

416. 卸氨单元及储存单元的构成及设计要求

由氨水专用罐车运输进厂的氨水（浓度一般为 20%），经卸氨泵输送入氨水储存罐中储存；氨水储存罐需设置相应的防护措施，以满足氨水储存防护。

氨水储存系统的总储存容量一般按照不小于烟气脱硝装置 7d 的总消耗量来设计。氨水卸料和存储系统依据就近原则在附近空地布置。氨水储罐为碳钢制作，内部涂刷环氧漆防腐，或采用玻璃钢、不锈钢制作。氨水罐介质入口为罐车卸载管线，出口为氨水泵的吸入管线。

为了保证氨水罐内有足量的氨水，并且压力适当，氨水罐需要配置液位计、真空阀、安全阀等附属设施。为了便于维护、巡检和操作，氨水罐外需要配置检修操作平台，设置相应的楼梯、爬梯走道等。

一般罐区上方设有挡棚，四周敞开。罐区四周设有约 30cm 高的混凝土围堰及排水沟，以防止氨水泄漏时向罐区四周厂区溢流扩散。

417. 简述氨水输送单元流程

在储罐附近设有两个氨水泵模块：一个用来从槽车向储罐加注氨水（PMF），该模块同时还可以用于紧急排水或为罐体维修时做排液准备；另一个用来输送氨水溶液到后续系统（PMR）。氨水输送泵相对于加注泵，具有较小的流量和较高的扬程，输送泵为一用一备。该模块含有电动机、阀门和仪表、内部管线和电缆，预先组装成型并在出厂前完成了测试。氨水输送模块一般是通过设置在回路管线上的手动调节针阀进行控制，以使多余的还原剂返回到储罐。

418. 简述分配控制单元流程

用来测量和控制正常运行时需要的氨水量的组件被装配在给料分配模块中，这些模块配有一个控制阀和一个流量变送器，用来自动控制到喷枪的氨水溶液总流量。

另外，给料分配系统还包括手动阀门、气动控制阀门以及玻璃浮子流量计。可以方便灵活地控制每根喷枪的实际流量，以便于获得更加均匀的流场分布。在分配柜中还设置有压力开关、氨泄漏报警等自动化控制仪表，可以实时监控整个分配柜的运行状态，保障系统安全运行。由于水泥厂使用氨水作为还原剂时可以去掉稀释水，在小规模系统中，还原剂通过给料分配系统进行分配；在较大系统中，通过控制测量模块结合喷射模块分配还原剂。

419. 简述喷射控制单元流程

喷枪采用双液喷嘴内部混合。每支喷枪由外部的压缩空气管和靠内部的氨水溶液管组成。内部管与外部管相连接，外部管通过卡套接头与喷枪套管连接。喷枪具有高的冲力，还可以调节喷雾效果和液滴的尺寸。对于有角度的喷枪，喷射角度可以在运行期间进行改变。喷枪没有可移动部件，只有外部管是可以活动的。在现场可以通过调节外部管以获得不同的喷雾形式。

420. 简述供配电单元流程的作用

供配电单元流程为 SNCR 系统各用电设备供电设备供电和控制启停。

421. 简述脱硝 PLC 控制系统组成

控制系统包括就地控制柜、PLC 控制柜、接线箱。就地控制柜包括水泵的启停、切换、报警及报警接触。PLC 控制柜对整个系统的控制，包括对远程信号的接收、计算和传输。所有信号都能就地显示、PLC 控制柜显示和操作和远程 DCS 显示与操作。

根据出口处的 NO_x 浓度在线检测设备，当系统检测到出口浓度与设定值不符时，在自动模式时，系统可以改变还原剂的喷射量使 NO_x 浓度稳定在设定值范围内，手动模式时，在现场可直接手动调节还原剂喷射量。

422. SNCR 氨水脱硝系统的主要设备有哪些

SNCR 氨水脱硝系统的主要设备：卸氨泵、氨水储存罐、氨水输送泵、氨水流量分配装置、压缩空气储气罐、压缩空气调节控制装置、喷枪，NO_x、NH_3 测量仪。

423. 氨水喷枪按安装形式分类

喷枪采用双流体喷枪，按安装形式分为可伸缩式喷枪和带冷风套两种形式的喷枪。

可伸缩式喷枪需配套分解炉安装喷枪开孔自动关闭阀，在不运行的时候，通过伸缩装置将喷枪从分解炉退出，一方面可以保护喷枪，另一方面方便喷枪的更换。在喷枪退出后，为防止外漏风，通过自动开关门来关闭喷枪的开孔。因可伸缩结构容易损坏，这种形式很少采用。

带风冷套喷枪在运行中或脱硝剂停喷时，采用外置风机鼓风进行冷却。目前，窑企业在喷枪停用或脱硝剂停喷时，多采用压缩空气代替鼓风机冷却。

424. 喷枪分层多点布置有哪些好处

（1）可以提高喷枪的覆盖范围。

（2）可以采用扇形、实心锥形状结合的方法进行布置，既可以保证覆盖，也可以保证穿透性。

（3）当工况情况发生变化时，可以根据实际情况，有选择地进行喷枪的开启，可以更大范围地适应不同工况的需要。

425. 喷枪布置的注意事项

（1）雾化颗粒。喷枪的雾化颗粒不是像烟气冷却一样，越细越好，而应该是颗粒适中。颗粒太细，则穿透性太差，降低脱硝效率。颗粒太粗，则颗粒的总体表面积太小，也降低脱硝效率，而且太大的颗粒，由于烟气流速较快，会导致喷雾颗粒不能在短时间内汽化完全，有时会产生滴液。最佳粒径应该是80～100μm。

（2）喷雾形状。常用的两种雾化形状：一种是70°扇形，以提高覆盖均匀性；另一种是20°实心圆锥形，以提高穿透性。两种喷枪搭配使用较好，具体使用选择还要视工况决定。

（3）出口速度。一般来说，出口速度与颗粒大小是一个互相匹配的值，最理想的情况是雾化颗粒既非常细小，出口速度又很快。这样就可以既保证穿透性，又保证雾化均匀性。出口速度通常是30～40m/s。

（4）布置时，不能完全垂直于烟气方向布置，而是应该逆风向倾斜5°，以防止滴液时液体沿喷枪滴落到炉壁上，导致炉结皮，并利用风将氨水二次打散，提高雾化效果。

（5）布置时，绝对不能为了减少磨损，而只是将喷枪的喷头部分紧贴炉壁布置，这样会导致喷雾颗粒喷出时，易受到烟气流扰动影响，或者喷头堵塞、腐蚀、异物附着喷头表面时，导致液滴飞溅到炉壁上，造成炉壁结块。正确的方法是必须将喷枪伸出炉壁一个合理的距离，喷枪结构形式不同，伸出炉壁距离不同，一般用100～200mm，YB公司喷枪伸出炉壁距离为30～50mm。

426. SNCR脱硝喷枪的材质有哪些要求

由于喷枪的工作温度比较高，烟气流速也快，烟气中夹带大量的粉尘，对喷枪的磨损快。喷枪需要耐高温、耐磨损、耐腐蚀。

通常，喷嘴部分采用 316L 或者 C276 材质，枪管采用 310S，耐磨套管采用碳化硅材质。

427. YB 公司研发的 PQ-02 氨水喷枪特点及参数

（1）YB 公司二代氨水喷枪特点：①增加了流量指示功能，喷枪带有浮球视镜，可实时显示喷枪运行状况，更直观地及时发现存在堵塞的喷枪，方便岗位工巡检；②标准化接口，安装流程简捷，快速适配原有管道，更广泛的匹配能力；③活动式外喷管，可快速灵活调整喷射角度，适应各种工况；④整体式设计，一体化制造，可延长设备的使用寿命；⑤比第一代降低了还原剂及压缩空气耗量；⑥配套专用的喷枪套管，安装、拆卸更加容易。喷枪拔出不用时，可利用专用盖帽快速堵住喷口，避免因脱硝系统增加分解炉（鹅颈管）的漏风点。

（2）喷枪参数（表 2-11）

表 2-11　喷枪参数

液体工作压力（MPa）	气体工作压力（MPa）	流量范围（L/h）	最大喷射距离（m）	雾化宽度（m）	压缩空气耗量（m^3/min）
0.3～0.4	0.25～0.35	50～160	5	0.8～1.2	0.15

喷枪实物如图 2-16 所示。

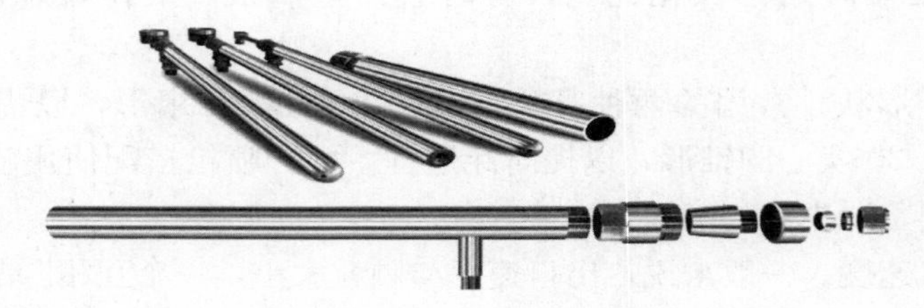

图 2-16　喷枪实物

（3）管路安装布置

氨水环管 DN20mm；压缩空气环管 DN25mm；氨水环管上管口 DN15mm；压缩空气环管上管口 DN15mm。

428. 喷枪调试步骤有哪些

（1）调试准备工作

脱硝喷枪应用于脱硝喷射系统，系统调试前应做好相关准备工作：

① 准备好相关工具、安全防护用品等，配备至少两名调试人员在氨区或中控与喷射区配合进行调试工作。

② 检查管道安装方向、位置是否正确，喷枪是否完好，且正确安装，角度是否正确，统一水平朝一个方向。

③ 氨水管、压缩空气管应进行试压，试验压力为工作压力的 1.5 倍，保压 2h 以上，压力不得下降。

④ 检查喷枪套管内是否有堵塞，并进行清理。

（2）调试过程

① 关闭喷枪套管吹扫阀，水泵处于关闭状态，打开其他阀门。

② 调节压缩空气减压阀，将减压阀后压力调至 0.3MPa 左右。

③ 打开水泵输送氨水或水进行测试，缓慢增加氨水流量及输送压力，最终将氨水流量控制在目标值，按顺序抽出喷枪，观察每支喷枪的雾化效果，保证雾化效果良好。

④ 将压缩空气压力缓慢增大或减少，观察系统氮氧化物排放浓度及氨水耗量的变化，保证压缩压力处于最合适的范围，注意每次调节需要观察半小时以上，且窑系统处于较稳定的状态下。

⑤ 调试过程中实时观察氮氧化物排放值、氨水耗量、压缩空气压力、氨水压力的变化，并做好相关记录。

429. 氨水压力过大或流量加不上去，达不到目标值的原因及处理方法有哪些

（1）管道或喷枪有堵塞，需进行清理；

（2）压缩空气压力过大，调整压缩空气压力在 0.3MPa 左右；

（3）喷枪数量过少，或喷嘴选择流量过小，根据最终喷射流量调整喷枪数量或喷嘴型号。

430. 压缩空气压力过小，且调整调节阀也不起作用的可能原因有哪些

原空气管道供应气体压力不足，检查压缩空气主管道内的压力，保证氨水压力与压缩空气的压力相匹配，压缩空气压力不能小于氨水压力 0.1MPa。

431. 脱硝效率不够，氨水耗量较大可能原因有哪些

（1）喷射位置定位是否准确、合理，需观察窑系统结构及温度分布特点，重新分析确定位置；

（2）喷枪有部分堵塞或损坏，导致喷射量分布不均，覆盖面积不够，重新拔出喷枪进行检查雾化效果是否良好、一致。

432. 喷枪使用注意事项有哪些

（1）水泥窑运行时，如果喷枪未使用，要及时取出悬挂于分解炉（鹅颈管）外面，并且用套帽堵住喷枪套筒。悬挂时注意放置好，防止掉落，损坏喷枪氨水进口玻璃视镜，促使喷枪尾部漏氨水，影响喷枪的正常使用和现场操作人员的身体健康。

（2）水泥窑未运行时，喷枪可以放置在分解炉中不取出，但是喷枪内的压缩

空气必须开启，防止喷枪堵塞，影响喷枪的下一次使用；如果现场操作人员方便，尽量将喷枪取出，悬挂到适当的位置，并且用套帽堵住喷枪套筒。

（3）喷枪使用过程中，轻拿轻放，保证喷枪完好，增加喷枪的使用寿命。

（4）定期检查喷枪套筒是否堵塞，如果堵塞采用压缩空气反吹或者人工导通。

（5）喷射系统开启前，保证压力不要过大，以免使喷枪视镜由于压力过大而压碎，影响喷枪的正常使用。

433. 氨水流量达设定值 NO_x 排放浓度仍超标不能降低的原因及处理方法有哪些

（1）NO_x 初始浓度过高，只能适当降低窑产量，以降低 NO_x 排放浓度；

（2）喷枪套管堵塞致使氨水不能喷到喷区与 NO_x 发生反应，致使 NO_x 浓度无法降低，则应取出喷枪，清理喷枪套管内结皮后再插入即可；

（3）氨水浓度过低，一般要求氨水浓度最低不能低于 16%；

（4）压缩空气压力过小，喷枪雾化效果差，穿透力不够；若喷枪无法形成雾化，NO_x 则无法保证达到排放要求；

（5）喷枪定位不合理，喷枪位置温度无法满足 860℃以上时，脱硝效率则会大大降低。

434. 氨水车卸氨程序有哪些

（1）氨水车进厂前，于地磅处称重。

（2）现场，将氨水车停靠在卸氨泵的接口附近，便于连接卸氨泵入口前软管接头处，同时应尽量不影响水泥窑正常生产、施工等其他活动。

（3）现场，将氨水车提供的接头与卸氨泵前的接头连接，保持接头的密封性。

（4）现场，将卸氨泵前后阀门开启，将氨水上行管道上的手动球阀开启。

（5）现场，开启卸氨泵。

（6）根据氨水车上的标识，由送氨水人员判断氨水是否卸氨完毕。

（7）现场，停卸氨泵。

（8）现场，等待 1min 后，关闭进入氨水储罐的球阀，关闭卸氨泵前后阀门。

（9）现场，打开氨水车的接头与卸氨泵前的接头之间的连接。将卸氨泵前的接头和管道放置在合适位置。

（10）现场，检查氨水储罐的液位计的显示值。现场检查是否有漏液等情况发生。

（11）现场，将氨水车于地磅处称重，计算卸氨量。

435. 氨水喷射前应完成的工作有哪些

（1）系统已完成单机试车和联动试车工作。

（2）氨水罐内已经有氨水，且液位计高度大于 0.3m。

（3）输送管路通畅。

（4）相关系统阀门开闭处在正常状态。

（5）喷枪喷头经过清理，现场检测不堵塞，放置在喷射点附近。

436. 简述氨水喷射操作步骤

（1）现场，外部管道阀门开启正常。喷射管路的气路压缩空气阀门打开保持气压为 0.4～0.5MPa。

（2）现场，将喷枪插入分解炉，安装好后打开喷枪液路阀门。

（3）中控，氨水回水阀开度调整到 20%，泵给定频率为 35Hz 或以上。

（4）中控，开启泵，此时可以观察到氨水泵出口压力逐渐上升，但是流量不稳定，待持续一段时间后泵出口压力以及喷射流量都趋于稳定时，此时可以通过调节氨水回水阀开度或泵给定频率使喷射流量保持在一个稳定值。若氮氧化物指标未达到环保排放标准，则适当增大喷氨流量直到达标为止。

（5）中控，若界面上有手动模式或自动模式字样的按钮，单击后会弹出对话框，可以选择相应的控制模式，按钮文字会显示当前的控制模式。

（6）中控，若想停止喷射，则直接将泵停机，然后将氨水回水阀开度调节至零。

（7）现场，将喷枪从喷点取出，注意烫伤。

437. SNCR 脱硝开机前需做哪些检查

现场岗位工对所有连接部位进行检查，无泄漏隐患后方可联系开机；

现场岗位工需观察氨水罐液位是否正常，各输送泵有无异常，喷枪是否已按规定安装到位；

检查开启储气罐进出口手动阀门，检查储气罐体上的压力表是否正常，打开压缩空气手动控制阀门，并联系中控观察压力是否达到规定范围；

检查喷枪入口前的所有氨水阀与压缩空气阀是否处于开启状态；

检查现场有无安全隐患，确保安全后方可联系开机。

438. 简述 SNCR 脱硝系统运行控制

中控程序画面为喷射系统预置了两种自动化操作方式（流量控制、浓度控制），压缩空气控制预置了“自动”“手动”两种方式。“自动”方式状态下系统会根据 PID 自动打开压缩空气管路电动阀使压缩空气压力达到设定数值，“手动”方式状态下给定空气管路电动阀开度（0～100%）达到所需要压力。

中控进行操作时需要与现场巡检确认相关阀门已开启，PLC 控制柜显示屏喷射系统切换至“中控”状态，自动化方式采取“流量控制”及“压缩空气自动”，给定氨水流量，启动喷射系统，系统会根据 PID 自动调节变频泵频率至给定流量。

439. 脱硝岗位巡检有哪些内容

（1）氨水储罐、水箱的检查；

(2) 喷枪装置的检查；
(3) 喷枪及喷嘴的检查；
(4) 各输送、计量模块的检查；
(5) 所有仪表的校准；
(6) 管路系统的检查；
(7) 电气线路的检查。

440. 喷射系统检查内容有哪些

(1) 喷嘴喷射雾化效果；
(2) 喷枪上有没有结皮；
(3) 喷嘴有没有堵塞。

441. 脱硝运行记录包括哪些内容

(1) 氨水消耗量；
(2) NO_x 排放浓度；
(3) 各段管路氨水流量、压力；
(4) 氧含量。

442. SNCR 脱硝系统的停运步骤有哪些

SNCR 脱硝系统的停止运行，一般分为正常停运和事故停运两类。

(1) 正常停运

① 中控单击系统操作中的停止运行，各系统按程序自动停止；
② 现场检查氨水储罐出罐电动球阀是否关闭，停止液氨供应；
③ 打开反吹控制阀门，用压缩空气对管路进行吹扫。

(2) 事故停运

① 停止为脱硝系统提供压缩空气。

② 当短时间（≤24h）停止喷氨水操作时，需保持通压缩空气（0.1MPa），以免炉内高温烧坏喷枪和喷嘴及避免炉内粉尘堵塞喷嘴，同时保持氨水储罐出口阀门处于关闭状态以防止反吹。中控操作方式可将压缩空气切至“手动”状态，给定空气管路电动阀开度达到所需压力。

③ 当长时间（>24h）不喷氨水时，需要将喷枪从分解炉中抽出，维持压缩空气吹扫 20min 后，停止给气并关闭空气压缩罐前后手动阀，并用盲法兰将分解炉上喷枪开孔封堵，以免分解炉漏风，影响工况。

喷枪在重新放入分解炉前，应对喷嘴和枪体的螺纹连接进行紧固处理，并对喷孔内外进行清理，防止喷眼堵塞影响雾化效果。

443. 紧急停机步骤及注意事项有哪些

(1) 出现紧急停机时，应立即通过手动或自动关闭出罐控制球阀，停止供氨。

发生如下情况时，应立即确认出罐控制球阀是否关闭：

① 窑系统紧急停机；

② 分解炉出口烟气温度低；

③ 断电。

(2) 非正常紧急停机（即回转窑正常运行，脱硝系统因故停机）：应第一时间向环保部门汇报，避免因超标现象造成公司环保罚款，必要时停窑处理。

444. 停运后检查维护及注意事项

(1) 对停运设备及输氨管道进行吹扫、冲洗；

(2) 检查脱硝系统中储罐、地坑氨介质液位；

(3) 按要求进行转动设备的换油和维护工作；

(4) 冬季停运应采取防冻措施。

445. 简述 SNCR 水泥窑脱硝应用优缺点

优点：

(1) 脱硝效率 80%～85%，满足环保要求；

(2) 设备简单，占地面积小，建设成本低；

(3) 无须催化剂，维护成本较低，运行成本低；

(4) 现有设备改造工作量小，施工周期短（1～3 个月），易于实施。

缺点：

(1) 脱硝效率相对 SCR 低，难以满足更高的脱硝要求；

(2) 对反应温度要求高，需要准确控制反应区内的温度；

(3) 需要比较高的氨氮比，还原剂利用率低，SNCR 脱硝的经济运行效率在 80%左右，超过 85%时，还原剂利用率降低，运行成本大幅上升；

(4) 氨的逃逸率较大，产生二次污染。

446. 简述氨水的基本性质

氨水又称氢氧化铵、阿摩尼亚水，是氨气的水溶液，无色透明且具有刺激性气味，易挥发，具有部分碱的通性，由氨气通入水中制得。

(1) 氨水的物理性质（表 2-12）

表 2-12 氨水的物理性质

分子量	35.05	别名	氢氧化铵
化学式	$NH_3 \cdot H_2O$	相对密度（水=1）	0.91
最浓氨水氨含量（%）	35.38	最浓氨水密度（g/cm^3）	0.88
溶解性	溶于水，醇	凝固点（25%氨水）（℃）	−55
爆炸上限（V/V）（%）	25.0	爆炸下限（V/V）（%）	16.0
挥发性	随温度升高、浓度增大、放置时间延长而增加挥发量		

（2）氨水的化学性质

① 弱碱性。具有部分碱的通性。浓氨水与挥发性酸（浓盐酸、浓硝酸等）相遇产生白烟。

② 还原性。氨水有弱的还原性，如用于 SNCR 或 SCR 工艺，也可被强氧化剂氧化。

③ 沉淀性。氨水是很好的沉淀剂，能与多种金属离子生成难溶性弱碱或两性氢氧化物。

④ 络合性。与 Ag^{+} 、Cu^{2+} 、Cr^{3+} 、Zn^{2+} 等发生络合反应。

⑤ 不稳定性。见光受热易分解成 NH_3 和水。实验室氨水应密封在棕色或深色试剂瓶中，并放在冷暗处。

⑥ 腐蚀性。对铜腐蚀较强，对木材有一定腐蚀作用，对钢铁腐蚀较差，对水泥腐蚀不大，对锡、铝、锌等金属及塑料、橡胶有腐蚀作用。碳化氨水的腐蚀性更强。

⑦ 燃烧和爆炸。接触下列物质能引发燃烧和爆炸三甲胺、氨基化合物、醛类、有机酸酐、烯基氧化物等。

447. 氨水对人健康危害有哪些

吸入后对鼻、喉和肺有刺激性，引起咳嗽、气短和哮喘等。氨水溅入眼内，可造成严重损害，甚至导致失明，皮肤接触可致灼伤。反复低浓度接触，可引起支气管炎。皮肤反复接触，可致皮炎。空气中氨水的最高容许浓度为 $30mg/Nm^3$ 。

448. 与氨水接触后的处理方法有哪些

（1）皮肤接触：立即用水冲洗。如果冲洗后仍有过敏或烧伤，应进行医疗。

（2）眼睛接触：立即用流动清水或生理盐水冲洗至少 15min，或用 3%硼酸溶液冲洗，并就医治疗。

（3）呼吸道接触：立即将人送到通风处。如停止呼吸，采用人工呼吸急救法并尽可能快地进行医疗。

（4）体内接触：立即喝大量的水稀释吸入的氨，口服稀释的醋或柠檬汁。不要尝试使患者呕吐。尽可能快进行医疗。

449. 简述氨水运输与储存注意事项

氨水运输时应按规定路线行驶，勿在居民区和人口稠密区停留。氨水应储存于阴凉、干燥、通风处，远离火种、热源，并防止阳光直射。保证储存容器的密封，且与酸类、金属粉末等分开存放。露天储罐夏季要有降温措施（不宜超过30℃），否则高温下容器内压增大，有开裂和爆炸的危险。

450. 氨水着火、泄漏怎样应急处理

如着火，可用雾状水、二氧化碳、砂土等来灭火。

如泄漏，应急处理如下：

疏散泄漏污染区人员至安全区，禁止无关人员进入污染区。应急处理人员戴自给式呼吸器，穿化学防护服。不要直接接触泄漏物，在确保安全的情况下堵漏。用大量水冲洗，经稀释的洗水放入废水系统。也可以用砂土、蛭石或其他惰性材料吸收，然后加入大量水，调节至中性，再放入废水系统。如大量泄漏，可利用围堤收容，经收集、转移、回收或无害处理后废弃。由于氨水的气味非常刺鼻，泄漏时很容易察觉。如有必要，氨水储罐的设计可设温度及压力监测，并在储存系统处配置气体实时监测系统，保证储罐的安全。

451. 二氧化硫的危害有哪些

二氧化硫的危害：剧毒，受热后瓶内压力增大，有爆炸危险，还会引发酸雨，二氧化硫气体可对附近人畜造成生命危险。

（1）二氧化硫进入呼吸道后，因其易溶于水，故大部分被阻滞在上呼吸道，在湿润的黏膜上生成具有腐蚀性的亚硫酸、硫酸和硫酸盐，使刺激作用增强。上呼吸道的平滑肌因有末梢神经感受器，遇刺激就会产生窄缩反应，使气管和支气管的管腔缩小，气道阻力增加。上呼吸道对二氧化硫的这种阻留作用，在一定程度上可减轻二氧化硫对肺部的刺激。但进入血液的二氧化硫仍可通过血液循环抵达肺部产生刺激作用。

（2）二氧化硫可被吸收进入血液，对全身产生毒副作用，它能破坏酶的活力，从而明显地影响碳水化合物及蛋白质的代谢，对肝脏有一定的损害。

（3）二氧化硫对人体健康的危害，主要是对眼结膜和上呼吸道黏膜的强烈刺激作用。

452. 简述水泥窑二氧化硫的产生原理

水泥原材料及燃料中的硫化物，在回转窑的过渡带和烧成带，大部分会与碱结合生成硫酸盐。未被结合的部分，生成 SO_2 气体，被带进分解炉。在分解炉中，存在大量的活性 CaO，同时分解炉内的温度正是脱硫反应发生的温度，因此，烧成带产生的 SO_2 气体，可能在分解炉内被 CaO 吸收。正常情况下，燃料中的硫很少会影响硫的排放。但是，下述情况出现时，会导致 SO_2 排放浓度升高：

（1）燃料的燃烧是在还原状态下进行的；

（2）生料易烧性差，烧成带温度被提得很高；

（3）硫碱比明显偏高。

2.2 高 级 工

453. 熟料烧成过程中的主要化学反应有哪些

熟料烧成过程中的主要化学反应见表 2-13。

表 2-13　熟料烧成过程中的主要化学反应

温度范围（℃）	生成物	主要化学反应
100～110	水(H_2O)汽化	H_2O(液体)══H_2O(气体)－586kcal/kg，H_2O
450～800	黏土脱结晶水	$Al_2O_3 \cdot 2SiO_2 \cdot 2H_2O$══$Al_2O_3 \cdot 2SiO_2$－223kcal/kg，黏土
710～730	$MgCO_3$ 分解	$MgCO_3$══$MgO+CO_2$－773kcal/kg，MgO
750～900	$CaCO_3$ 分解	$CaCO_3$══$CaO+CO_2$－750kcal/kg，CaO
800 以上	$CaO \cdot Fe_2O_3$	$CaO+Fe_2O_3$══$CaO \cdot Fe_2O_3$＋87kcal/kg，$CaO \cdot Fe_2O_3$
800～900	$CaO \cdot SiO_2$	$CaO \cdot SiO_2$ 开始生成
900～950	$5CaO \cdot 3Al_2O_3$	$5CaO \cdot 3Al_2O_3$ 开始生成
950～1200	$2CaO \cdot SiO_2$	$2CaO+SiO_2$══$2CaO \cdot SiO_2$＋193kcal/kg，$2CaO \cdot SiO_2$
	$2CaO \cdot Fe_2O_3$	$2CaO+Fe_2O_3$══$2CaO \cdot Fe_2O_3$＋80kcal/kg，$2CaO \cdot Fe_2O_3$
1200～1300	$3CaO \cdot Al_2O_3$	$3CaO+Al_2O_3$══$3CaO \cdot Al_2O_3$＋77kcal/kg，$3CaO \cdot Al_2O_3$
	$6CaO \cdot 2Al_2O_3 \cdot Fe_2O_3$	$6CaO \cdot 2Al_2O_3 \cdot Fe_2O_3$ 生成
1250～1300	液相（熔融物）	最初的液相生成
1280～1450	$3CaO \cdot SiO_2$(Alite)	$CaO+2CaO \cdot SiO_2$══$3CaO \cdot SiO_2$＋143.5kcal/kg，$3CaO \cdot SiO_2$
1200℃左右冷却	间隙物质	在硅酸三钙生成温度范围呈铝酸盐及铁酸盐为液相，经过冷却后，它们成为硅酸三钙和硅酸三钙结晶间的间隙物质

454. 何为入窑物料的表观分解率和真实分解率？如何计算

由于窑内粉尘飞扬进入预热器，该部分粉尘的分解程度高于入窑物料分解率，烧失量很低，进入预热器后又掺入预热器内生料中重新返回窑内，从而使对入窑物料用测定烧失量方法求出的分解率不能真正代表物料的分解率称表观分解率 α'。真实分解率是排除出窑飞灰对所取样品的影响的分解率。

表观分解率 α' 可根据生料烧失量 I_1 入窑物料烧失量 I_2 求出。

$$\alpha' = \left(\frac{100I_1}{100-I_1} - \frac{100I_2}{100-I_2}\right) \Big/ \frac{I_1}{100-I_1} (\%)$$

整理后

$$\alpha' = 10000\ (I_1 - I_2)/[I_1(100-I_2)]$$

在已知出窑粉尘量 m_n（kg/kg. sh）和粉尘烧失量 I_1、I_2、…、I_n 时，可求出真实分解率。

$$\alpha = \alpha' - \frac{10000m_n(100-I_1)(I_2-I_n)}{I_1(100-I_2)(100-I_n)} (\%)$$

若已知粉尘分解率 α_n，也可用下式求得真实分解率。

$$\alpha = (1+m_n)\alpha' - m_n\alpha_n$$

455. 简述悬浮预热窑的特点

悬浮预热窑是在缩短回转窑筒体的条件下用多级悬浮预热器代替部分回转筒体，使窑内以堆积态进行的气-固换热过程一部分转移到多级悬浮预热器内，在悬浮状态下进行。由于呈悬浮态的生料粉能够与从窑内排出的炽热气流充分混合，气-固两相接触面积大，传热速率快，效率高，因此有利于窑系统生产效率的提高和熟料烧成热耗的降低。

456. 简述预分解窑的特点

在悬浮预热窑的悬浮预热器和回转窑之间增设一个分解炉作为窑系统的第二热源，使燃料燃烧的放热过程与生料的碳酸盐分解的吸热过程，在悬浮态或流态化条件下极其迅速地进行，从而减轻了回转窑的热力强度，并使入窑生料的碳酸盐分解率，从悬浮预热窑的40%左右提高到85%～95%，使窑的生产能力成倍增长。预分解技术是悬浮预热技术发展的更高阶段。

457. 简述撒料装置的作用及其类型

撒料装置一般置于旋风筒下料管的底部，其作用在于防止下料管下行物料进入换热管道时向下冲料和促使下冲物料冲至撒料装置后的飞溅、分散。一般通过翻板阀的物料是成团的、一股一股的，这种团状或股状物料，气流不能带起而直接落入旋风筒造成短路。通过撒料装置的作用，就可将团状或股状物料撒开，使物料均匀分散地进入下一级旋风筒进口管道的气流。在预热器系统中，气流与均匀分散物料间的传热主要是在管道内进行，一般情况下，旋风筒进出口气体温差多数在20℃左右，出旋风筒的物料温度比出口气体温度低10℃左右，说明在旋风筒中物料与气体的热交换是微乎其微的，因此撒料装置将物料分散的程度好坏，决定了生料受热面积的大小，直接影响热交换效率。撒料装置角度太小，物料分散效果不好；反之，装置易被烧坏，而且大股物料下塌时，由于管路截面较小，容易产生堵塞。所以生产调试过程中应反复调整其角度。与此同时，应注意观察各级旋风筒进出口温差，直至调到最佳位置。

一般撒料装置有三种类型和结构：一是板式撒料器；二是撒料箱；三是简单的撒料台。

458. 简述预热器翻板阀的作用与类型

预热器翻板阀是预热器系统的重要附属设备。它装设于上级旋风筒下料管与下级旋风筒出口的换热管道入料口之间的适当部位。其作用是保持下料管经常处于密封状态，既保持下料均匀畅通，又能密封物料不能填充的下料管空间，最大限度地防止由于上级旋风筒与下级旋风筒出口换热管道间由于压差容易产生的气流短路、漏风，做到换热管道中的气流及下料管中的物料“气走气路，料走料路”，各行其路。这样，既有利于防止换热管中的热气流经下料管上窜至上级旋风筒下料口，引起已经收集的物料再次飞扬，降低分离效率，又能防止换热管道中的热气流未与物料换热，而经由上级旋风筒底部窜入旋风筒，造成不必要的热损失，降低换热效率。

翻板阀的类型主要有单板式、双板式、瓣式三种。

459. 如何进行翻板阀平衡杆角度机器配重的调整

一般情况下，翻板阀摆动的频率越高，进入下一级旋风筒进气管道中的物料越均匀，气流短路的可能性就越小。翻板阀摆动的灵活程度主要取决于翻板阀平衡杆的角度及其配重。根据经验，翻板阀平衡杆的位置应在水平线以下，并与水平线之间的夹角小于30°，最好能调到15°左右。因为此时平衡杆和配重的重心线位移变化很小，而且随阀杆开度增大上述重心和阀板传动轴间距同时增大。力矩增大，阀板复位所需时间缩短，排灰阀摆动的灵活程度可以提高。至于配重，应在冷态时初调，调到用手指轻轻一抬平衡杆就起来，一松手平衡杆就复位。热态时，只需对个别翻板阀做微量调整即可。

460. 翻板阀结构设计的主要要求是什么

（1）阀体及内部零件坚固、耐热，以避免过热引起的变形损坏。

（2）阀板摆动轻巧灵活，重锤易于调整，既要避免阀板开闭动作过大，又要防止料流发生脉冲，做到下料均匀。一般阀板前端开有圆形或弧形孔洞使部分物料经常由此流下。

（3）阀体具有良好的气密性，阀板形状规整，与管内壁接触严密，同时要杜绝任何连接法兰或轴承间隙的漏风。

（4）支撑阀板转轴的轴承要密封良好，防止灰尘侵入。

（5）阀体应便于检查、拆装，零件要易于更换。

461. 简述 $L/D \approx 10$ 的新型干法短窑的特点

由于生料中碳酸盐组分在预热分解系统完成了90%以上的分解任务，只有很少量的碳酸盐分解任务留待窑内完成。同时，窑内高温带仅局限在火焰辐射区域之内，所以一般 L/D 较大的窑内，已完成分解任务的物料还要在900～1300℃的过渡带内滞留过长的时间，以致延缓了物料的加热过程，从而导致 C_2S 及 CaO 矿物长大，在分解初期产生的活性变差；而此时，尚无足够的热量使之迅速升温，从而阻碍了熟料的结粒和烧结。这种不利条件生产的熟料矿物结构不良，从而影响熟料品质和易磨性等。

$L/D \approx 10$ 的新型干法短窑可将窑内过渡带缩短，物料在过渡带滞留时间可由大约15min减少到6min左右，因此，物料在窑内加热速度快；C_2S 和 CaO 晶体来不及生长，使之反应活性增大，有利于熟料烧结。此外，熟料矿物可生成微晶、微孔结构，其性能及易磨性都会优于 L/D 大的预分解窑。

462. 简述 SP 窑和 NSP 窑生产能力计算方法

SP 窑和 NSP 窑生产能力的计算公式均为经验统计公式，各研究单位的统计范围及方式不同，所得出的经验公式也不一样，表2-14所示经验公式仅供参考。

表 2-14 计算方法

类型	提出单位	公式
SP	中国南京化工大学	$G=0.7576D^{2.9317}L^{0.54698}$
	日本水泥协会	$G=0.3437D^{2.776}L^{0.2917}$
	日本 T-14 调查报告	$G=0.053V_i^{1.022}$
NSP	中国南京化工大学	$G=0.37743D_i^{2.5185}L^{0.51861}$
	中国建材研究院	$G=KD^{2.52}L^{0.762}$（$K=0.114\sim0.119$）
	日本 T-14 调查报告	$G=1.38V_i^{0.641}$

注：式中 G——窑的生产能力，t. cl/h；

L——窑的长度，m

D_i、D——窑衬砖内径及筒体内径，m；

V_i——窑内有效容积，m^3。

463. 一般 SP、NSP 及 $L/D\approx10$ 短窑窑内物料的停留时间是多少

SP、NSP 及 $L/D\approx10$ 短窑窑内物料的停留时间如表 2-15 所示。

表 2-15 停留时间

工艺类型	分解带	过渡带	烧成带	冷却带	合计
SP（min）	28	5	10	2	45
NSP（min）	2	15	12	2	31
$L/D\approx10$（min）	2	6	10	2	20

464. 简单描绘 N-SF、RSP 分解炉的结构图

（1）N-SF 型分解炉结构如图 2-17 所示。

（2）RSP 型分解炉（改进型）结构如图 2-18 所示。

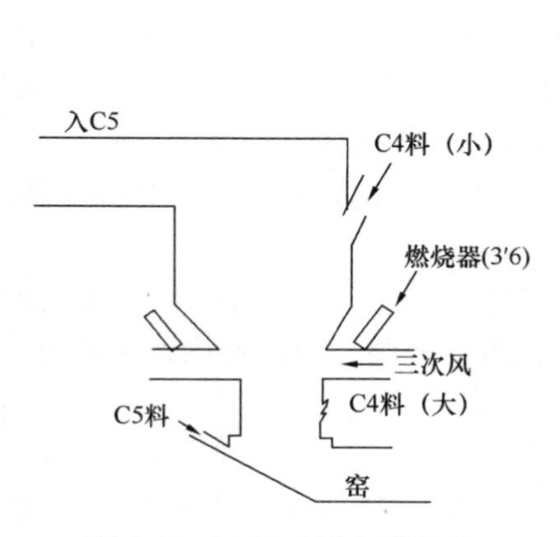

图 2-17 N-SF 型分解炉结构

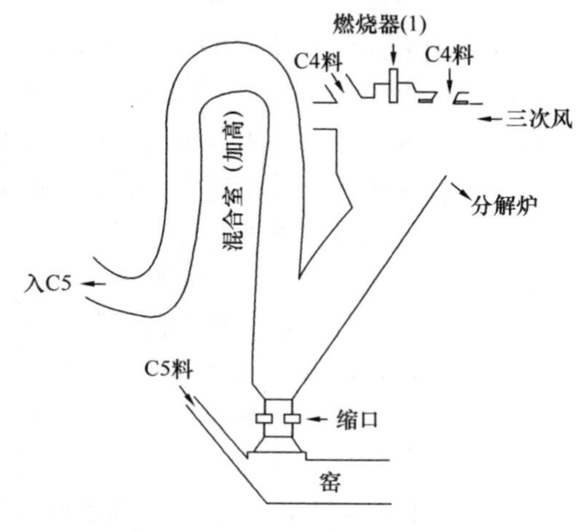

图 2-18 BSP 型分解炉结构

465. 简述按全窑气体流动方式分类的预分解窑的类型

预分解窑按全窑系统气体流动方式分类，基本分为三种类型。

（1）第一种类型。分解炉需要的三次风由窑内通过，不再增设三次风管道，一般也不设专门的分解炉，而是利用窑尾与最下一级的旋风筒之间的上升烟道，经过适当改进或加长作为分解炉。

（2）第二种类型。设有单独的三次风管，从冷却机抽取的热风在炉前或炉内与窑气混合（SF、KSV 等）。

（3）第三种类型。设有单独的三次风管，但窑气不在炉前或炉内与三次风混合，炉内燃料燃烧全部用从冷却机抽取的三次风。此种类型窑对窑烟气的处理又有三种方式：

① 窑烟气在分解炉后与分解炉烟气混合（MFC）。

② 窑烟气不与分解炉烟气混合，而是各经过一个单独的预热器系列。

③ 窑烟气从窑尾完全排出，用于原料烘干或发电，或在原料中碱、氯、硫等有害成分较高时，采取旁路放风措施。

466. 简述熟料冷却机的几种类型

熟料冷却机主要有三种类型：

（1）筒式。包括单筒及多筒。

（2）篦式。包括振动、回转、推动篦式。

（3）其他形式。如立式。

目前推动篦式冷却机，尤其是第三代控制流推动篦式冷却机是分解窑系统中最佳的熟料冷却装备。

467. 简述水平推动篦式冷却机的特点

水平推动篦式冷却机内部主要设有相间排列的活动篦板和固定篦板组成的篦床，以及支承这两种篦板的梁和框架等。活动篦板每分钟的冲程次数为 4～25 次，冲程长 120mm 左右，传动可由电动机或液压传动，漏过篦板的细料落入空气室下的集料斗，再卸入拉链输送机。在篦冷机出料端设有与篦床宽度相同的熟料破碎机，大块熟料被击碎后仍弹回篦床再次破碎。其特点是：

（1）随着产量的增加，篦床可分为 1～4 段，各篦床之间可有高度落差，也可没有落差，各段篦床可分别调速。

（2）篦床下部分室设有专门风机，由于各室篦床料层厚度不同，冷却风压随料层厚度变化，各室之间严格密封，细料输送机也由安装在密闭室内改为室外，经集料斗及电动阀门卸料。

（3）采用厚料层操作，以提高二、三次风温。

（4）优化篦床宽度。篦床过宽造成熟料分布不均，影响熟料冷却及二、三次风加热；篦床过窄，使料层过厚，并增加冷却机的长度。同时，为防止出窑熟料偏移下落，篦式冷却机的布置一般是偏于回转窑中心线转上方向的一侧，偏移值为窑内径的10%～15%。

（5）在篦冷机进料端两侧设置数块不通风的固定式“盲板”。由于“盲板”的设置，使其篦床两侧形成死料区，调整了进料段篦床的有效宽度，从而使该处料层增厚，熟料层布料均匀，提高了对熟料的冷却能力和热效率。

468. 简述第四代篦冷机的特点

第四代熟料篦冷机包括丹麦FL史密斯公司的推动棒式（Cross Bar）篦冷机、德国伯力鸠斯公司的伯力揣克（Polytrack）篦冷机、德国洪堡公司派列福劳尔（Pyrofloor）篦冷机等。国内有关单位也在积极地研究开发各自的第四代篦冷机，并取得了一定的成效。（Slnoma公司已经研制出具有自主知识产权的第四代篦冷机，比如中材国际成都院研制的第四代篦冷机-新型S篦式冷却机）。第四代篦冷机的优点在于：第一，采用固定式篦床，且紧靠篦床的上方有一层静止低温熟料的保护，所以其维护费用非常低，而且便于均匀分配冷却空气量和大幅度降低漏风量，也省去了篦床下的拉链机；第二，输送熟料的功能则由其他一些机构来完成，而且该机构与冷却系统完全分开，这样便于机内易磨损件的更换；第三，整个熟料冷却机内的每一块篦板上都安装有各自的自动风量调节器，从而能够完全有效地控制进入每一个篦板的空气量，而不需要在冷却机外面再设立控制系统；第四，整个熟料冷却机由标准模块组装而成，这样有利于简化组装过程和更换部件。

469. 简述影响煤粉燃烧的主要因素

（1）水分。含水量高的煤粉不但难于粉磨，而且燃烧时汽化，吸收大量热量。一般煤粉水分控制在1%以下。

（2）灰分。水泥生产中，煤的灰分应控制稳定，否则将影响烧成状况。

（3）固定碳。碳是煤粉中产生热能的主要化学源，燃料燃烧时必须给以一定数量的过剩空气，防止不完全燃烧产生。

（4）挥发分。煤的燃烧能力与挥发分成正比，挥发分高的煤粉易于燃烧。

（5）热值。它是衡量燃料性能的最重要的指标。热值分为高热值（HHV）和低热值（LHV）两种。低热值考虑了燃料中水分蒸发和氢燃烧成水汽时的热损失。LHV与HHV的关系式如下：

$$LHV = HHV - (V_W + F_W)G$$

式中　V_W——1kg燃料燃烧时产生的燃烧水分；

F_W——1kg燃料所含的水分，kg；

C——水的蒸发热，在100℃时为2257kJ/kg。

（6）细度。煤粉的细度直接影响烧成状况，因此对细度的控制非常重要。

470. 煤的实际成分与不同表示方法

煤的实际成分与不同表示方法如图 2-19 所示。

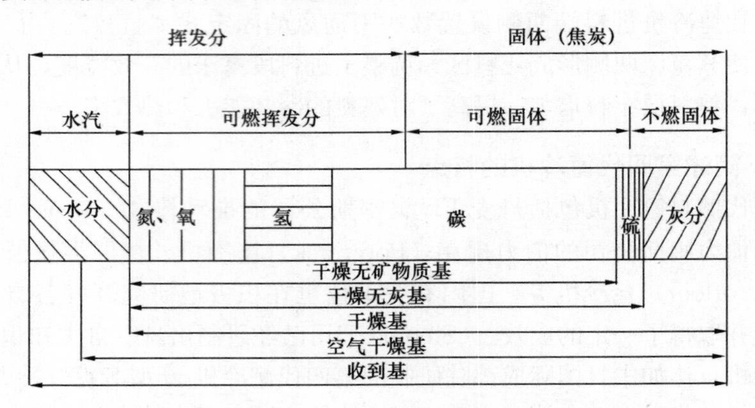

图 2-19 煤的成分及表示

471. 煤的各种基的换算系数

煤的各种基的换算系数如表 2-16 所示。

表 2-16 煤的各种基的换算系数

已知的燃料成分	换算的燃料成分			
	收到基（ar）	空气干燥基（ad）	干燥基（d）	干燥无灰基（daf）
收到基（ar）	1	$\frac{100-W^{ad}}{100-W^{ar}}$	$\frac{100}{100-W^{ar}}$	$\frac{100}{100-W^{ar}-A^{ar}}$
空气干燥基（ad）	$\frac{100-W^{ar}}{100-W^{ad}}$	1	$\frac{100}{100-W^{ad}}$	$\frac{100}{100-W^{ad}-A^{ad}}$
干燥基（d）	$\frac{100-W^{ar}}{100}$	$\frac{100-W^{ad}}{100}$	1	$\frac{100}{100-W^{ad}}$
干燥无灰基（daf）	$\frac{100-W^{ar}-A^{ar}}{100}$	$\frac{100-W^{ad}-A^{ad}}{100}$	$\frac{100-A^{d}}{100}$	1

注：1. 空气干燥基——以与空气湿度达到平衡状态的煤为基准，表示符号为 ad（ air dry basis）；

2. 干燥基——以假想无水状态的煤为基准，表示符号为 d（dry basis）；

3. 收到基——以收到状态的煤为基准，表示符号为 ar（as received）；

4. 干燥无灰基——以假想无水、无灰状态的煤为基准，表示符号为 daf（dry ash free）；

5. 干燥无矿物质基——以假想无水、无矿物质状态的煤为基准，表示符号为 dmmf（dry mineral matter free）；

6. W——水分；

7. A——灰分。

472. 简述熟料液相量的计算方法

液相量 L 为熟料在不同温度下的液相百分数。液相量高低与烧结温度组成含量有关，实践中常用1400℃和1450℃以下的液相量来考核配料方案和分析窑的操作状况。

$$1400℃：L=2.95A+2.2F+R$$

$$1450℃：L=3.00A+2.25F+R$$

式中 L——液相量，%；

A——A_2O_3；

F——Fe_2O_3；

R——$MgO+R_2O+CaSO_4$ 及其他组分之和。

一般预分解窑的液相量应控制为24%～25%。

473. 简述熟料硫碱比的计算方法

熟料硫碱比 S/R，表示熟料中所含 SO_3 量与碱之间的摩尔比，是新型干法生产对原料成分的重要控制指标之一，硫碱比过大或过小均对煅烧不利，以下为部分熟料硫碱比计算式及限制指标。

（1）Homblt　$S/R=SO_3/(0.85K_2O+1.29N_2O-1.113Cl)$ 限制指标：0.7～1.0。

（2）F. L. Smith　$S/R=SO_3/(0.85K_2O+Na_2O)$ 限制指标：<1.0，适宜值：0.6～0.8。

474. 简述 C_3S、C_2S、C_3A、C_4AF 主要特性比较

C_3S、C_2S、C_3A、C_4AF 主要特性比较如表2-17所示。

表2-17　主要特性比较

项目	C_3S	C_2S	C_3A	C_4AF
早期强度	大	小	大	小
后期强度	大	大	小	小
水化热	中	小	大	小
耐化学侵蚀性	中	大	小	中
干燥收缩性	中	小	大	小

475. 简述煤粉在回转窑内的燃烧过程

煤粉和输送用的空气（一次风）混合物以一定的喷射速度入窑后，受到窑壁和高温热烟气的辐射和对流作用而升温，当煤粉获得足够的热量，达到着火温度时，煤粉中的挥发分与一次风所提供的氧发生激烈的氧化反应而着火燃烧。燃烧速度起初很快，然后由于气流中氧浓度减少而逐渐减慢，在煤粉燃烧过程中，主

要是焦炭与二次风中的氧的反应。利用喷煤管可以保证煤粉与一、二次风混合均匀，并能控制火焰的形状和长短，满足反应的工艺要求。

476. 如何测算熟料在篦冷机内的停留时间

一般来讲，熟料在篦板回程运动过程中，存在一定的后移量。因此，熟料的平均输送速度（V_c）将会小于篦板平均推动速度（V_b），两者的比值（$k=V_c/V_b$）定义为输送系数（$k<1.0$）。

根据篦式冷却机的工作特征及物料平衡计算，冷却机基本控制参数间的关系见下式：

$$t=\frac{\rho_s \cdot W \cdot L \cdot H}{M_s}$$

式中 M_s——单位时间的熟料流量，kg/h；

W、L、H——篦冷机内熟料层宽、长和高度，m；

ρ_s——熟料的松散密度，kg/m^2；

t——熟料在冷却机内的停留时间。

实际的停留时间可以采用“红砖块”的方法简单测定，即从窑头罩处扔入若干块红砖，然后在冷却机出口处统计相应的砖块停留时间。

477. 简述黏土砖的性能与应用

黏土砖是氧化铝含量30%～48%的硅酸铝质耐火材料，其矿物组成为莫来石（$3Al_2O_3 \cdot 2SiO_2$）20%～50%、玻璃相25%～60%和方石英与石英（最高可达30%）。普通黏土砖按氧化铝含量可分为一等（>40%）；二等（>35%）；三等（>30%）。其相应的耐火度：不低于1730℃、1670℃、1610℃，荷重软化温度均为1250～1450℃，热稳定性较好，一般使用于回转窑的干燥带、预热带、分解带及冷却机。

478. 简述高铝砖的性能与应用

高铝砖是氧化铝含量在48%以上的硅酸铝质耐火材料，矿物组成为刚玉（α-Al_2O_3）、莫来石和玻璃相，其含量取决于Al_2O_3/SiO_2比值和杂质的种类及数量，按Al_2O_3含量或Al_2O_3/SiO_2比值划分等级。我国高铝砖分为三级：

LZ-65：含65%～70%，耐火度1790℃；

LZ-55：含55%～65%，耐火度1770℃；

LZ-48：含48%～55%，耐火度1750℃。

高铝砖可用于回转窑过渡带、冷却带与冷却机，并可用于回转窑烧成带。

479. 简述磷酸盐结合高铝砖的性能和应用

磷酸盐结合高铝砖分为两种：一种是磷酸盐结合高铝质砖（简称磷酸盐砖）；另一种是磷酸盐结合高铝质耐磨砖（简称耐磨砖）。

磷酸盐砖是以浓度为42.5%～50%的磷酸溶液作为结合剂，集料是采用经回转窑1600℃以上煅烧的矾土熟料。在砖的使用过程中，磷酸与砖内烧矾土细粉与耐火黏土相反应，最终形成以方石英型正磷酸铝为主的结合剂。耐磨砖是以工业磷酸、工业氢氧化铝配成磷酸铝溶液作为结合剂，其摩尔比为Al_2O_3：P_2O_5=1：3.2，采用的集料与磷酸盐砖相同。在砖的使用过程中，同磷酸盐一样，形成方石英型正磷酸铝为主的结合剂。

磷酸盐砖适用于回转窑的过渡带窑口及其他易掉砖的部位，用于烧成带也比较优越。

耐磨砖适用于回转窑的冷却带、窑口及冷却机等部位。

480. 简述镁砖的性能与应用

镁砖为氧化镁含量不少于91%、氧化钙含量不大于3.0%、以方镁石（MgO）为主要矿物的碱性耐火材料。镁砖的特性取决于含钙、镁、铁的硅酸盐（含3%～5%），作为方镁石晶体的胶粘剂，它导热性好、热膨胀率大、抗碱性溶渣性能好、抗酸性溶渣性能差。荷重变形温度因方镁石晶粒四周为低熔点的硅酸盐胶结物，表现为开始点不高，而坍塌温度与开始点相差不大，耐火度可高达2000℃。镁砖的抗热振性差是其使用中容易毁坏的主要原因。

镁砖主要应用到水泥回转窑烧成带部位。

481. 简述镁铝尖晶石砖的性能与应用

为了改善镁砖的抗热振稳定性，在配料中加入氧化铝而生成的镁铝尖晶石（MgO、Al_2O_3）为主要矿物的镁质砖，以高纯镁砂及合成尖晶石为原料，两者配合比为（0.7～0.8）:（0.3～0.2）。

尖晶石砖的优点是抗热振性好，使用过程中与熟料反应能在砖的表面形成一层很薄的铝酸钙保护层，使液相不易渗透，抗剥落性能比直接结合镁铬砖好，在窑的冷却带和过渡带使用寿命可较直接结合镁铬砖延长1倍，但在抗蚀性方面稍次于直接结合镁铬砖。烧结尖晶石易于水化，导热系数也较大。

482. 简述镁铁尖晶石砖的性能与应用

镁铁尖晶石砖除具有耐压强度高、热震稳定性好、抗热蠕变性能好、抗侵蚀和渗透能力、荷重软化温度高的特点外，同时具有比直接结合镁铬砖更易于粘挂窑皮的特性，可有效解决水泥窑用镁铬砖在使用过程中生成六价铬，从而对环境造成污染的难题。

483. 简述普通镁铬砖的性能与应用

普通镁铬砖含MgO为55%～80%，Cr_2O_3≥8%（一般8%～20%），主要矿物为方镁石和铬尖晶石。

普通镁铬砖对碱性渣的抵抗能力强，抗酸性渣的性能比镁砖好。荷重软化点高，高温下体积稳定性好，在1500℃时重烧线收缩小，用于回转窑烧成带等处效果较好。

484. 简述直接结合镁铬砖的性能

由于普通镁铬砖主要矿物四周为硅酸盐基质，呈硅酸盐型结合，而硅酸盐基质恰是碱性砖中熔点最低而最易受侵蚀的部分。

直接结合镁铬砖以优质菱镁矿石与铬铁矿石为原料，先烧制成轻烧镁砖，按一定级配，经高压成球，在1900℃高温下，烧制成重烧镁砖，再配入一定比例的铬铁矿石，加压成型，经1750～1850℃隧道窑煅烧而成，直接结合率高，因此，大大改善了砖的高温性能。

但含铬耐火材料对环境污染较重，因此，必须寻求用无铬碱性砖代替铬碱性砖。

485. 简述耐碱砖的性能与应用

在回转窑生产中，来自原、燃料中碱、硫、氯等有害成分，在高温带形成硫酸碱和氯化碱随窑气后逸，除对烧成带、过渡带的碱性砖侵蚀损害外，到窑尾烟室、分解炉、预热器等由于温度降低而凝结富集，可渗入普通黏土砖内与砖体产生化学反应，生成膨胀性矿物，使黏土砖开裂剥落，形成“碱裂”破坏。由于出窑熟料温度高，碱还会从熟料内继续挥发，对篦冷机热端窑头罩的耐火黏土砖侵蚀，形成“碱裂”。Al_2O_3 含量为25%～28%的耐火黏土砖，使碱在砖面上凝集后迅速与砖发生反应，形成一层高黏度的釉面层，封闭了碱向砖体内部继续侵蚀的通道，从而防止了“碱裂”。如空气中含氯较多时，可适当提高砖中的 SiO_2 含量，增大砖面与氯碱结合粘挂的能力，制成耐氯碱侵蚀的耐碱黏土砖。为适应预分解窑三次风管中带熟料粉尘的气流对衬料的冲刷，也可制成高强度的耐碱黏土砖；为满足窑体、预热器筒体隔热要求，还可以制成轻质耐碱黏土砖。

486. 简述低导热砖的性能与应用

低导热砖具有强度高、热振稳定性好、导热系数低等特点。低导热砖能有效降低筒体温度，进而降低回转窑的能耗，是新一代节能环保的耐火材料。可应用于回转窑前过渡带、三次风管、篦冷机等部位。

487. 回转窑内耐火砖一般如何配置

冷却带处在窑筒体的最低部位，为防止窑内耐火砖在运行中下滑，在前段设置挡砖圈。预分解窑转速高，相应增大挡砖圈部位的机械应力，此外，冷却带处在窑口，筒体受热易变形，再加上该部位处在第一挡轮带部位，易形成筒体椭圆应力。综合上述，冷却带耐火砖是回转窑内衬砖承受热应力、热化学侵蚀、热机械应力最高的部位。一般用硅莫红砖或镁铝尖晶石砖。

熔体烧成带处在窑的中部，也就是三挡窑中间一挡托轮的部位，该部位烟气温度在1700℃左右，窑料温度在1300℃以上，一般配置高的荷软温度且抗窑料熔体侵蚀的火砖。此类耐火砖一般致密，且热导率高，当窑升温时，筒体升温较快，以至于筒体膨胀量超过与轮带之间设计预留的间隙量，造成轮带压迫筒体，产生永久性变形，形成椭圆形，对衬砖产生严重的机械应力，一般用镁铁尖晶石砖或直接结合镁砖。

烧成带由于有窑皮保护，在温度作用下，窑皮中的熔体成分渗入耐火砖空隙，与耐火砖成分作用，生成新的化合物，这些化合物的熔融温度低，且体积膨胀，易使耐火砖损坏，总体来说带内耐火砖所承受的应力低于两端耐火砖所承受的应力，一般用镁铝尖晶石砖。

分解带内的衬砖不仅承受严重的低熔融体的窑料的硫碱化学侵蚀，还承受回转窑在运转过程中窑料和窑气温差造成的热振及氧化还原负荷，更为严重的是在窑尾出现大块窑料时的机械振动和磨蚀，一般用硅莫红砖或高等级碳化硅砖。

488. 回转窑内各个反应带耐火砖的使用寿命一般为多少

回转窑内温度高，化学反应复杂，且窑料以较快速度运行，因此回转窑内耐火砖的使用寿命受到影响，成为烧成系统更换最为频繁的部位。国内大型预分解窑内火砖运转较好的为一年左右，一般为8～10个月，在一些尚未正常的生产线不超过6个月，个别窑不到2个月。

489. 简述生料中碱（K_2O、Na_2O）含量对烧成及水泥品质的影响

碱一般存在于原料黏土与硅石中，为低融点物质，容易与SO_3、Cl^-结合，降低C_3A，C_4AF的生成温度。碱对水泥生产的影响主要有两个方面：一是影响新型干法熟料烧成系统的正常生产；二是影响熟料的质量。

煅烧含碱过高的生料，由于碱性挥发物在窑尾和预热器中的循环富集，容易引起烟道、分解炉、预热器中结皮堵塞，回转窑内则是料发黏，烧结温度范围缩小，热工制度不稳，飞砂严重，窑皮疏松，烧成带材料寿命缩短，致使熟料质量下降，严重时将无法正常生产。生料中的碱除一部分挥发循环外，其余的大部分均以硫酸盐的形式存在于熟料。如果熟料含碱量过高，则其凝结时间将缩短，以致急凝，水泥标准稠度需水量增加，熟料中游离石灰增高，安定性不良，抗折强度降低，并出现1d、3d的抗压强度略有升高，而7d、28d的抗压强度明显下降的现象。此外，高碱水泥在有些地区使用时，还应特别注意防止碱集料反应的破坏作用。

490. 简述氧化镁含量对烧成及水泥品质的影响

氧化镁主要存在于石灰石、矿渣、黏土中，生料中氧化镁含量一定时易烧成，但过多易造成窑内结皮脱落频繁。原料中的MgO经高温煅烧，其中部分与熟料矿物结合成固熔体，部分熔于液相。因此，当熟料中含有少量MgO时，能降低熟料的烧成温度，增加液相数量，降低液相黏度，有利于熟料烧成，还能改善

水泥的色泽。在硅酸盐水泥中，MgO与主要熟料矿物相化合的最大含量为2%（以质量计），超过该数量的部分就在熟料中呈游离状态，以方镁石的形式出现。方镁石与水反应生成的$Mg(OH)_2$，其体积较游离MgO增大，而且反应速度极其缓慢，导致已经硬化的水泥凝固体内部发生体积膨胀而开裂，造成所谓氧化镁膨胀性破裂，因此造成水泥强度的降低。另外，MgO含量高的熟料粉碎性不良。

491. 简述氯含量对烧成及水泥品质的影响

氯主要存在于石灰石、矿渣与燃料中，是低熔点物质，易和碱结合，成为旋风筒堵塞的原因。氯在烧成系统中主要生成$CaCl_2$或氯化碱，其挥发性特别强，在窑内绝大部分再次挥发，形成氯、碱循环富集，致使预热器生料中氯化物的含量提高近百倍，引起预热器结皮堵塞。一般入窑生料氯含量控制在$<0.015\%$可增加熟料的早期强度，但会氧化钢筋。

492. 简述硫含量对烧成及水泥品质的影响

硫主要存在于石灰石、黏土及燃料中，硫易和碱结合，过多的硫含量会造成旋风筒堵塞。

生料和燃料中的硫在燃烧过程生成SO_2，又在窑烧成带气化，在窑气中与氧化物（R_2O）结合，形成气态的硫酸碱，然后凝聚在温度较低处（窑尾和预热器）的生料颗粒表面。这些硫酸盐（R_2SO_4）除一小部分被窑灰带走外，因其挥发性较低，故大部分被固定在熟料中而带出窑外，这是SO_2与R_2O含量比例正好平衡时的情况。如果SO_2含量有富余，则在预热器中它将与生料中的$CaCO_3$反应生成$CaSO_4$进入窑内。在烧成带，其大部分再分解呈CaO和气态SO_2，小部分残存于熟料中。这样，SO_2在窑气中循环富集，往往引起预热器结皮堵塞或窑内结圈。反之，如碱含量有富余，则剩余的碱就会生成高挥发性的氯化碱和中等挥发性的碳酸碱，形成氯和碱的循环，影响预热器的正常操作。SO_3可以增进水泥的早期强度，但会降低28d强度。

493. 简述原料中微量元素（f-SiO_2、V、Zn、P_2O_5、F）对烧成及水泥品质的影响

（1）f-SiO_2（燧石）是原料中的有害杂质，石灰岩中的燧石常以隐晶质的α-石英为主，以结合状、条带状或层状形态存在。燧石结构致密，质地坚硬，耐压强度高，化学活性很低，对设备的磨损严重，对窑磨操作均有不良影响。

（2）V主要存在于燃料中，对烧成有不利影响，其含量在0.5%以上时会造成熟料强度不良的影响。

（3）Zn主要存在于矿渣中，其含量在0.1%以上会造成水泥强度不良。

（4）P_2O_5主要存在于石灰石中，会造成水泥强度降低，凝结时间延迟。

（5）F主要存在于石灰石中，有利于烧成，但过多易造成旋风筒堵塞，虽然F能增加熟料强度，但过多会使凝结延迟。

494. 保证熟料质量的措施有哪些

(1) 对原燃料进行控制。

① 控制原燃料的化学成分，避免有害物质进入；

② 控制原燃料的各种成分的波动，使其控制在相应波动范围内；

③ 加强原燃料的分析与配料，加强均化系统的管理；

④ 严格控制各种率值的波动范围；

⑤ 保证原燃料计量设备的运转稳定与准确。

(2) 加强烧成操作的控制。

① 稳定热工制度；

② 控制熟料冷却速度；

③ 加强原料的分析预测工作，实现预先控制。

(3) 通过熟料的立升重与 f-CaO 对熟料质量进行初步判断，还可通过偏光显微镜对硅酸三钙石（Alite）、斜硅灰石（Belite）的生成状况进行分析，判断熟料生成过程的升温速度、最高温度、高温保持时间及冷却速度是否适当，对烧成操作进行修正。

495. 新建新型干法生产线烘窑前的准备工作有哪些

(1) 准备好点火工具；

(2) 准备好点火用的燃油；

(3) 点火前对全系统内部进行检查，确保异物的清除，保证系统内畅通；

(4) 点火前向系统内喷入适量的生料或石灰石粉，具体喷入量如表 2-18 所示。

表 2-18 生料或石灰石粉的喷入量 t

规模（t/d）	1000	2000	2500	3200	5000	6000
窑	1.5	2.5	3	4	6.5	7
分解炉（在线）	1	1.5	1.8	2.5	4.5	5

利用煤磨粉磨煤，在控制下分别进窑头窑尾的煤粉仓，这样可以填充煤粉制备和输送系统死角，防止因煤粉存在死角长期导致自燃，同时可以检查系统是否运行正常。系统中喷入粉料后，可以防止点火期间窑内热工制度不稳定造成的温度波动，防止点火时，方法不当而导致油滴到窑衬上，还可以减少升温过程中产生的热振。

(5) 一般情况下，燃油点火要将一次风机启动，供给适量的一次风。点火初期，风量应控制到最小，调整适当的内、外流，然后根据点火后的火焰情况逐步调整加大，以不吹灭火焰为宜。

496. 新建新型干法生产线烘窑过程的控制

回转窑及预热器内耐火材料的烘干过程是相当重要的，它是根据整个系统中耐火材料的热物理性能制定的，一般以热稳定性相对较弱的材料作为烘干的控制目标，以窑尾温度作为检测标识温度，因此在烘窑过程中，必须严格按照预定的烘窑方案进行。

烘窑过程分为三个阶段：第一阶段，升温与保温段，此段保温范围为180～250℃，主要用于脱除耐火材料内的物理水；第二阶段，升温与保温段，此段保温范围为380～420℃，主要用于脱除耐火材料内的化学水；第三阶段，提温准备投料段，在提温过程中要始终注意，其提温的速率不能超过30℃/h，如果提温速度过快，将会引起耐火材料溃裂、脱落。经过24h烘干后，应每隔2h观察各级预热器排气孔和预热器顶盖排气孔水蒸气排出情况，并做好相应的记录，冬季还需定期排出采压管内的蒸汽冷凝水，以免影响压力变送器正常工作。

具体的烘窑热工制度曲线如图2-20所示。

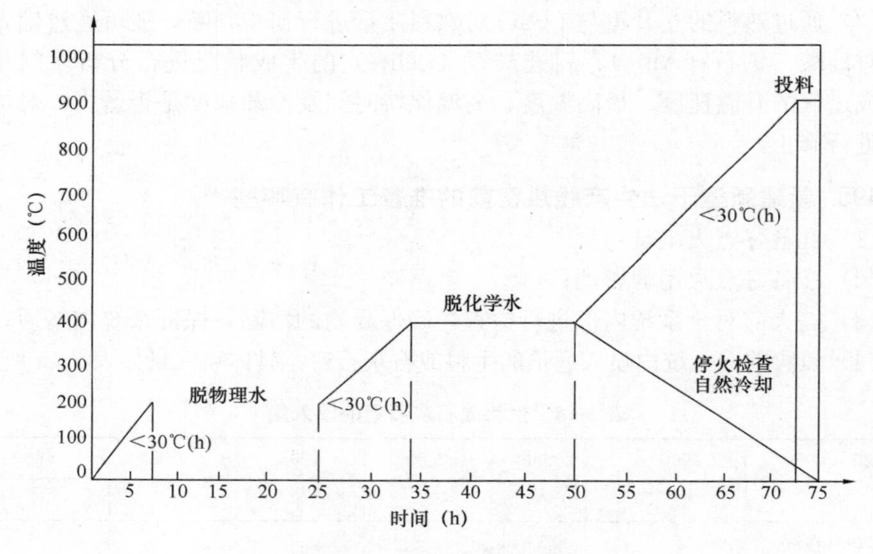

图2-20 烘窑热工制度曲线

497. 新建新型干法窑烘窑过程中的注意点有哪些

（1）点火前将预热器系统中所有的人孔门和观察孔关闭好，且将所有下料管上的翻板阀吊起；烘窑初期，系统风主要依靠预热器内的自然抽风能力来维护，当通风能力不足时，可启动高温风机；通过调节风机风门或液力耦合器调整系统通风量，以满足烘窑提温的控制要求。

（2）烘窑期间为采用长火焰燃烧，烘窑过程中应严格按烘窑曲线要求进行，升温阶段，升温速率应严格控制小于或等于该阶段的要求值，同时随时观察内部耐火材料的变化情况，若有异常应及时判断是否停火检查。在整个烘窑过程中，必须密切监测回转窑筒体温度的变化，使筒体温度不超过370℃，短期（10min

内）不超过400℃。

（3）点火后，由于窑内温度过低，且窑尾预热器内气流不稳定，常出现“爆燃”现象，因此看火工和耐火材料的观察人员一定要注意内部的变化情况，保证人身安全。

（4）在烘窑过程中，为了防止回转窑筒体变形，必须按要求进行转窑。

（5）在点火烘窑的过程中，由于耐火材料内的水蒸气进入采压管道，冷凝后形成水，造成测压系统的偏差，严重时影响和破坏压力变送器，因此在烘窑期间，应派专门的工作人员对系统的测压管道进行定期排水处理。

（6）无论系统升温，还是降温，均应控制其温度变化的速率。特别在处理事故过程中，应严格防止温度的大起大落，以免引起窑和预热器内的耐火材料的溃裂，造成生产损失。具体值应控制在30℃/h以内为好。

498. 不同类型燃料的着火温度是多少

燃料的着火温度与燃料品种、环境温度、氧气浓度、氧气接触时间有关，通常空气下的着火温度：

褐煤：250～450℃；

烟煤：325～400℃；

无烟煤：440～500℃；

重油：530～580℃。

499. 如何根据化学分析和工业分析计算燃料发热量

（1）根据化学元素分析结果计算

已知1kg燃料中碳（C）、氢（H）、氧（O）、硫（S）及水分（W）含量（kg），则燃料的高位发热量

$$H_h(\text{kcal/kg})=8080C+34200(H-O/8)+25000S$$

燃料的低位发热量

$$H_l(\text{kcal/kg})=8080C+28800(H-O/8)+25000S-600\,(9\cdot O/8+W)$$

固体和液体燃料的高低位发热量值的关系可简化为

$$H_l=H_h-600(9H+W)$$

（2）根据工业分析结果计算

C_f为固定碳含量（%），V_m为挥发分（%），W为水分（%），则

$$H_h(\text{kcal/kg})=81C_f+(96-\alpha\cdot W)(V_m+W)$$

α为相关系数，$W<5.0$时$\alpha=6.5$；$W>5.0$时$\alpha=5.0$。

500. 简述排风机不同工作状态下风量、风压、轴功率的换算关系

（1）排风机工作状态与基准状态风量的换算

$$Q=Q_N(273+t)\times 10332/[273(10332+P_S)]$$

式中 Q——排风机吸入风量，m^3/min；

Q_N——基准状态下的风量，Nm^3/min；

t——排风机入口气体温度,℃；

P——排风机入口表压，mmHg。

（2）排风机转数变化时风量、风压、轴功率的变化

风量

$$Q_2 = (N_2/N_1)Q_1 \quad (m^3/min)$$

压力

$$P_2 = (N_2/N_1)^2 P_1 \quad (mmHg)$$

轴功率

$$L_2 = (N_2/N_1)^3 L_1 \quad (kW)$$

式中　N_2、N_1——排风机不同的转数。

（3）排风机入口温度变化时风量、风压、轴功率的变化

风量

$$Q_2 = Q_1$$

压力

$$P_2 = P_1(273 + t_1)/(273 + t_2)$$

轴功率

$$L_2 = L_1(273 + t_1)/(273 + t_2)$$

式中　t_1、t_2——排风机入口温度变化。

501. 简单描绘排风机入口风门开度变化时风量、风压、轴功率的变化图

排风机入口风门由全开逐渐关小时的各参数变化如图 2-21 所示。

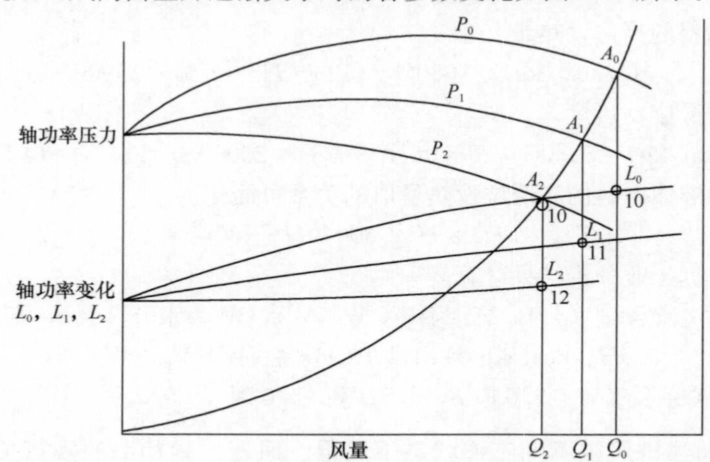

图 2-21　入口风门开度变化时各参数变化图

P_0，P_1，P_2——风门由全开逐渐关闭时的变化；

L_0，L_1，L_2——轴功率变化

502. 简述原料细度、煤粉细度、熟料特性、水泥特性对生产热耗、电耗的影响

原料细度、煤粉细度、熟料特性、水泥特性对生产热耗、电耗的影响如表2-19所示。

表 2-19 原料细度、煤粉细度、熟料特性、水泥特性对生产热耗、电耗的影响

项目		变化量	28d 抗压强度	电耗	热耗	备注
水泥	比表面积	±100cm²/g	±6～8kg/cm²	±1.5kW·h/t. cl	—	短期强度增加
	30μm 筛余	±1%	∓6～8kg/cm²	∓1.5kW·h/t. cl	—	—
	SO_3	±0.1%	∓3kg/cm²	∓0.3～0.5	—	短期强度增加
熟料	*HM*（水硬率）	±0.01	±3.5kg/cm²	∓0.5kW·h/t. cl	±6000kcal/t. cl	—
	n（硅率）	↗	—	—	↗	—
	P（铝氧率）	↗	—	—	↗	—
	f-CaO	±0.1%	∓3.5kg/cm²	±α	±α	—
	SO_3	±0.1%	∓5.0kg/cm²	±0.3～0.5	—	水泥石膏配料减少
	MgO	±0.1%	∓5.0kg/cm²	±0.3	—	—
	Na_2O	↗	↘	—	—	—
	K_2O	↗	↗	—	—	—
煤粉细度		±1%	—	∓0.3kW·h/t. cl	±3000kcal/t. cl	—
原料细度		±1%	—	∓0.5～0.7	±α	—

503. 简述烧成系统飞灰循环的几种方式

烧成系统的飞灰循环分为内循环和外循环两种。

（1）内循环

① 冷却机与窑内循环。落入冷却剂的热料微粒随二次风返回窑内。

② 窑内的内循环。窑内的石灰因自重而沉落下来。

③ 热器的内循环。旋风筒的收尘效率为80%～95%，有一部分物料在预热器内循环。

（2）外循环

预热器出口气体中的石灰由吸尘器收集再进入生料，称为外循环。一旦外循环的量增加则热耗增加。

一般烧成系统各处的含尘浓度如下：

① 预热器出口气体的含尘浓度等于60～100g/Nm³；

② 窑尾排除气体的含尘浓度约等于300g/Nm³；

③ 次风中的含尘浓度约等于 30g/Nm^3；

④ 窑内二次空气中的含尘浓度约等于 200g/Nm^3。

504. 简述烧成系统碱的挥发循环状况

K_2O、NaO 在 1250℃ 时急剧挥发，与窑内气体中的—OH、—Cl、—CO_2、—SO_3结合，生成 ROH、RCl、R_2CO_3、R_2SO_4。这些化合物的熔点低、易挥发。按其易挥发程度比较如下：

$$ROH > RCl > R_2CO_3 > R_2SO_4$$

和其熔点相对应，凡 R_2CO_3 和 R_2SO_4 在窑的入口部凝结，RCl 在最下两段旋风筒凝结，ROH 则在高温风机处凝结。

505. 简述窑头喷煤嘴对烧成状况的影响

（1）影响熟料的质量；

（2）影响耐火材料的寿命；

（3）影响预热器排气温度；

（4）对燃烧状况的影响将引起热耗的变化。

506. 简述影响喷煤嘴火焰的因素

（1）喷煤嘴本身

① 喷煤嘴的位置；

② 一次空气比率；

③ 内外流风量及风速；

④ 一次空气温度及氧气浓度。

（2）燃料

① 燃料的种类；

② 细度；

③ 喷煤量的波动；

④ 窑/炉燃料比率。

（3）原料

① *HM* 值；

② 细度。

（4）冷却机

① 二次空气的温度；

② 窑头负压。

（5）窑

① 窑转数；

② 窑尾的氧气含量；

③ 窑内状况。

507. 废气排放的成分及危害有哪些

废气主要有二氧化硫（SO_2）、二氧化氮（NO_2）、一氧化氮（NO）、一氧化碳（CO）、二氧化碳（CO_2）、碳氢化合物、醛等。这些污染物有的是一次污染物，有的是二次污染物，很多的一次污染物都不稳定，它们在大气中常与其他污染物发生化学反应，或者被其他具有催化性的物质促进其他污染物之间发生化学反应，进而生成二次污染物。如 SO_3、H_2SO_4、MSO_4 都是 SO_2、H_2S 被氧化而生成的新污染物，而 NO_2、HNO_3、MNO_3 是 NO 被氧化而生成的污染物。

508. 简述燃料型 NO_x 的产生机理

燃料中的氮化合物首先转化成能够随挥发分一起从燃料中析出的中间产物，如氰化氢（HCN）、氨（NH_3）和氰（CN），这部分氮称为挥发分 N，生成的 NO_x 占燃料型 NO_x 的 60%～80%，而残留在焦炭中的氮化合物称为焦炭 N。

挥发分 N 中的 HCN 的转化途径：HCN 遇氧后生成 NCO，继续氧化则生成 NO；如被还原则生成 NH，最终变成 N_2。

挥发分 N 中的 NH_3 的转化途径：NH_3 在氧化气氛中会被依次氧化成 NH_2、NH，甚至被直接氧化成 NO，在还原气氛中也可能将 NO 还原成 N_2。

挥发分 N 的转化也取决于反应温度、氧含量、反应时间及煤的特性等多种因素。

焦炭 N 在燃烧时生成 NO_x 的数量远低于挥发分 N 转化为 NO_x 的生成量。一般占总燃料型 NO_x 的 20%～40%。焦炭 N 在氧化性气氛中转化为 NO_x 的比例也较小。原因主要为两点：一是焦炭 N 生成 NO_x 的反应活化能比碳的燃烧反应活化能大，而且焦炭颗粒因温度较高而发生熔结，使孔隙闭合、反应表面积减小，因而焦炭 NO_x 减少；二是即使在较强氧化气氛下，煤焦颗粒周围也会形成一个短暂的局部还原气氛，使 NO_x 还原成 N_2。

509. 影响燃料型 NO_x 产生的因素有哪些

温度、氧含量、停留时间、煤粉的物理和化学特性等因素。

（1）温度

温度的升高对燃料型 NO_x 的生成有促进作用。温度在 1150℃以下时，燃料型 NO_x 随温度的升高而显著增加，而温度在 1150℃以上时，燃料型 NO_x 的增加值相对平缓，但仍有上升。

（2）氧含量

氧含量的增加可以形成或强化窑炉内燃烧的氧化气氛，增加氧的供给量，促进燃料中的 N 向 NO_x 的转化。

燃料型 NO_x 随空气过剩系数的降低而一直下降，尤其当空气过剩系数 $\alpha<1$ 时，NO_x 的生成量急剧降低。

（3）煤粉的种类和煤粉的细度

不同品种的煤，挥发分含量、氮含量等有不同程度的差异，这在很大程度上导致了 NO_x 生成量的不同。通常挥发分和氮含量高的煤种生成的 NO_x 较多，其中燃料含氮量对 NO_x 生成量的影响较大。

煤粉的粒度较小时，挥发性组分析出的速度快，导致加快了煤粉表面的耗氧速度，使煤粉的局部表面易形成还原气氛，从而抑制了 NO_x 的生成；而粒度过大时，挥发性组分析出的速度慢，也会减少 NO_x 的生成量。

（4）煤挥发分

煤挥发分成分中的各种元素比也会影响 NO_x 的生成量。煤中 O/N 比值越大，NO_x 的转化率越高。在相同的 O/N 比值条件下，转化率还随过量空气系数的增大而增大。

510. 简述热力型 NO_x 的产生机理

热力型 NO_x，也称温度型 NO_x，是燃烧时空气中的 N_2 和 O_2 在高温条件下反应生成的 NO、NO_2 的总和。

在高温下 N_2 和 O_2 生成 NO，NO 和 O_2 生成 NO_2；在过剩空气系数降低、还原性气氛下，氧气氧化氮原子 N 的作用减小，析出的氮原子 N 主要靠氢氧根 OH 来氧化，生成 NO。

511. 影响热力型 NO_x 的产生因素有哪些

影响热力型 NO_x 的产生主要因素有温度、氧含量和反应时间（即高温区域的停留时间）、N_2 浓度等因素。

（1）热力型 NO_x 的生成是一个缓慢的反应过程，但 NO_x 的产生过程是强的吸热反应，因此温度成了影响 NO_x 生成最重要和最显著的因素。NO 在 1500K 以下时生成速度很小。而当温度高于此值时，NO 才会生成，而大于 1800K 后，温度每升高 100K，NO 的生成速度增加 6～7 倍。排入大气中的 NO 最终会与 O_2 反应生成 NO_2，计算对环境影响时，是以 NO_2 来计算。

（2）氧含量对热力型 NO_x 生成的影响

热力型 NO_x 生成量与氧浓度的平方根成正比。一般随着 O_2 浓度和空气预热温度的增高，NO_x 生成量上升，但生成量会存在一个最大值。因为当 O_2 浓度过高时，由于过量氧对火焰有冷却作用，NO_x 生成量反而会有所降低。

氧含量是一个相对的指标，虽然在单纯的控制热力型 NO_x 生成量上没有温度的影响大，但氧含量的大小对整个系统 NO_x 的产生都会有影响，因此对整个燃烧炉系统来说，它的作用有可能超过温度。

（3）停留时间对热力型 NO_x 生成的影响

停留时间也是一个重要指标，反映的是各种燃料和介质在高温区域的反应时间。热力型 NO_x 与停留时间的变化呈现近似线性关系。

（4）N_2很少参与燃烧反应，其浓度的变化不是特别明显，不将其列为主要因素。但在特殊情况下，如富氧燃烧或是纯氧燃烧情况下，必须考虑这一因素。

512. 简述瞬时型 NO_x 的产生机理

瞬时型（又称快速型）NO_x是由 CH_i基（挥发分析出过程得到的）冲击靠近反应火焰反应区的氮分子生成的。在碳氢化合物燃烧时，会分解出大量的 CH、CH_2、CH_3和 C_2等离子团，这些离子团会与燃烧空气中氮分子发生撞击并发生反应，从而破坏空气中的氮分子的化学键而生成 HCN、CN 等。这些 HCN、CN 会与在火焰中产生的大量 O、OH 等原子团反应生成 NCO，NCO 在合适的温度条件下被进一步氧化成 NO，从而形成瞬时型 NO_x。90％的瞬时型 NO_x是通过 HCN 生成的，火焰中 HCN 浓度达到最高点转入下降阶段时，存在着大量的氨化物（NH_i），这些氨化物会和氧原子等快速反应而被氧化成 NO。

513. 影响瞬时型 NO_x 产生的因素有哪些

影响瞬时型 NO_x产生的因素有氧含量、温度、燃料的特性等。

（1）氧含量。瞬时型 NO_x的生成量与燃烧窑炉内的氧含量（特别是火焰初始区）密切相关。在火焰初始区，根据不同的燃料，空气过剩系数在 0.75～0.85 区间内会有一个瞬时型 NO_x 生成量的最大值。在这个值前减少空气过剩系数则瞬时型 NO_x 生成量快速减少；在这个值后，增大空气过剩系数则瞬时型 NO_x 生成量也相应减小。

（2）温度。瞬时型 NO_x对温度的依赖性很弱。一般情况下，对不含氮的碳氢燃料在较低温度燃烧时，才重点考虑瞬时型 NO_x。瞬时型 NO_x在 1170～1359℃时开始产生，在很窄的范围（50～100℃）内结束。

（3）燃料的特性。瞬时型 NO_x与煤挥发出的中间产物 CH_i、C_2等基团有关，使用能快速挥发裂解出这些基团的燃料必然会增加瞬时型 NO_x的生成量。

瞬时型 NO_x一般占 NO_x总生成量的 5％以下。

514. 什么是低氮燃烧技术

凡通过改变燃烧条件来控制燃烧关键参数，以抑制 NO_x生成或破坏已生成的 NO_x为目的，从而减少 NO_x排放的技术称为低氮燃烧技术。低氮燃烧技术主要包括低氮燃烧、分级燃烧、烟气再循环、采用低 NO_x燃烧器等。通过炉内低 NO_x燃烧技术，能将 NO_x排放浓度降低 20％～30％。

515. 常用低氮燃烧器有哪几类

常用低氮燃烧器有阶段燃烧器、自身再循环燃烧器、浓淡型燃烧器、分割火焰型燃烧器、混合促进型燃烧器、低 NO_x预燃室燃烧器。

516. 什么是自身再循环燃烧器

自身再循环燃烧器是利用空气抽力，将部分炉内烟气引入燃烧器，进行再循环的燃烧器。分两种：一种是利用助燃空气的压头，把部分燃烧烟气吸回，进入燃烧器，与空气混合燃烧；另一种自身再循环燃烧器是把部分烟气直接在燃烧器内进入再循环，并加入燃烧过程，此种燃烧器有抑制氧化氮和节能双重效果。

517. 简述浓淡型燃烧器的设计原理

浓淡型燃烧器的设计原理是使一部分燃料浓燃烧，另一部分燃料淡燃烧，整体上空气量保持不变。由于两部分都在偏离化学当量比下燃烧，因而 NO_x 都很低，这种燃烧又称为偏离燃烧或非化学当量燃烧。

518. 简述分割火焰型燃烧器的设计原理

分割火焰型燃烧器的设计原理是把一个火焰分成数个小火焰，由于小火焰散热面积大，火焰温度较低，使热反应 NO_x 有所下降。此外，火焰小，缩短了氧、氮等气体在火焰中的停留时间，对热反应 NO_x 和燃料 NO_x 有明显的抑制作用。

519. 简述混合促进型燃烧器的设计原理

混合促进型燃烧器的设计原理是改善燃料与空气的混合，能够使火焰面的厚度减薄，在燃烧负荷不变的情况下，烟气在火焰面即高温区内停留时间缩短，因而使 NO_x 的生成量降低。

520. 什么是低 NO_x 预燃室燃烧器

预燃室是我国研发的一种高效率、低 NO_x 分级燃烧技术，预燃室一般由一次风（或二次风）和燃料喷射系统等组成，燃料和一次风快速混合，在预燃室内一次燃烧区形成富燃料混合物，由于缺氧，只是部分燃料燃烧，燃料在贫氧和火焰温度较低的一次火焰区内析出挥发分，因此减少了 NO_x 的生成。

521. 简述 YZYY 低 NO_x 型 NY 系列煤粉燃烧器结构设计原理

采用低过量空气燃烧（高风压、小风量），也就是利用低氮燃烧技术所描述的“缺氧燃烧，富氧燃尽”来降低 NO_x 的生成。一次风机采用双风机结构，即外净风采用一台风机单独供风，内净风、中心风采用一台风机单独供风，二台风机均配有变频调速电动机。采用“二高二大二低一强”的设计理念。

“二高”是指端部净风喷嘴出口风速高——其包裹性能好，火焰四周更光滑，有效控制局部高温点和窑衬的使用寿命。内外净风压头高——为高风速提供保障。

“二大”是端部出口的集体风速与二次风速相比，速差大——有利于动能与热能的交换。抗干扰气流，穿透性能推力大——火焰更强劲。

“二低”是指低过剩空气系数燃烧（占总风量的6%），低 NO_x 排放。

“一强”是指强旋流，强旋流产生强涡旋，强旋流吸卷循环二次热风能量强，风煤混合更充分，有效缩短煤粉燃尽时间，对高硫高灰分煤、低挥发分煤、低热值煤的煅烧，与其他形式的燃烧器相比，能起到更好的效果。

522. 简述 PYROJET 四风道燃烧器减少形成 NO_x 的结构原理

PYROJET 喷嘴设计一次风量是燃烧空气总量的 6%～9%，而一般三风道燃烧器，设计一次风量是燃烧空气总量的 10%～15%，大大降低了一次风量，可以增加高温二次风量和热回收效率，有利于提高窑系统热效率和窑产量。由于喷嘴高速喷射卷吸高温二次风进喷嘴中心，使煤粉着火速度加快，使氮和氧来不及化合，减少了形成 NO_x 的机会。

523. 简述 Duoflex 型燃烧器减少形成 NO_x 的结构原理

利用煤风管的伸缩，改变一次风出口面积调节一次风量。

(1) 保证总的一次风量 6%～8%，大幅提高一次风压的冲量达 $1700Nm^3/s$ 以上，强化燃料燃烧速率。

(2) 为降低因提高一次风喷出速度而引起风道阻力损失，在轴向风和涡旋风出口较大的空间内使两者预混合，然后由同一环形风道喷出。燃烧器喷嘴前端的缩口形状，使相混气流的轴向风具有趋向中心的流场，而涡旋风具有向内旋转力，有助于对高温二次风产生卷吸回流作用。

(3) 将煤风管置于轴向风和涡旋风管之中，可以提高火焰中部煤粉浓度，使火焰根部二氧化碳浓度增加，氧气浓度降低，在不影响燃烧速度条件下维持较低温度水平，可以有效抑制 NO_x 的生成量。

524. 简述分级燃烧的原理

分级燃烧是将燃料、燃烧空气及生料分别引入，以尽量减少 NO_x 形成并尽可能将 NO_x 还原为 N_2。

525. 分级燃烧涉及哪四个燃烧阶段

(1) 回转窑阶段：可优化水泥熟料煅烧；

(2) 窑进料口阶段：减少烧结过程中 NO_x 产生的条件；

(3) 燃料进入分解炉阶段：燃料进入分解炉内煅烧生料，形成还原气氛；

(4) 引入三次风阶段：完成剩余的煅烧过程。

526. 简述空气分级燃烧技术

空气分级燃烧技术是将燃烧所需的空气分级送入炉内，使燃料在炉内分级分段燃烧。把供给燃烧区的空气量减少到全部燃烧所需空气量的 70%～80%，降低燃烧区的氧气浓度，也降低燃烧区的温度水平。第一级燃烧区的主要作用就是抑制 NO_x 的生成，并将燃烧过程推迟。燃烧所需的其余空气则通过燃烧器上面的燃尽风喷口送入炉膛与第一级产生的烟气混合，完成整个燃烧过程。

527. 简述分解炉空气分级燃烧三次风的分风比率

所需空气分两部分送入分解炉。一部分为主三次风，占总三次风的 70%～

90%；另一部分为燃尽风（OFA），占总三次风的10%～30%。炉内的燃烧分为3个区域，即热解区、贫氧区和富氧区。空气分级燃烧是在与烟气流垂直的分解炉截面上组织分级燃烧的。

528. 助燃空气分级燃烧技术的基本原理是什么

将燃烧所需空气量分成两级送入，使第一级燃烧区内过量空气系数小于1，燃料先在缺氧的条件下燃烧，使得燃烧速度和温度降低，因而抑制了燃料型NO_x的生成。同时燃烧生成的一氧化碳与氮氧化物进行还原反应，以及燃料氮分解成中间产物相互作用或与氮氧化物还原分解，抑制氮氧化物的生成。

在二级燃烧区（燃尽区）内，将燃烧用空气的剩余部分以二次空气的形式输入，成为富氧燃烧区。此时空气量多，一些中间产物被氧化生成氮氧化物，但因为温度相对常规燃烧低，氮氧化物生成量不大，因而总的氮氧化物生成量是降低的。

529. 简述燃料分级燃烧

燃料分级，也称为“再燃烧”，是把燃料分成两股或多股燃料流，这些燃料流经3个燃烧区发生燃烧反应。第一燃烧区为富氧燃烧区；第二燃烧区称为再燃烧区，空气过剩系数小于1，为缺氧燃烧区，在此燃烧区，第一燃烧区产生的NO_x将被还原，还原作用受过剩空气系数、还原区温度以及停留时间的影响；第三燃烧区为燃尽区，其空气过剩系数大于1。

530. 分解炉燃料分级燃烧的煤、风分配率例是多少

燃料分级燃烧技术是将分解炉分成主燃区、再燃区和燃尽区。主燃区供给全部燃料的70%～90%，采用常规的低过剩空气系数（$\alpha \leqslant 1.2$）燃烧生成NO_x；与主燃区相邻的再燃区，只供给10%～30%的燃料，不供空气，形成很强的还原性气氛（$\alpha = 0.8 \sim 0.9$），将主燃区中生成的NO_x还原成N_2分子；燃尽区只供燃尽风，在正常的过剩空气（$\alpha = 1.1$）条件下，使未燃烧的CO和飞灰中的碳燃烧完全。

531. 简述水泥窑燃料分级燃烧技术

分级燃烧技术是指在窑尾烟室和分解炉之间建立还原燃烧区，将原分解炉用燃料的一部分均布到该区域内，使其缺氧燃烧以便产生CO、CH_4、H_2、HCN和固定碳等还原剂，这些还原剂与窑尾烟气中的NO_x发生反应，将NO_x还原成N_2等无污染的惰性气体。此外，煤粉在缺氧条件下燃烧抑制了自身燃料型NO_x产生，从而实现水泥生产过程中NO_x的减排。

532. 简述低氮燃烧技术优缺点

优点：低氮燃烧技术工艺成熟，投资运行费用低。

缺点：对NO_x控制效果有限，采用低氮燃烧技术后NO_x排放浓度仍不达标或不满足总量控制要求时，可以先采用低氮燃烧技术后再进行烟气脱硝，以降低

NO_x排放，达到控制综合成本的效果。

533. 什么是燃烧前控制

燃烧前控制主要是对燃料进行脱氮处理，或选择含氮低的燃料、使用低氮的替代燃料，以降低燃料型 NO_x的生成。

534. 燃烧中控制的方式有哪些

低氮燃烧、排气循环燃烧、火焰冷却、浓差燃烧、空气/燃料分级燃烧、改变燃料的物化性能、提高生料的易烧性等。

535. 如何改变燃料的物化性能控制 NO_x 的生成

在分解炉内用褐煤代替难燃的煤，可以使 NO_x的排放量从 1000mg/m³ 显著降低到 350～600mg/m³。这是因为燃料挥发分高时，可以在分解炉内迅速地不完全燃烧而形成足够的还原气氛，对回转窑烟气中的 NO_x进行还原，并且可以显著地改变燃料和空气的混合状态，从而使用较少的助燃空气。

536. 如何提高生料的易烧性控制 NO_x 的生成

在原料配料时加入矿化剂，可以有效降低回转窑内的烧成温度，从而使热力型 NO_x生成量大大减少。

537. 如何采用火焰冷却方式控制 NO_x 的生成

通过喷射水、蒸汽、液体燃料等方式来降低火焰区域温度，以达到减少热力型 NO_x的目的。

538. 什么是燃烧后控制

燃烧后控制是指根据 NO_x具有的还原、氧化和吸附等特性开发出的一项技术，也称二次措施，又称为烟气脱硝技术。其分为干法、湿法、生物工程脱硝技术。

539. 湿法脱硝技术原理及技术途径是什么

湿法脱硝是指利用液体吸收剂将 NO_x溶解的原理来达到减排的目的，因 NO 很难溶于水，要求先将 NO 氧化成 NO_2。一般技术途径：先将 NO 与氧化剂 O_3、ClO_2或 $KMnO_4$反应成 NO_2，然后用水或碱性溶液吸收 NO_2，从而实现烟气的脱硝。

540. 生物工程脱硝技术工艺流程及优点有哪些

（1）工艺流程

① 将烟气进行降温处理，使烟气温度达到 100℃以下，以形成满足催化剂要求的工作环境。

② 通过生化处理罐制成原浆催化剂，再由输送泵将其送入喷淋塔的第一反

应区。

③ 喷淋塔反应区由 N 层反应区、烟气尾端净化区、水供应系统、监测装置和反应罐组成。层数越多，累积效果越好，累计脱硝效率可以达到 95% 以上。

④ 污水处理系统，废水净化后进入供水系统循环使用。

（2）优点

① 脱硝效率高，可有效减少烟气排放污染。

② 水资源和生化剂循环使用，可有效降低运行成本。

③ 固体分解物可以做肥料和水产品饵料用，实现再循环、再利用。

④ 当采用多种催化剂时，可以同时实现脱硝、脱硫、脱碳（CO_2）。

541. 简述现行的脱硫措施

主要措施：

（1）湿法烟气脱硫技术

湿法烟气脱硫技术为气液反应，反应速度快，脱硫效率高，一般均高于 90%，技术成熟，适用面广。湿法脱硫技术比较成熟，生产运行安全可靠，在众多的脱硫技术中，始终占据主导地位。

分类：常用的湿法烟气脱硫技术有石灰石-石膏法、间接的石灰石-石膏法、柠檬吸收法等。

（2）干法烟气脱硫技术

常用的干法烟气脱硫技术有活性炭吸附法、电子束辐射法、荷电干式吸收剂喷射法、金属氧化物脱硫法等。

典型的干法脱硫系统是将脱硫剂（如石灰石、白云石或消石灰）直接喷入炉内。以石灰石为例，在高温下煅烧时，脱硫剂煅烧后形成多孔的氧化钙颗粒，它和烟气中的 SO_2 反应生成硫酸钙，达到脱硫的目的。

① 活性炭吸附法

原理：SO_2 被活性炭吸附并被催化氧化为三氧化硫（SO_3），再与水反应生成 H_2SO_4，饱和后的活性炭可通过水洗或加热再生，同时生成稀 H_2SO_4 或高浓度 SO_2。可获得副产品 H_2SO_4、液态 SO_2 和单质硫，既可以有效地控制 SO_2 的排放，又可以回收硫资源。该技术经西安交通大学对活性炭进行了改进，开发出成本低、选择吸附性能强的 ZL30、ZIA0，进一步完善了活性炭的工艺，使烟气中 SO_2 吸附率达到 95.8%，达到国家排放标准。

② 电子束辐射法

原理：用高能电子束照射烟气，生成大量的活性物质，将烟气中的 SO_2 和氮氧化物氧化为 SO_3 和二氧化氮（NO_2），进一步生成 H_2SO_4 和硝酸（HNO_3），并被氨（NH_3）或石灰石（$CaCO_3$）吸收剂吸收。

③ 荷电干式吸收剂喷射脱硫法(CD. SI)

原理：吸收剂以高速流过喷射单元产生的高压静电电晕充电区，使吸收剂带有静电荷，当吸收剂被喷射到烟气流中时，吸收剂因带同种电荷而互相排斥，表面充分暴露，使脱硫效率大幅度提高。此方法为干法处理，无设备污染及结垢现象，不产生废水废渣，副产品还可以作为肥料使用，无二次污染物产生，脱硫率高于 90%，而且设备单一，适应性比较广泛。但是此方法脱硫靠电子束加速器产生高能电子；对于一般的大型企业来说，需大功率的电子枪，对人体有害，故还需防辐射屏蔽，所以运行和维护要求高。四川成都热电厂建成一套电子脱硫装置，烟气中 SO_2 的脱硫率达到国家排放标准。

④ 金属氧化物脱硫法

原理：SO_2 是一种比较活泼的气体，氧化锰(MnO)、氧化锌(ZnO)、氧化铁(Fe_3O_4)、氧化铜(CuO)等氧化物对 SO_2 具有较强的吸附性。在常温或低温下，金属氧化物对 SO_2 起吸附作用；在高温情况下，金属氧化物与 SO_2 发生化学反应，生成金属盐。然后对吸附物和金属盐通过热分解法、洗涤法等使氧化物再生。这是一种干法脱硫方法，虽然没有污水、废酸，不造成污染，但是此方法也没有得到推广，主要是因为脱硫效率比较低，设备庞大，投资比较大，操作要求较高，成本高。该技术的关键是开发新的吸附剂。

(3) 半干法烟气脱硫技术

半干法烟气脱硫包括喷雾干燥法脱硫、半干半湿法脱硫、粉末-颗粒喷动床半干法烟气脱硫、烟道喷射半干法烟气脱硫等。

① 喷雾干燥法

喷雾干燥脱硫方法是指利用机械或气流的力量将吸收剂分散成极细小的雾状液滴，雾状液滴与烟气形成比较大的接触表面积，在气液两相之间发生的一种热量交换、质量传递和化学反应的脱硫方法。一般用的吸收剂是碱液、石灰乳、石灰石浆液等，目前绝大多数装置使用石灰乳作为吸收剂。

② 半干半湿法

半干半湿法是介于湿法和干法之间的一种脱硫方法，其脱硫效率和脱硫剂利用率等参数也介于两者之间，该方法主要适用于中小锅炉的烟气治理。这种技术的特点：投资少、运行费用低，脱硫率虽低于湿法脱硫技术，但仍可达到 70%，并且腐蚀性小、占地面积少、工艺可靠。工业中常用的半干半湿法脱硫系统与湿法脱硫系统相比，省去了制浆系统，将湿法脱硫系统中的喷入 $Ca(OH)_2$ 水溶液改为喷入 CaO 或 $Ca(OH)_2$ 粉末和水雾。与干法脱硫系统相比，克服了炉内喷钙法 SO_2 和 CaO 反应效率低、反应时间长的缺点，提高了脱硫剂的利用率，且工艺简单，有很好的发展前景。

③ 粉末-颗粒喷动床半干法烟气脱硫法

技术原理：含 SO_2 的烟气经过预热器进入粉粒喷动床，脱硫剂制成粉末状预先与水混合，以浆料形式从喷动床的顶部连续喷入床内，与喷动粒子充分混合，借助于和热烟气的接触，脱硫与干燥同时进行。脱硫反应后的产物以干态粉末形式从分离器中吹出。这种脱硫技术应用石灰石或消石灰作脱硫剂，具有很高的脱硫率及脱硫剂利用率，而且对环境的影响很小。但系统进气温度、床内相对湿度、反应温度之间有严格的要求，在浆料的含湿量和反应温度控制不当时，会有脱硫剂黏壁现象发生。

④ 烟道喷射半干法烟气脱硫

该方法利用锅炉与除尘器之间的烟道作为反应器进行脱硫，无须另外加吸收容器，使工艺投资大大降低，操作简单，需场地较小，适合于在我国开发应用。半干法烟道喷射烟气脱硫剂往烟道中喷入吸收剂浆液，浆滴边蒸发边反应，反应产物以干态粉末出烟道。

（4）新兴的烟气脱硫方法

最近几年，科技突飞猛进，环境问题已提升到法律高度。我国的科技工作者研制出一些新的脱硫技术，但大多还处于试验阶段，有待于进一步的工业应用验证。

① 硫化碱脱硫法

由 Outokumpu 公司开发研制的硫化碱脱硫法主要利用工业级硫化钠作为原料来吸收 SO_2 工业烟气，产品以生成硫黄为目的。反应过程相当复杂，有 Na_2SO_4、Na_2SO_3、$Na_2S_2O_3$、S、Na_2S_x 等物质生成，由生成物可以看出过程耗能较高，而且副产品价值低，华南理工大学的石林经过研究发现各种硫的化合物含量随反应条件的改变而改变，将溶液 pH 值控制为 5.5～6.5，加入少量起氧化作用的添加剂 TFS，则产品主要生成 $Na_2S_2O_3$，过滤、蒸发可得到附加值高的 $5HO \cdot Na_2S_2O_3$，而且脱硫率高达 97%，反应过程为 $3SO_2 + 2Na_2S = 2Na_2S_2O_3 + S$。此种脱硫新技术已通过中试，正在推广应用。

② 膜吸收法

以有机高分子膜为代表的膜分离技术是近几年研究出的一种气体分离新技术，已得到广泛的应用，尤其在水的净化和处理方面。中科院大连物化所的金美等研究员创造性地利用膜来吸收脱出 SO_2 气体，效果比较显著，脱硫率达 90%。过程：他们利用聚丙烯中空纤维膜吸收器，以 NaOH 溶液为吸收液，脱除 SO_2 气体，其特点是利用多孔膜将气体 SO_2 气体和 NaOH 吸收液分开，SO_2 气体通过多孔膜中的孔道到达气液相界面处，SO_2 与 NaOH 迅速反应，达到脱硫的目的。此法是膜分离技术与吸收技术相结合的一种新技术，能耗低，操作简单，投资少。

③ 微生物脱硫技术

根据微生物参与硫循环的各个过程，并获得能量这一特点，利用微生物进行烟气脱硫。其机理：在有氧条件下，通过脱硫细菌的间接氧化作用，将烟气中的 SO_2 氧化成硫酸，细菌从中获取能量。

微生物法脱硫与传统的化学和物理脱硫相比，基本没有高温、高压、催化剂等外在条件，均为常温常压下操作，而且工艺流程简单，无二次污染。国外曾以地热发电站每天脱除 5t 量的 H_2S 为基础；计算微生物脱硫的总费用是常规湿法 50%。无论对于有机硫还是无机硫，一经燃烧均可生成被微生物间接利用的无机硫，因此，发展微生物烟气脱硫技术，很有潜力。四川大学的王安等人在实验室条件下，选用氧化亚铁杆菌进行脱硫研究，在较低的液气比下，脱硫率达 98%。

2.3 技师、高级技师

542. 简述悬浮预热器的功能

悬浮预热器主要功能是利用回转窑及分解炉排出的炙热气体加热生料，使之进行预热及部分碳酸盐分解，然后进入分解炉或回转窑内继续加热分解，完成熟料烧成任务，因此它必须具备使气固两相能充分分散均布、迅速换热、高效分离等三个功能。

543. 简述悬浮预热器的换热原理

悬浮预热器由旋风筒及其连接管道组成。工作时，物料进入下一级旋风筒出口的上升管道，被撒料装置分散，首先被气流携带做加速运动，尔后进入等速阶段。在加速段气固两相具有对流传热系数大、热交换面积大（A）和温差大的特点，故换热速率很高。而旋风筒本身在热交换单元中所起的作用主要在于气固分离。

544. 如何计算气固换热速率

气固换热速率计算式

$$Q=\alpha \cdot A \cdot \Delta_t$$

式中 Q——气固换热速率，W；

α——气固换热系数，W/（m^2·℃）；

A——气固间接触面积，m^2；

Δ_t——气固间平均温差。

欲提高气固换热速率则必须：

（1）增加气固两相间相对速率，以提高 α 值。

（2）提高旋风筒的分离效率，减少已预热物料的内循环和减小系统漏风以提高 Δ_t。

（3）促使进入换热管道的生料粉均匀喂入，并且进入管道后立即分散，均匀混合分布于炽热气体流之中，以增加气固间接触面积 A。

545. 简单描绘旋风筒的结构示意图

旋风筒结构示意图如图 2-22 所示。

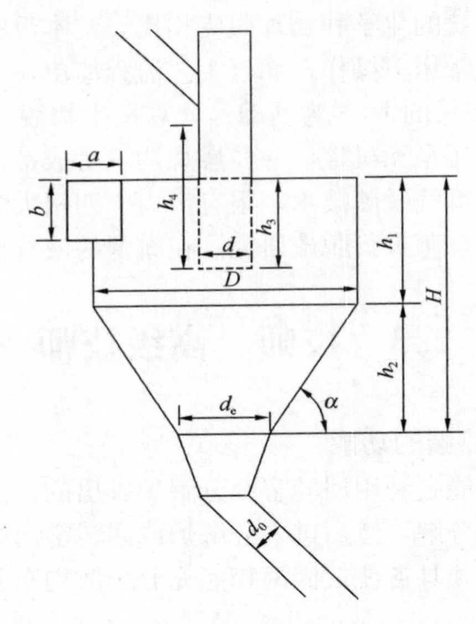

图 2-22　旋风筒结构示意图

D——旋风筒内径；H—旋风筒总高度；h_1—圆筒部分高度；h_2—圆锥部分高度；
h_3—内筒插入深度；h_4—喂料口底部至内筒末端距离；a—进风口宽度；
b—进风口高度；d—内筒内径；d_e—排灰口内径；d_0—下料管内径；α—锥边仰角

546. 旋风筒设计的主要原则是什么

旋风筒设计中主要考虑的原则是如何获得较高的分离效率和较低的压力损失。

547. 旋风筒的组成部分有哪些

旋风筒由圆柱体、圆锥体、进口管道、出口管道、内筒及下料管等组成。

548. 简述旋风筒进口风速与进口方式有哪些

旋风筒进口风速一般为 15～25m/s，风速高些，虽有利于提高分离效率(η)，但压损 ΔP 与风速平方成正比，阻力必然增大，同时风速大于 20m/s 时，分离效率的提高也并不显著。旋风筒进口方式一般有两种，即进口气流外缘与圆柱体相切称为直入式；气流内缘与圆柱体相切称为蜗壳式。由于蜗壳式进口能使进入旋风筒气流通道逐渐变窄，有利于减小颗粒向筒壁移动的距离，增加气流通向排气管的距离，避免短路，可提高分离效率。同时，具有处理风量大、压损小的优点。蜗壳式进口又可分为 90°、180°、270°三种形式。

549. 新型旋风筒的改进方向有哪些

(1) 旋风筒入口或出口增设导向叶片。可防止入口气流与筒内循环气流碰撞，压缩入口气流贴壁，增大阻力；同时还可以降低气流循环量，在保持旋风筒分离效率的前提下，降低阻力。

（2）改进旋风筒筒体结构。

（3）旋风筒出风口是“靴形”结构，入风口水平外移，增加与内筒的间距。

（4）改进旋风筒下料口结构。

（5）改进旋风筒旋流方式。

550. 预热器旋风筒入口将平段改为斜段降低阻力的技改的原因是什么

预热器旋风筒入口大多为平段，尤其是五级旋风筒入口平段易引起物料堆积甚至造成“塌料”，导致系统通风阻力增大和系统负压不稳定，且易出现塌料造成五级堵塞。将以入口与旋风筒交接处为高点向下斜伸成休止角≥60°的斜面，使物料不易在此处堆积，可有效降低系统的阻力。

551. 简述旋风预热器中各级热交换设备中热交换的特点

稀相输送床加热管，尤其是它的加速段的起始区，由于气固两相具有对流换热系数大、传热面积大和温差大等优点，故传热效率高。也就是说，在旋风预热器的热交换单元设备中，生料粉与高温气流的热交换主要发生在管道之中（不是旋风筒中），而在管道中进行的热交换又主要发生在生料颗粒加速运动段的起始区。这就是旋风预热器中各级换热单元的热交换特点。

552. 何为预热器的换热效率与热优良度

对于整个预热器系统而言，其换热效果以预热器（或每个换热单元）的气流进口温度与物料出口温度之差为标志。通常衡量它们气固两相换热效果，有两种表示方法。一种是以物料在换热单元内的实际升高值与气体及物料进入系统的原始温差之比值来表征的热优良度（或称温度系数）；另一种是用物料出换热单元时获得的热量与输入换热单元的热量之比值表征，称为换热效率。它们的表达式：

热优良度

$$\phi = \frac{T_{me} - T_{mi}}{T_{gi} - T_{mi}}$$

式中　T_{me}、T_{mi}——生料出预热器及入预热器时的温度，℃；

T_{gi}——气体入预热器的温度，℃。

换热效率

$$\eta_{exi} = \frac{Q_A}{\sum Q} = \frac{Q_{me} + Q_R}{Q_g + Q_{mi} + Q_{BR}} = 1 - \frac{Q_V}{\sum Q} = 1 - \frac{Q_1 + Q_2 + Q_3}{\sum Q}$$

式中　Q_A——生料出预热器时获得的热量，kJ/kg. cl；

$\sum Q$——预热器内供热量，kJ/kg. cl；

Q_{me}——生料在预热器中所吸收的热量，kJ/kg. cl；

Q_R——生料化学反应所需的热量，kJ/kg. cl；

Q_g——入预热器气体的热含量，kJ/kg. cl；

Q_{mi}——入预热器生料的热含量，kJ/kg. cl；

Q_{BR}——入预热器可燃物的发热量，kJ/kg. cl；

Q_V——出预热器的气体和飞灰带走热量及散热损失之和，kJ/kg. cl；

Q_1——出预热器气体带走热量，kJ/kg. cl；

Q_2——出预热器飞灰带走热量，kJ/kg. cl；

Q_3——预热器表面散热损失，kJ/kg. cl。

553. 简述分解炉不同的结构形式及其特点

分解炉基本可分为四种形式：

（1）“喷-旋”型分解炉

这种类型的分解炉以 NSP 及 RSP 系列炉型为代表。其主要特点是在旋流的炽热三次风中点燃起火，因之预燃环境好，为燃料在炉内完全燃烧创造了良好条件；同时，气固两相流是在“喷-旋”结合流场中，完成最后燃烧与物料分解的。要充分发挥这种炉型的应有功效，关键在于组织好“喷-旋”两相流的流场和保证气流和物料在炉内有充裕的滞留时间，避免炉内偏流、短路和物料“特稀浓度区”，影响物料在气流中的分散、均布，进而影响分解炉的燃烧、换热和分解功能的充分发挥。

（2）“喷腾”型及“喷腾叠加”型分解炉

“喷腾”型及“喷腾叠加”型可以以 FLS 型及 DD 型分解炉为代表。它们的特点在于，燃料在炽热的三次风中点燃起火，由于从上级旋风筒下来的物料下料点同燃料喷嘴有一段距离，燃料点火后在此空间预燃，因此下料点与燃料喷嘴位置之间的合理匹配，对于燃料预燃十分重要。喷嘴位置设置、喷出风速等技术参数稍有不当，即会影响燃料点火速度及预燃环境，从而影响炉内温度场的分布，进而影响出炉燃料、燃尽度及生料分解率。

“喷腾”型及“喷腾迭加”型分解炉具有阻力小，结构简单，布置方便，炉内物料分散、均匀及点火起燃条件换热功能好等特点。

（3）“流化-悬浮”型分解炉

这种炉型以 NFC 炉为代表，其主要特点在于采用流化床保证燃料首先裂解，然后进入炽热的三次风中迅速燃烧，并在悬浮两相流中完成最后的燃烧和分解任务。它具有适应中低质燃料、充分利用窑气热焓和防止黏结堵塞的优点。

（4）“悬浮”型分解炉

“悬浮”型分解炉以 Prepol 型炉为代表。其主要特点在于，以延长和扩展的上升烟道为管道式炉，虽然“悬浮效应”的固气滞留时间比值（k_T）较其他炉型小，炉内气固流湍流效应较差，但是它们有较充裕的炉容补差，炉型结构也比较简单，布置方便。

554. 按分解炉与窑、预热器及主风机匹配方式划分，分解炉可以分为哪几种

（1）同线型，窑气经过烟室、分解炉后与炉气混合经过预热器，共用一台主排风机。

（2）离线型，窑气和炉气各走一列，并各用一台风机。

（3）半离线型，窑气和炉气在上升烟道混合后进入最下级旋风筒，两者共用一列预热器和一台排风机。

555. 目前熟料生产线普遍使用分解炉的有哪几种类型

回转窑设备的分解炉可分为以下四种：

（1）喷腾式分解炉：它的主要特点是靠气流喷吹来使物料与气体在炉内悬浮运动。

（2）沸腾式分解炉：这种分解炉的特点是通过高压风机鼓入空气室的风，再通过烟帽而使物料、燃料呈沸腾状。

（3）旋流式分解炉：旋流式分解炉的特点是气体与物料在炉内做旋流运动。

（4）带预热室的分解炉：这种分解炉的特点是设有预热室，可以保证燃料的稳定燃烧和生料的分解。

这四种分解炉都是目前比较常见的，每种都有各自的特点。

556. 评价冷却机性能的指标有哪些

（1）热效率（η_c）要高，即从出窑熟料中回收并用于熟料煅烧过程的热量（$Q_{收}$）与出窑熟料带入冷却机的热量（$Q_{出}$）之比大。

$$\eta_c = \frac{Q_{收}}{Q_{出}} \times 100\% = \frac{Q_{出} - Q_{损}}{Q_{出}} \times 100\%$$

$$= \frac{Q_{出} - (q_{气} + q_{料} + q_{散})}{Q_{出}} \times 100\%$$

$$= \frac{Q_y + Q_F}{Q_{出}} \times 100\%$$

式中　η_c——冷却机热效率，%；

$Q_{损}$——冷却机总热损失，kJ/kg. cl；

$q_{气}$——冷却机排出气体带走热，kJ/kg. cl；

$q_{料}$——出冷却机熟料带走热，kJ/kg. cl；

$q_{散}$——冷却机散热损失，kJ/kg. cl；

Q_y——入窑二次风显热，kJ/kg. cl；

Q_F——入炉三次风显热，kJ/kg. cl。

各种冷却机热效率一般在 40%～80%。

（2）冷却效率要高，即出窑熟料被回收的总热量与出窑熟料带入冷却机的热量之比大。

$$\eta'_c = \frac{Q_{出} - q_{料}}{Q_{出}} \times 100\% = 1 - \frac{q_{料}}{Q_{出}} \times 100\%$$

式中 η'_c——冷却机冷却效率，%。

各种冷却机的冷却效率一般为 80%～90%。

（3）空气升温效率要高，即鼓入各室的冷却空气与离开熟料料层空气温度的升高值同该区熟料平均温度之比大。

$$\phi_i = \frac{t_{a1i} - t_{a2i}}{t_{c1i}}$$

式中 ϕ_i——空气升温系数；

t_{a1i}——鼓入某区冷却空气温度（即环境温度），℃；

t_{a2i}——离开该区熟料层空气温度，℃；

t_{c1i}——该区冷却机篦床上熟料平均温度，℃。

一般 $\phi_i < 0.9$。

（4）进入冷却机的熟料温度与离开冷却机的入窑二次风及去分解炉的三次风温度之间的差值要小。

（5）离开冷却机的熟料温度低，一般篦冷机出口熟料温度为 65℃＋环境温度。

（6）冷却机及其附属设备电耗低。

（7）投资少，电耗低，磨耗小，运转率高等。

557. 简述多通道燃烧器的特点

（1）降低一次风用量，增加对高温二次风的利用，提高系统热效率。

（2）增加煤粉与燃烧空气的混合，提高燃烧速率。

（3）增强燃烧器推力，加强对二次风的携卷，提高火焰温度。

（4）增加各通道风量、风速的调节，使火焰形状和温度场容易按需要灵活控制。

（5）有利于低挥发分、低活性燃料的利用。

（6）提高窑系统生产效率，实现优质、高产、低耗和减少 NO_x 生成量的目标。

558. 简述四通道燃烧器的特点

（1）在保证三通道燃烧器各项优良性能的同时，进一步将一次风量由 12%～14%降低到 4%～7%，一次风速由 120m/s 左右提高到 300m/s，以增加燃烧器端部推力。

（2）各风道间采取较大的风速差异，例如 PYRO-Jet 燃烧器外流轴向风速高达 350m/s（风量占入窑风量的 1.6%），内层旋流风速 160m/s（风量占 2.4%），中间煤风风速 28m/s（风量占 2.3%），以加强混合作用；同时燃烧器中心还吹出少量中心风，以实现对火焰回流气体中携带粉尘的清扫，防止沉积。

（3）四通道燃烧器更有利于无烟煤等低活性燃料的利用，有利于降低 NO_x 等有害气体的生成量。

（4）降低了煤耗，在产量和质量提高情况下使窑稳定操作，延长了耐火砖使用寿命。

559. 何谓生料的易烧性

所谓生料的“易烧性”是指实现煅烧目标所需花费的代价。煅烧代价应视为生料粉磨至一定细度状况下，在一定温度条件下，煅烧所需的时间，并将一定代价下达到目标的程度，或者达到一定目标所需的代价作为衡量生料易烧性的尺度。

计算易烧性指标（X）的实验相关公式为

$$X=0.33LSF+1.8n+0.56K+0.93Q-34.9$$

式中 LSF——石灰饱和系数；

n——硅酸率；

K——125μm 的方解石颗粒含量，%；

Q——44μm 的石英颗粒含量，%。

560. 预分解窑热工系统综合分析的内容有哪些

（1）原料特性与生料易烧性的综合分析

① 原料特性及反应性能以及它们对生料易烧性能的影响分析，并且与有关企业对比；

② 生料反应性能分析并同有关企业对比；

③ 提出相应建议。

（2）燃料特性及燃烧性能分析

① 燃料特性及燃烧性能；

② 燃料特性及燃烧性能对窑及分解炉工况的影响及对策建议。

（3）窑尾子系统换热、分解、分离功能及其匹配问题的综合分析与评价

① 旋风筒分离效率及其匹配，并同有关窑进行对比分析；

② 窑尾各级换热单元换热功能及其匹配，并同有关窑进行对比分析；

③ 预分解窑系统分解功能及其匹配，并同有关窑进行对比分析；

④ 窑尾系统各部位风速与阻力，并同有关窑进行对比分析。

（4）分解炉工作特性综合分析评价

① 炉型结构及炉内三维流场；

② 气流与物料在炉内的滞留时间与气固滞留时间比；

③ 分解炉区结构及燃料燃烧及分解功能匹配；

④ 生产工况及技术改进建议。

(5) 全窑系统工况的综合分析评价

① 根据本窑热工系统工况研究全部内容，进行综合技术分析与评价；

② 提出今后技术改进工作的具体建议。

561. 简述预热器各级旋风筒分离效率的匹配

在预热器系统中，各级旋风筒的分离效率及它们之间的合理匹配对保证悬浮预热窑和预分解窑的经济、合理和安全生产十分重要。一般认为，最上一级及最下一级旋风筒的分离效率最为重要。提高最上一级筒的分离效率，可以减少回灰排出量，从而减少生料的外循环：提高最下一级筒的分离效率，可以减少高温生料的内循环。对中间几级筒的设计，一般要求在保证合理的分离效率下，尽量降低阻力。

562. 预分解系统各部位风速应为多少

对于预分解窑来说，预分解系统各部风速取以下值较为合适：

旋风筒截面风速：4～6m/s；

旋风筒入口风速：18～22m/s；

旋风筒出口风速：14～18m/s；

换热管道风速：14～20m/s。

为了保持系统阻力不要过大，从节能及为发展生产留有余地出发，在设备选型时即使对于新型低阻旋风筒，各部风速的选择也以留有一定余地为好。

563. 绘制烧成系统的物料平衡表

烧成系统的物料平衡表如表 2-20 所示。

表 2-20 烧成系统物料平衡表

平衡区：窑＋冷却机＋预热器＋分解炉

基准：0℃，1kg. cl

收入项目	kg/kg. cl	%	支出项目	kg/kg. cl	%
燃料消耗量			出冷却机熟料量		
生料消耗量			预热器出口废气量		
入窑回灰量			预热器出口飞灰量		
一次空气量			冷却机排出空气量		
入冷却机冷空气量			煤磨从系统抽出热空气量		
生料带入空气量					
系统漏入空气量					
合计			合计		

564. 绘制烧成系统热量平衡表

烧成系统热量平衡表如表 2-21 所示。

表 2-21 烧成系统热量平衡表

平衡区：窑＋冷却机＋预热器＋分解炉　　基准：0℃，1kg. cl

收入项目	kcal/kg. cl	%	支出项目	kcal/kg. cl	%
燃料燃烧热			熟料形成热		
燃料显热			蒸发生料中水分耗热		
生料中可燃物质燃烧热			出冷却机熟料显热		
生料显热			预热器出口废气显热		
入窑回灰显热			预热器出口飞灰显热		
一次空气显热			飞灰脱水及碳酸盐分解耗热		
入冷却机冷空气显热			冷却机排出空气显热		
生料带入空气显热			煤磨从系统抽出热空气显热		
系统漏入空气显热			化学不完全燃烧热损失		
			机械不完全燃烧热损失		
			系统表面散热		
			其他		
合计			合计		

565. 绘制回转窑热量平衡表

回转窑热量平衡表如表 2-22 所示。

表 2-22 回转窑热量平衡表

平衡区：回转窑　　基准：0℃，1kg. cl

收入项目	kcal/kg. cl	%	支出项目	kcal/kg. cl	%
燃料燃烧热			熟料形成热		
燃料显热			蒸发生料中水分耗热		
生料中可燃物质燃烧热			蒸发煤粉中水分耗热		
生料（干料与水分）显热			出窑熟料显热		
入窑回灰显热			出窑废气显热		
一次空气显热			出窑飞灰显热		
入窑二次空气显热			煤磨从系统抽出热空气显热		
系统漏入空气显热			化学不完全燃烧热损失		
			机械不完全燃烧热损失		
			窑表面散热		
合计			合计		

熟料单位热耗＝燃料消耗量×燃料发热量（kcal/kg. cl）；

窑热效率＝熟料形成热/（燃料燃烧热＋生料中可燃物质燃烧热）。

566. 绘制旋风预热器热量平衡表

旋风预热器热量平衡表如表 2-23 所示。

表 2-23　旋风预热器的热量平衡表

平衡区：从窑尾斜坡到预热器出口　　基准：0℃，1kg. cl

收入项目	kcal/kg. cl	%	支出项目	kcal/kg. cl	%
生料入预热器显热			加热物料耗热		
废气入预热器显热			部分碳酸盐分解耗热		
漏风带入显热			废气出预热器带走热		
生料带入空气显热			飞灰出预热器带走热		
飞灰入预热器显热			预热器散热		
合计			合计		

$$预热器热效率\ \eta=\frac{Q-(Q_1+Q_2+Q_3)}{Q}\times 100\%$$

式中　Q——入预热器的热量；

Q_1——出预热器废气带走热量；

Q_2——出预热器废气中粉尘带走热量；

Q_3——预热器系统表面散热。

567. 绘制窑-篦冷机物料平衡表

窑-篦冷机物料平衡表如表 2-24 所示。

表 2-24　窑-篦冷机物料平衡表

平衡区：窑体＋冷却机　　基准：1kg. cl

收入项目	kcal/kg. cl	%	支出项目	kcal/kg. cl	%
干生料			出冷却机熟料量		
生料中物理水			窑尾废气		
入窑煤粉			入煤磨风		
一次风			出窑飞灰		
入冷却机风			冷却机废气		
入窑回灰量			出冷却机飞灰		
系统漏入空气量			其他		
合计			合计		

568. 绘制窑-篦冷机热平衡表

窑-篦冷机热平衡表如表 2-25 所示。

表 2-25　窑-篦冷机热平衡表

平衡区：窑体+冷却机　　　　基准：1kg. cl

收入项目	kcal/kg. cl	%	支出项目	kcal/kg. cl	%
燃料燃烧热			熟料形成热		
燃料显热			蒸发生料中水分耗热		
生料可燃物质燃烧热			出冷却机熟料显热		
生料显热			出窑废气带走热		
入窑回灰显热			入煤磨热风带走热		
一次空气显热			冷却机废气带走热		
入冷却机冷空气显热			出窑废气中飞灰带走热		
系统漏入空气显热			窑体及冷却机系统散热		
			化学不完全燃烧热损失		
合计			合计		

569. 绘制冷却机热平衡表

冷却机热平衡表如表 2-26 所示。

表 2-26　冷却机热平衡表

平衡区：冷却机进、出口　　　　基准：1kg. cl

收入项目	kcal/kg. cl	%	支出项目	kcal/kg. cl	%
入冷却机熟料显热			出冷却机熟料显热		
入冷却机冷空气显热			入窑二次空气显热		
			入分解炉三次空气显热		
			煤磨抽热空气显热		
			篦冷机入 AQC 炉气体显热		
			冷却机表面散热		
			冷却水带走热		
			其他支出		
合计			合计		

冷却机热效率 η 计算公式

η=[(入窑二次空气显热+入分解炉三次空气显热)/入冷却机熟料显热]×100%

570. 烧成系统物料平衡计算

平衡范围：预热器＋分解炉＋窑＋冷却机

基准：0℃，1kg. cl

（1）系统收入物流项

① 燃料消耗量：m_r（kg/kg. cl）

② 入预热器物料量

a. 干生料理论消耗量

$$m_{gsl}=\frac{100-m_r A^y a}{100L_s}$$

式中 m_{gsl}——干生料理论消耗量，kg/kg・cl；

A^y——燃料应用基灰分含量，%；

a——燃料灰分掺入熟料中的量，%；

L_s——生料的烧失量，%。

b. 入窑回灰量和飞损量

$$m_{yh}=m_{fh}\eta;\quad m_{Fh}=m_{fh}-m_{yh}$$

式中 m_{yh}——入窑回灰量，kg/kg. cl；

m_{fh}——出预热器飞灰量，kg/kg. cl；

m_{Fh}——出预热器飞灰损失量，kg/kg. cl；

η——收尘器综合收尘效率，%。

c. 考虑飞损后干生料实际消耗量

$$m_{gs}=m_{gsl}+m_{fh}\cdot\frac{100-L_{fh}}{100-L_s}$$

式中 m_{gs}——考虑飞损后干生料实际消耗量，kg/kg. cl；

L_{fh}——飞灰烧失量，%。

d. 考虑飞损后生料实际消耗量

$$m_s=m_{gs}\cdot\frac{100}{100-w_s}$$

式中 m_s——考虑飞损后生料实际消耗量，kg/kg. cl；

w_s——生料中水分含量，%。

e. 入预热器物料量

$$m=m_s+m_{yh}$$

式中 m——入预热器物料量，kg/kg・cl。

③ 入窑系统空气量

a. 入冷却机空气量 m_{lqk}

$$m_{lqk}=1.293v_{lqk}$$

式中 v_{lqk}——入冷却机的空气量，Nm^3/kg. cl。

b. 一次空气与送煤风总和

$$m_{fk}=1.293\rho_{fk}$$

式中 m_{fk}——窑头与窑尾一次空气量与送煤风总量，Nm^3/kg. cl；

ρ_{fk}——一次空气的密度，kg/Nm^3。

c. 系统漏入空气量

燃料燃烧理论空气量

$$v'_{lk}=0.089C^y+0.267H^y+0.033(S^y-O^y)$$

$$m'_{lk}=1.293v'_{lk}$$

式中 v'_{lk}——燃料燃烧理论干空气量，Nm^3/kg. coal；

m'_{lk}——燃料燃烧理论干空气量，kg/kg. coal；

C^y、H^y、S^y、O^y——燃料应用基元素分析组成，%。

系统漏入空气量

$$v_{lok}=a_0\cdot v_{lk'}\cdot m_r+v_{yf}-v_{lqk}-v_{fk}$$

$$m_{lok}=1.293v_{lok}$$

式中 a_0——预热器出口空气过剩系数；

v_{yf}——冷却机余风风量，Nm^3/kg. cl。

d. 生料带入空气量 m_{sk}

$$m_{sk}=1.293v_{sk}$$

式中 v_{sk}——生料带入空气量，Nm^3/kg. cl。

e. 入窑系统空气量 $v_{kiln.in}$

$$v_{kiln.in}=m_{lqk}+m_{fk}+m_{lok}+m_{sk}(kg/kg.\ cl)$$

④ 系统物料总收入 m_{zs}

$$m_{zs}=m_r+m_s+m_{lqk}+m_{fk}+m_{lok}+m_{sk}$$

(2) 系统支出物流项

① 熟料量：m_{cl}=1.00kg/kg. cl

② 预热器出口废气量 m_f

$$m_f=v_f\cdot\rho_f$$

式中 v_f——预热器出口废气量，Nm^3/kg. cl；

ρ_f——废气密度，kg/Nm^3。

③ 热器出口飞灰量 m_{fh}

$$m_{fh}=c_{fh}\cdot v_f$$

式中 c_{fh}——预热器出口废气含尘浓度，kg/Nm^3；

v_f——预热器出口废气量，Nm^3/kg. cl。

④ 冷却机余风风量 m_{yf}

$$m_{yf}=1.293v_{yf}$$

式中 v_{yf}——冷却机余风风量，Nm^3/kg. cl。

⑤ 冷却机余风飞灰量 m_{yfh}

$$m_{yfh} = c_{yfh} \cdot v_{yf}$$

式中　c_{yfh}——冷却机余风飞灰含尘浓度，kg/Nm³。

⑥ 其他支出：m_{qt}（kg/kg. cl）

⑦ 系统物料总支出 m_{zc}

$$m_{zc} = 1 + m_f + m_{fh} + m_{yf} + m_{yfh} + m_{qt}$$

571. 烧成系统热量平衡计算

平衡区：预热器＋分解炉＋窑＋冷却机

基准：0℃，lkg. cl

（1）系统收入热量项

① 燃料燃烧热 q_1

$$q_1 = Q_{yR} = m_y Q_{DW}^y \quad (\text{kJ/kg. coal})$$

式中　Q_{DW}^y——燃料应用基低位发热量，kJ/kg・coal。

② 燃料带入显热 q_2

$$q_2 = Q_r = m_r c_r t_r \quad (\text{kJ/kg. coal})$$

式中　c_r——燃料的比热，kJ/（kg・℃）；

t_r——燃料入窑温度,℃。

③ 一次空气带入热量 q_3

$$q_3 = Q_{fk} = v_{fk} \cdot c_{fk} \cdot t_{fk} \quad (\text{kJ/kg. cl})$$

式中　c_{fk}——一次空气在 0～t_{fk}的平均比热，kJ/(Nm³・℃)；

t_{fk}——一次空气入窑温度,℃。

④ 生料带入显热 q_4

$$q_4 = Q_s = (m_{gs} c_s + m_{ws} c_w) t_s \quad (\text{kJ/kg. cl})$$

式中　c_s、c_w——分别为生料和水的比热，kJ/(kg・℃)；

t_s——生料入窑温度,℃。

⑤ 回灰带入显热 q_5

$$q_5 = Q_{fh} = m_{fh} c_{fh} t_{fh} \quad (\text{kJ/kg. cl})$$

式中　c_{fh}——回灰的比热，kJ/(kg・℃）；

t_{fh}——回灰入窑的温度,℃。

⑥ 冷却机空气带入热量 q_6

$$q_6 = Q_{lqk} = v_{lqk} c_{lqk} t_{lqk} \quad (\text{kJ/kg. cl})$$

式中　c_{lqk}——冷却空气在 0～t_{lqk}的平均比热，kJ/(Nm³・℃)；

t_{lqk}——冷却空气的温度,℃。

⑦ 系统漏入空气带入热量 q_7

$$q_7 = Q_{lok} = v_{lok} c_{lok} t_{lok} \quad (\text{kJ/kg. cl})$$

式中 c_{lok}——冷却空气在 $0\sim t_{lok}$ 的平均比热，kJ/(Nm^3·℃)；

t_{lok}——环境空气的温度,℃。

⑧ 系统热量总收入 q_{zs}

$$q_{zs}=q_1+q_2+q_3+q_4+q_5+q_6+q_7 \quad (kJ/kg.\ cl)$$

(2)系统支出热量项

① 熟料形成热 q_8

$$q_8=Q_{cl} \quad (kJ/kg.\ cl)$$

② 发生料中水分耗热 q_9

$$q_9=Q_{ss}=(m_{ws}+m_{hs})q_{qh} \quad (kJ/kg.\ cl)$$

式中 m_{ws}、m_{hs}——生料中物理水量和化学水量，kg/kg. cl；

q_{qh}——入窑生料温度时水的汽化热，kJ/kg. cl。

③ 废气带走热量 q_{10}

$$Q_{10}=Q_f=v_f c_f t_f \quad (kJ/kg.\ cl)$$

式中 c_f——混合气体的平均比热，kJ/(Nm^3·℃)；

t_f——废气温度,℃。

$$c_f=(c_{CO_2}v_{CO_2}+c_{O_2}v_{O_2}+c_{H_2O}v_{H_2O}+c_{N_2}v_{N_2})/v_f$$

式中 c_{CO_2}、c_{O_2}、c_{H_2O}、c_{N_2}——分别为 CO_2、O_2、H_2O、N_2 在 t_f 温度时的平均比热，kJ/ (Nm^3·℃)；

v_{CO_2}、v_{O_2}、v_{H_2O}、v_{N_2}——分别为废气中 CO_2、O_2、H_2O、N_2 的量，Nm^3/kg. cl。

④ 出冷却机熟料带走的热量 q_{11}

$$q_{l1}=Q_{lel}=c_{lel}t_{lel} \quad (kJ/kg.\ cl)$$

式中 c_{lel}——熟料在 $0\sim t_{lcl}$ 的平均比热，kJ/kg. cl；

t_{lel}——出冷却机熟料温度,℃。

⑤ 出预热器飞灰带走热量 q_{12}

$$q_{12}=Q_{fh}=m_{fh}c_{fh}t_{fh} \quad (kJ/kg.\ cl)$$

式中 c_{fh}——飞灰在 $0\sim t_{fh}$ 的平均比热，[kJ/(kg·℃)]；

t_{fh}——飞灰温度,℃。

⑥ 冷却机余风带走热量 q_{13}

$$q_{13}=Q_{yf}=v_{yf}c_{yf}t_{yf} \quad [kJ/(kg\cdot ℃)]$$

式中 c_{yf}——冷却空气在 $0\sim t_{yf}$ 的平均比热，kJ/(Nm^3·℃)；

t_{yf}——冷却余风的温度,℃。

⑦ 冷却机余风飞灰带走的热量 q_{14}

$$q_{14}=Q_{yfh}=m_{yfh}c_{yfh}t_{yfh} \quad (kJ/kg\cdot cl)$$

式中 c_{yfh}——飞灰在 0～t_{yfh}的平均比热，kJ/(kg·℃)；

t_{yfh}——飞灰温度,℃。

⑧ 系统表面散热损失 q_{15}

$$q_{15} = Q_B \quad (kJ/kg.\ cl)$$

⑨ 其他热损失：q_{16}(kJ/kg. cl)

⑩ 系统热量总支出 q_{zs}

$$q_{zs} = q_8 + q_9 + q_{10} + q_{11} + q_{12} + q_{13} + q_{14} + q_{15} + q_{16}$$

572. 评价耐火材料性能指标有哪些

(1) 耐火度高，热膨胀及重烧线变化小；

(2) 常温耐压强度及高温荷重变形温度高；

(3) 抗热振性、抗侵蚀性、耐磨性及抗震性好；

(4) 尺寸准确，外形整齐；

(5) 导热系数低；

(6) 环保性能好。

573. 有关水泥生产的排放环保指标有哪些

水泥生产的排放环保标准如表 2-27 和表 2-28 所示。

表 2-27 现有生产线各生产设备排气、排放限值

生产过程	生产设备	颗粒物		二氧化硫		氮氧化物(以 NO_2计)		氟化物(以总氟计)	
		排放浓度(mg/m³)	单位产品排放量(kg/t)	排放浓度(mg/m³)	单位产品排放量(kg/t)	排放浓度(mg/m³)	单位产品排放量(kg/t)	排放浓度(mg/m³)	单位产品排放量(kg/t)
矿山开采	破碎机及其他通风生产设备	50	—	—	—	—	—	—	—
水泥制造	水泥窑及窑磨一体机*	100	0.30	400	1.20	800	2.40	10	0.03
	烘干机、烘干磨								
	煤磨及冷却机	100	0.30	—	—	—	—	—	—
	破碎机、磨机、包装机及其他通风生产设备	50	0.04	—	—	—	—	—	—
水泥制品生产	水泥仓及其他通风生产设备	50	—	—	—	—	—	—	—

* 指烟气中 O_2 含量 10%状态下的排放浓度及单位产品排放量。

表 2-28 新建生产线各生产设备排气排放限值

生产过程	生产设备	颗粒物		二氧化硫		氮氧化物（以 NO_2 计）		氟化物（以总氟计）	
		排放浓度（mg/m^3）	单位产品排放量（kg/t）	排放浓度（mg/m^3）	单位产品排放量（kg/t）	排放浓度（mg/m^3）	单位产品排放量（kg/t）	排放浓度（mg/m^3）	单位产品排放量（kg/t）
矿山开采	破碎机及其他通风生产设备	30	—	—	—	—	—	—	—
水泥制造	水泥窑及窑磨一体机*	50	0.15	200	0.6	800	2.40	5	0.015
水泥制造	烘干机、烘干磨煤磨及冷却机	50	0.15	—	—	—	—	—	—
水泥制造	破碎机、磨机、包装机及其他通风生产设备	30	0.024	—	—	—	—	—	—
水泥制品生产	水泥仓及其他通风生产设备	50	—	—	—	—	—	—	—

* 指烟气中 O_2 含量 10%状态下的排放浓度及单位产品排放量。

574. 煤粉燃烧气体量及过剩空气系数如何计算

（1）燃烧 1kg 煤粉所需理论空气量 A_0

$$A_0 = 8.89C + 26.7(H - O/8) + 3.33S \quad (Nm^3/kg \cdot coal)$$

式中 C、H、O、S——1kg 煤粉中各成分碳、氢、氧、硫的含量，kg。

（2）燃烧 1kg 煤粉所产生的理论湿气体量 G_0

$$G_0 = 8.89C - 21.1O/8 + 3.33S + 0.8N + 32.3H + 1.24W \quad (Nm^3/kg \cdot coal)$$

式中 C、H、O、S、N、W——1kg 煤粉中各成分（碳、氢、氧、硫、氮、水）的含量，kg。

（3）燃烧 1kg 煤粉所需实际空气量 A

$$A = mA_0 \quad (Nm^3/kg.\ coal)$$

式中 m——过剩空气系数。

（4）1kg 煤粉燃烧实际产生气体量 G

$$G = (m-1)A_0 + G_0 \quad (Nm^3/kg \cdot coal)$$

（5）过剩空气系数 m 的计算

$$m = 21N_2/[21N_2 - 79(O_2 - 0.5CO)]$$

若 CO=0，则

$$m = \frac{21N_2}{21N_2 - 79O_2}$$

（6）可根据煤粉的低位发热量计算出 A_0、G_0

$$A_0 = \frac{1.01H_1}{1000} + 0.5 \quad (\mathrm{Nm^3/kg \cdot coal})$$

$$G_0 = \frac{0.89H_1}{1000} + 1.65 \quad (\mathrm{Nm^3/kg \cdot coal})$$

575. 简述预热器出口废气量的计算包括哪些内容

（1）窑侧燃料实际燃烧气体量；

（2）分解炉侧燃料实际燃烧气体量；

（3）$CaCO_3$ 及 $MgCO_3$ 分解产生的 CO_2；

（4）原料化学反应产生的 H_2O；

（5）原料附着水分蒸发的 H_2O；

（6）系统漏风；

（7）漏风中的水汽；

（8）燃烧用空气中的水分。

576. 简述熟料烧成反应过程及描绘烧成反应过程图

（1）熟料烧成反应的过程

① 水分蒸发过程；

② 预热过程；

③ 分解过程；

④ 烧成过程；

⑤ 冷却过程。

（2）熟料烧成反应过程图

熟料烧成反应过程图如图 2-23 所示。

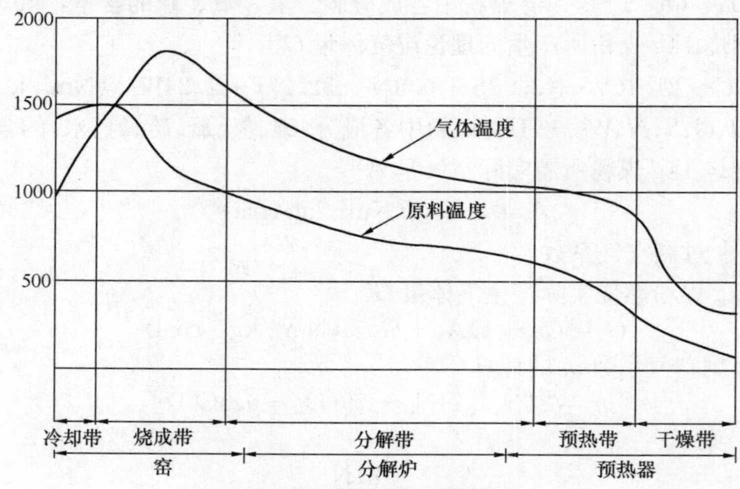

图 2-23　熟料烧成反应过程图

577. 简述窑系统传热方式的种类有哪些

窑系统传热方式包括以下内容：

（1）热气体对原料的对流传热；
（2）热气体对原料的辐射传热；
（3）热气体对窑内壁的对流传热；
（4）热气体对窑内壁的辐射传热；
（5）窑内壁对热气体的辐射传热；
（6）窑内壁对原料的热传导；
（7）窑内壁对窑体的热传导；
（8）原料表面向内部的热传导；
（9）窑体对外界的对流热损失；
（10）窑体对外界的辐射热损失。

在熟料的烧成过程中，热气体对原料的辐射传热起主要作用。

578. 简述烧成系统 NO_x 特性及控制方法

烧成系统的 NO_x 分为高温 NO_x 及燃料 NO_x。

（1）高温 NO_x 的特性
① 温度依赖性强；
② O_2 浓度高时促进生成。
（2）燃料 NO_x 的特性
① O_2 浓度低时可抑制 NO_x 生成；
② 温度依赖性小。
（3）控制或降低 NO_x 含量的方法
① 避免局部高温；
② 尽量降低 O_2 浓度；
③ 缩短气体在高温带的停留时间；
④ 尽量使用含氮量少的燃料。

579. 简述烧成系统热耗增加的现象与原因

烧成系统热耗增加的现象与原因分析如图 2-24 所示。

580. 简述烧成系统电耗增加的现象与原因

烧成系统电耗增加的现象与原因分析如图 2-25 所示。

581. 如何计算窑体的热膨胀

（1）沿轴向的热膨胀

$$A = a[(t_1 + t_2)/2 - t] \times L$$

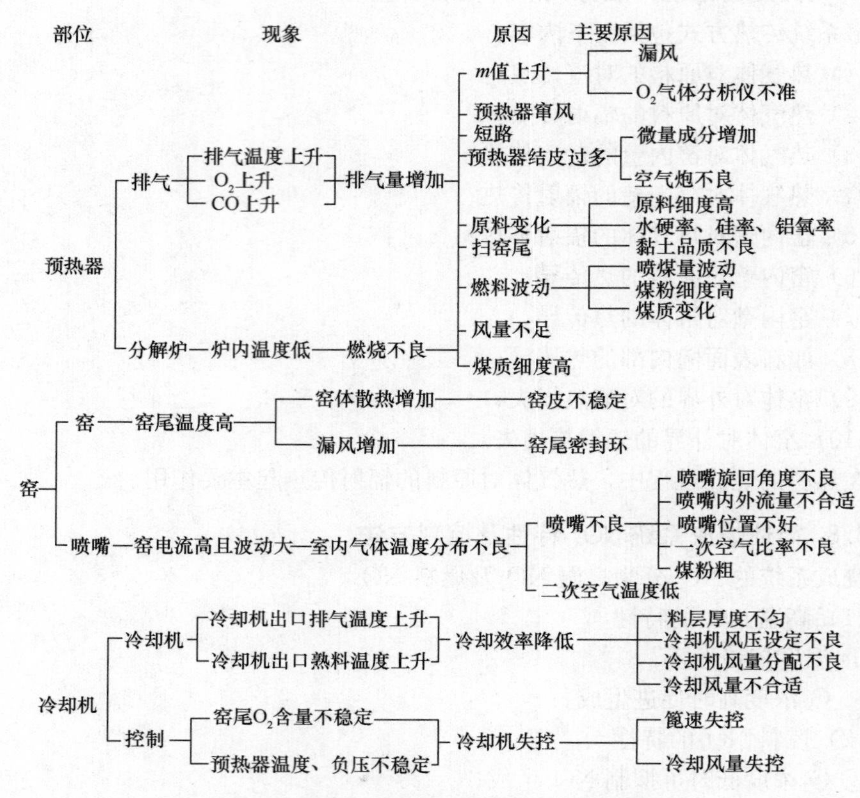

图 2-24　烧成系统热耗增加的现象与原因分析框图

式中　a——膨胀系数，取 0.000012；

t_1——窑体最高温度，℃；

t_2——窑体末端的温度，℃；

t——环境温度，℃；

L——窑体最高温度点到窑体末端的距离，m；

A——窑体最高温度点到窑体末端的膨胀长度，m。

（2）圆周向热膨胀

$$B = a(t_3 - t) \times D$$

式中　a——膨胀系数，取 0.000012；

t_3——窑体温度，℃；

t——环境温度，℃；

D——窑体外径，m；

B——窑体圆周方向的膨胀距离，m。

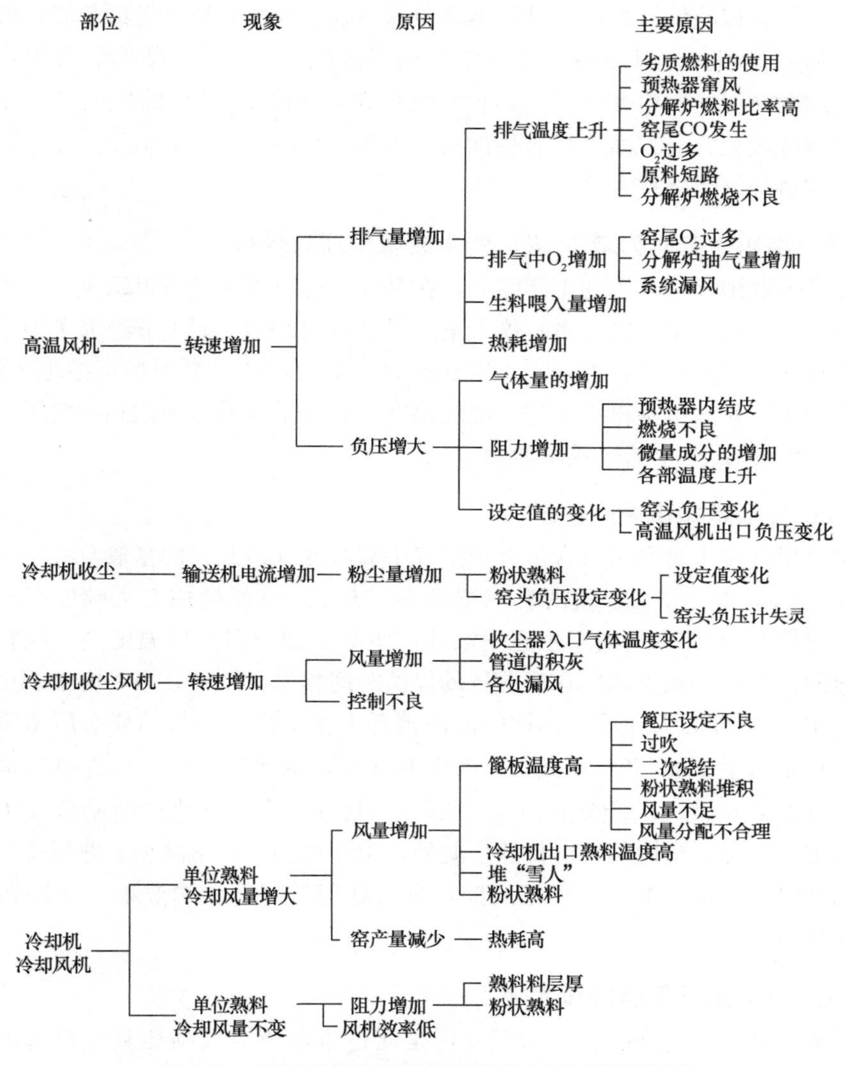

图 2-25 烧成系统电耗增加的现象与原因分析框图

582. 如何依据窑筒体扫描仪、窑头热成像仪显示分析预判及处理

通过窑筒体温度分布情况对当前窑内窑皮情况及火焰分布进行掌握，主要通过优化调整风、煤、料的方法确保窑皮均匀适中，能有效保护耐火砖和物料在窑内正常的流动及通风顺畅为原则。

583. 控制局部燃烧区域氧含量有哪些措施和技术

通过控制一次风量来调节在燃烧火焰起始阶段氧气和燃料的比率，减小瞬时型 NO_x 的生成量；一次风量的减少还会降低火焰的温度，进而降低热力型 NO_x 的生成量；降低燃烧器的一次风喷出速度，使火焰对二次风的卷吸力降低，降低了火焰燃烧区域的供氧量，同时让燃烧的最高温度区域的氧化气氛变弱，可大幅度降低热力型 NO_x 的生成量；在窑炉的高温区域（1200℃）降低氧含量，延缓其燃烧速度，促使燃料燃尽时间延长，也可大幅度降低 NO_x 的生成量。在控制局部燃烧区域氧含量方面，代表性的技术有低 NO_x 燃烧器技术、空气分级燃烧技术和燃料分级燃烧技术等。

584. 组织生产时为减少 NO_x 的生成量应注意什么

注意合理地评估窑炉的生产能力，在合理的燃料喷入量下组织生产。虽然窑炉设计时会留有一定的富余燃料喷入量，但是在生产中不能过分地为了追求生产能力而加大窑炉内的燃料喷入量，增加窑炉的负荷，超出窑炉的可控生产能力，使得生产中操作人员不得不通过高燃烧温度、氧含量等措施来达到燃料燃尽的目的，并最终导致 NO_x 的生成量增大。

585. 什么是富氧燃烧技术

富氧燃烧技术是利用氧含量大于空气中氧浓度（21%）的富氧空气（一般氧含量在28%以上）作为介质的燃烧技术。一方面，富氧燃烧会大幅度提高火焰温度，导致热力型 NO_x 的产生速率以几何级数增加，但火焰温度高，燃料烧成所需时间减少，为减少烟气在高温区的停留时间提供了条件。另一方面，由于燃烧介质中 N_2 浓度大大降低，无谓的能源消耗大幅下降，燃料消耗有所下降，单位产品产量所生成的 NO_x 也减少。有资料显示，以燃气、油、煤为燃料进行进行富氧（23%）燃烧，可节能10%～25%。另外，富氧燃烧产生的烟气中 CO_2 浓度增加，促进了窑内的辐射传热。此外，由于两挡回转窑减少了熟料烧成的停留时间和煤粉在窑内的燃烧停留时间，也可获得较好的传热效果，并提高 NO_x 的减排效果。

586. 什么是低氧燃烧技术

低氧燃烧技术也称高温低氧燃烧，是通过将助燃空气预热到燃料自燃点以上，并控制燃烧段氧体积浓度（一般氧含量在15%以下）使燃料稳定燃烧的技术。低氧燃烧通常用扩散燃烧为主的燃烧方式，大量的燃料分子扩散到炉膛内较大的空间，与氧分子充分混合接触后发生燃烧，显著扩大火焰体积。这种方式可以延缓、减弱燃料燃烧的释放速率及释热强度，火焰中不存在传统燃烧的局部高温高氧区，火焰峰值温度降低，温度场的分布相对均匀，NO_x 的生成量极少。

587. 什么是全氧燃烧技术

全氧燃烧技术是使用或部分使用纯氧来作为燃烧介质，该技术可以大大降低点火温度和燃烧最高温度，同时使燃烧过程中 N_2 含量的大幅降低来降低 NO_x 的生成，纯氧作燃烧介质还可以减少废气量并达到节能的目的。

588. 简述阶段燃烧器的设计原理

根据分级燃烧原理设计的阶段燃烧器，使燃料与空气分段混合燃烧，由于燃烧偏离理论当量比，形成局部的缺氧环境，故可降低 NO_x生成。

589. 简述氨氮比的含义

氨氮摩尔比（NSR）是指反应中氨与 NO 的摩尔比值。按照 SNCR 反应，理论上还原 1mol NO 需要 1mol 氨气。由于实际工况反应复杂且气体混合不均匀，实际应用中还原剂的量比理论值大。

590. 简述氨氮比与脱硝效率的对应关系及一般取值

当氨氮比小于 2 时随着氨氮比增加，脱硝效率有明显提高；当超过 2 时，脱硝效率不再明显增加。随着氨氮比增加，氨逃逸增加。水泥窑 SNCR 系统的 NSR 一般控制在 1.3 左右。

591. 简述停留时间与脱硝效率的对应关系及一般取值

足够的停留时间保证脱硝反应的充分进行，停留时间较短时，随着停留时间的增加，脱硝效率增加，当停留时间达到一定值时，对脱硝效率的影响就不明显了。与分解炉的尺寸、内部结构形式及反应窗口内烟气路径的尺寸和速度等有关。一般最少控制在 0.5s，低于 0.5s，脱硝效率将明显下降。

592. 怎样提高还原剂和烟气的混合程度

还原剂和烟气在分解炉内是边混合边反应，混合效果的好坏是决定脱硝效率高低的重要因素。在不改变现有分解炉结构形式的基础上，可以调整不同位置还原剂的喷入量及雾化效果，来提高还原剂与烟气的混合程度，使脱硝效率升高，氨逃逸率降低。

由于分解炉运行中烟气含有大量的生料，且烟气流具有多样性，需要通过 CFD 流畅模拟和现场反复测定后确定还原剂的喷入点数量及位置。为了提高脱硝效率和降低氨逃逸量，SNCR 采用多层喷射系统（一般采用两层），根据运行情况确定各层喷枪系统的投运。

593. 简述分解炉中烟气中氧含量与脱硝效率的对应关系及一般取值

SNCR 需要氧气的参与。没有氧气的条件下不发生 NO_x 的还原反应，微量的氧有利于 SNCR 反应的进行，并且降低了适合的反应温度，提高了脱硝效率。氧浓度的上升使反应温度窗口向低温方向移动，但也使最大脱硝效率下降。为提高脱硝效率，分解炉中 O_2浓度控制范围为 1%～4%。

594. SCR 水泥窑脱硝应用优缺点有哪些

优点：

（1）脱硝效率高（80%～95%及以上）；

（2）还原剂利用率高（可达 99%）；

（3）氨的逃逸率低。

缺点：

（1）一次投资大，占地面积较大，施工周期长（4～6 个月）；

（2）系统复杂，操作烦琐；

（3）催化剂易中毒，载体易堵塞，催化剂昂贵，每三年需要更换，运行成本高；

（4）副反应对设备腐蚀和堵塞催化剂格栅，降低还原剂的利用率；

（5）烟气通过催化剂的阻力增大了窑系统的阻力，一般为 500～1000Pa，如果现有的风机没有富裕的全压，就需要更换风机。

595. 简述 SCR 脱硝原理

选择性催化还原（SCR）也是烟气中 NO_x 的末端处理技术，即在一定温度和催化剂条件下，以 NH_3 或尿素为还原剂，有选择性地催化还原烟气中 NO_x 为无害的 N_2 和 H_2O，而不是还原剂被 O_2 氧化。工业上还原剂主要是氨、尿素，也有少量用碳氢化合物（如甲烷、丙烯等）。SCR 脱硝在有氧环境下，SCR 脱硝反应式与 SNCR 类似。无氧时，反应如下：

$$NO_2 + NO + 2NH_3 \longrightarrow 2N_2 \uparrow + 3H_2O$$

$$2(NH_2)_2CO + 6NO \longrightarrow 5N_2 + 4H_2O + 2CO_2 \uparrow$$

596. 简述 SCR 脱硝工艺

SCR 工艺是在窑尾预热器和增温塔之间增设一个 SCR 反应塔，将除尘后的废气由该反应塔上部导入，与喷入塔内的氨水等还原剂混合，通过塔内多层催化剂的催化，使脱硝反应充分完成。催化塔体积较大，烟气进入后流速变缓，延长了停留时间，塔上游均匀布置的还原剂喷射网络和混合器使烟气与还原剂混合均匀，脱硝效率保持在 80%～90%，最高可达 99%。

597. SCR 脱硝组成系统有哪些

SCR 系统主要由反应器/催化剂系统、烟气/还原剂的混合系统、还原剂的储备与供应系统、烟道系统、SCR 的控制系统组成。还原剂可用带压的无水液氨，常压下的氨水溶液（质量分数约 25%）或尿素溶液（质量分数约 40%）。

598. SCR 脱硝催化反应温度分几类

从催化反应温度上分类，SCR 工艺分为高温、中温、低温。一般高温大于 400℃，中温 300～400℃，低温低于 300℃。水泥企业比较适合中、低温工艺。

599. 列表催化剂的种类及其使用温度

催化剂的种类及其使用温度见表 2-29。

表 2-29 催化剂的种类及其使用温度

催化剂	沸石催化剂	氧化钛基催化剂	氧化铁基催化剂	活性炭催化剂
使用温度（℃）	345～590	300～400	380～430	100～150

600. 按安装位置，SCR 工艺系统分哪几类

根据不同的安装位置，SCR 系统可分为高尘布置、低尘布置。

601. 简述高尘布置工艺及特点

系统安装在预热器废气出口处，气体温度为 300～350℃，可以满足 SCR 所需要的反应温度窗口，不需要再加热系统。但预热器出口处粉尘浓度高，有堵塞催化剂格栅的风险，也会加快催化剂的磨损。烟气中含有的碱金属、重金属可导致催化剂中毒，可能影响窑的稳定运行。

602. 简述低尘布置工艺及特点

系统安装在高温电除尘之后，烟气含尘浓度低，减轻了催化剂堵塞的风险。因目前市面上低温催化剂的使用不普遍，若后期研发出低温催化剂，利用现有水泥厂的除尘装置，投资将大大降低，无须新增一套高温除尘器，也减轻了窑系统的阻力。

603. 催化剂主要成分及影响活性的因素

催化剂是 SCR 的技术核心，主要有效成分为 V_2O_5，此外，有少量的 MoO_3 或 WO_3、TiO_2。催化剂的活性主要与反应温度、V_2O_5 含量有关。

目前，工业上应用较广泛的是以锐钛型 TiO_2 作为载体、V_2O_5 作为活性成分，加入 WO_3 和 MoO_3 等的催化剂。

604. 国外 SCR 脱硝用于水泥行业的实例

受催化剂、温度窗口和恶劣工况条件的限制，SCR 用于水泥行业的实例非常少，全球仅有几套装置投产。

第一套 SCR 系统于德国 Solnhofen 水泥厂投产。该厂为预热器窑，设计年产 555000t；SCR 系统为高尘布置，催化剂层为三备三用，采用 25%氨水溶液作还原剂，氨逃逸率为 1mg/Nm^3，进入 SCR 的烟气温度为 320～340℃；当初始 NO_x 浓度小于 3000mg/Nm^3，脱硝率高于 80%，初始 NO_x 浓度为 1000～1600mg/Nm^3，脱硝后浓度为 400～550mg/Nm^3。

第二套 SCR 系统于 2006 年在意大利 Monselice 水泥厂投试，该厂采用了高尘布置。该 SCR 系统最初 6 个月的运行参数和结果显示：SCR 系统有高达 95%的脱硝效率，烟道排放气中的 NO_x 浓度低至 75mg/Nm^3，系统的压降小于 500Pa，氨逃逸仅有 1mg/Nm^3。该催化剂系统，采用五备一用的床层设计，催化剂为 V_2O_5-TiO_2 整体蜂窝结构，蜂窝孔道直径为 11.9mm，催化剂体积为

105.3m^3，NO_x 催化净化反应空间速度约为 1000h^{-1}。该厂 SCR 法的生产成本为 1 欧元/t 熟料。

第三套 SCR 系统是意大利 Calavino 水泥厂安装的 SCR 系统。

605. 我国 SCR 脱硝用于水泥行业的实例

我国第一套用于水泥行业的 SCR 系统于 2018 年 9 月份在河南磴槽集团宏昌水泥 5000t/d 水泥生产线窑尾投试。SCR 系统布置位置在高温除尘器与余热锅炉间，进入 SCR 的烟气温度为 280～350℃，O_2 含量 3%。采用了"高温电除尘器＋SCR 脱硝一体化技术路线"。该烟气 SCR 脱硝工程由西矿环保承建。

（1）工艺流程图（图 2-26）

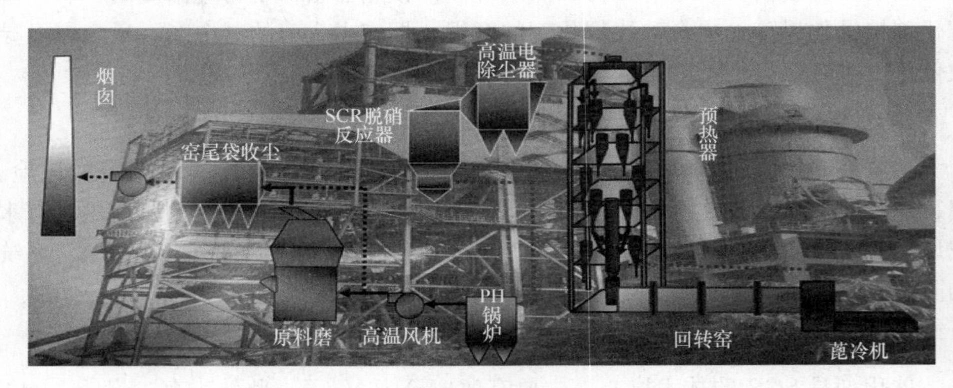

图 2-26　水泥 SCR 脱硝工艺流程图

（2）工艺设计采取的措施

① 粉尘浓度高的解决措施：针对水泥窑 C_1 出口含尘量高（80～100g/Nm^3，甚至高达 140g/Nm^3）的问题，SCR 反应器前设置高温电除尘器，将含尘浓度降低至 20～30g/Nm^3 以下，解决水泥窑窑尾烟气中含尘量大的问题。有效降低系统能耗、催化剂冲刷和堵塞风险。

② 粉尘中碱性成分高（CaO、K_2O、Na_2O）的解决措施：烟气中的碱性粉尘，会使得常规催化剂慢性中毒，失去化学活性。西矿环保与清华大学联合开发研制中温稀土耦合钒钛催化体系，针对中温催化剂在高尘、高硫条件下运行面临磨损和碱金属等元素中毒问题，通过复合载体的固溶增强，提高了催化剂的强度和抗耐磨性能。

③ 保障催化剂催化孔道通畅的措施：水泥窑烟气经高温电除尘降尘后，仍存在较高的粉尘浓度，包括氧化钙和少量硫酸氢铵等，粉尘（粒径小、黏性大、尘量高）容易覆盖催化剂表面和孔道。针对水泥窑工况和工艺特点，制定声波吹灰器＋耙式吹灰器组合清灰方式，及时清除沉积粉尘，保障催化效果。耙式吹灰系统设置高效换热器，利用热态压缩空气强力清除积灰，避免低温气体对催化剂造成冷脆损坏。

(3) 水泥窑尾烟气参数指标(设计值)(表 2-30)

表 2-30 水泥窑尾烟气参数指标(设计值)

项目	参数	单位	备注
烟气流量	860000	m^3/h(工况、湿基)	实际氧
烟气温度	280～320	℃	—
反应器进口温度	长期 280～290	℃	—
NO_x 进口含量	400	mg/m^3(标态、干基、10%O_2)	按 NO_2 计算
NO_x 出口含量	<50	mg/m^3(标态、干基、10%O_2)	按 NO_2 计算
NO_x 脱除效率	≥87.5	%	
O_2 含量	2.6	体积%(标态、干基)	实际值
H_2O 含量	5.5	体积%(标态、湿基)	实际值
SO_2 含量	800～1000	mg/m^3(标态、干基、10%O_2)	气相
SO_3 含量	—	mg/m^3(标态、干基、10%O_2)	气相
原始粉尘浓度	80～100	g/m^3(标态、干基、实际氧)	
电除尘出口粉尘浓度	35	g/m^3(标态、干基、实际氧)	

(4) 运行数据

氮氧化物排放:30mg/m^3左右

反应器压差:300～400Pa

全脱硝系统压差:900～1000Pa

预计运行成本:4.5 元/t. cl

实际运行成本:3～4 元/t. cl。

(5) 预计指标(表 2-31)

表 2-31 预计指标

性能	单位	指标
NO_x 排放浓度	mg/Nm^3(10%O_2,标态,干基)	<50
脱硝效率	%	≥87.5
脱硝系统阻力	Pa	1700

(6) 实际运行指标(表 2-32)

表 2-32 实际运行指标

性能	单位	指标
NO_x 排放浓度	mg/Nm^3(10%O_2,标态,干基)	<30
脱硝效率	%	≥90
脱硝系统阻力	Pa	<1000

606. 怎样选取催化剂和布置床层

催化剂的载体外形有蜂窝式、平板式和波纹板式。

蜂窝式一般以高通透性的陶瓷作为基材，以 TiO_2 作为载体，单位体积的有效面积大，所需催化剂量较少，但抗飞灰磨损、抗堵塞能力不如其他两种催化剂。

平板式采用不锈钢金属丝网作为基材，TiO_2 作为载体，压力损失小，抗腐蚀性强，不易被粉尘污染。

波纹板式用成型的玻璃纤维或陶瓷加固的 TiO_2 基板，放入催化剂活性液中浸泡制成，具有质量轻，运输、吊装方便，比表面积大，孔隙大小分布多样，能较好地抵抗催化剂中毒等特点。催化剂及其载体的选择需根据烟气参数、煤/灰性质、系统要求的性能等做整体把握后确定。目前，蜂窝式催化剂载体占据了一半以上的市场份额。

具体的床层布置还需考虑现场的实际空间、系统阻力等因素。意大利 Monselice 水泥厂采用五备一用的布置方式，德国 Solnhofen 水泥厂采用三备三用。

607. 影响催化剂活性的因素有哪些

催化剂的活性随着运行时间的增长而有所降低，主要因素为中毒、堵塞、高温烧结和磨损。

608. 促使催化剂中毒的物质有哪些

在正常情况下，中毒是催化剂失效的主要原因。烟气中的 SO_2，飞灰中的碱金属（主要是 K、Na）、砷元素可促使催化剂中毒，其中砷影响最大。如果煤中砷的质量分数超过 3×10^{-6}，催化剂寿命将降低 30%左右。对高砷煤，可在催化剂中加入 MoO_3（还可以提高硬度），与 V_2O_5 构成复合型氧化物来降低砷的毒性。

609. 催化剂堵塞的因素有哪些

当烟气中灰尘浓度过高（窑尾的粉尘含量可高达 80～100g/Nm^3），烟气流速低于 3m/s 时，灰尘可能附着在载体上，阻止 NO_x 与催化剂接触。一旦催化剂孔隙堵塞严重，使系统压降迅速增加，给引风机的正常运行造成严重威胁，会影响到水泥窑生产线的稳定运行。V_2O_5 催化还原 NO_x 时也催化氧化 SO_2，当温度低于 230℃时，SO_3 与氨反应形成黏性极强的硫酸氢铵，吸附灰尘造成堵塞，并腐蚀下一级设备。同时，水泥窑炉烟气中 CaO 含量较高，与 SO_3 反应生成 $CaSO_4$，覆盖在催化剂表面，降低催化剂活性。

610. 催化剂防磨损主要措施有哪些

合理设计脱硝反应器流场，催化剂硬化处理，合适的孔道设计与节距选择，合理的清灰措施与周期等。

611. 催化剂机械寿命要求及影响因素是什么

催化剂机械寿命是指催化剂机械的结构和强度能保证催化剂活性的运行时间，一般由其结构特点（壁厚、添加材料等）和烟气条件决定。灰尘颗粒的冲刷、有害物质的腐蚀降低机械寿命且不可逆转，一般采用顶端硬化、增加壁厚、转角加强等来增加机械寿命。目前，国内普遍要求保证催化剂机械寿命大于 9 年。

612. 简述催化剂化学寿命及要求

催化剂化学寿命是指在保证脱硝系统的脱硝效率、氨逃逸率等性能指标时催化剂的连续使用时间。在日常维护（吹灰清洁等）下，脱硝效率维持在 80%～90%，催化剂的化学寿命一般不小于 24000h。

613. 催化剂失效后的处理方法有哪些

催化剂的主要成分中，TiO_2 属于无毒物质；V_2O_5 为微毒物质，吸入有害；MoO_3 也是微毒物质，长期吸入有严重危害。催化剂失效后需进行专门的无害化处理；如蜂窝式催化剂一般先压碎，再按微毒化学物质处理后填埋。

催化剂失效后其化学寿命结束，催化剂本身非常昂贵，失效后无害化处理费用也很高，从经济方面考虑，一般会对其进行再生处理，目前的方法有水洗再生、热再生、热还原再生、酸液处理、SO_2 酸化热再生等。经处理后，重新加入一些活性物质，其催化效率可基本恢复（活性可恢复至原来的 90%以上），再生的成本约为购买新催化剂成本的 40%，甚至更低，当催化剂机械寿命结束或大部分催化剂由于高温烧结失活而不具备再生的条件时，就需要更换新催化剂。

614. SCR 脱硝效率的主要影响因素有哪些

脱硝效率的主要影响因素有系统运行的 *SV* 值、氨氮比（*NSR*）、烟气温度等。

SV 值指烟气流量与催化剂体积之比。NO_x 的脱硝效率随着 *SV* 值的增大而降低。意大利 Monselice 水泥厂 SCR 系统 *SV* 值为 $1000h^{-1}$。

氨氮比：理论上，1molNO_x 需要 1mol NH_3 去脱除，NH_3 量不足会导致 NO_x 脱硝效率降低，而过量又会带来对环境的二次污染。据资料显示，氨氮比为 1.05～1.10 时，脱硝效率可稳定在 80%～90%。

烟气温度是脱硝效率的重要因素，一般应尽可能使烟气温度处于所选催化剂反应温度窗口内。

615. SNCR 与 SCR 的联合脱硝系统特点是什么

结合了 SCR 技术高效、SNCR 技术投资省的特点。在提高 NO_x 脱除率的情况下，可以降低脱硝投资成本并减少氨的泄漏。在联合脱硝系统中，SNCR 脱硝过程氨的泄漏为 SCR 提供了所需的还原剂，通过 SCR 过程可以脱除更多的 NO_x，同时进一步减少氨泄漏的机会。因此，SNCR 阶段可无须考虑氨逃逸的问题。相对于独立的 SNCR 系统，联合脱硝系统的氨喷射系统可布置在适宜的反应温度区域稍前的位置，延长了还原剂的停留时间，有助于提高 SNCR 阶段的脱硝效率。联合脱硝系统所使用的催化剂比单独使用 SCR 脱硝系统要少得多，在总脱硝效率为 75%时，催化剂可省约 50%，该系统的 NO_x 脱除效率可达 70%～92%。

616. SNCR 与低氮燃烧技术组合工艺特点有哪些

采用各种低 NO_x 燃烧技术一般可以使 NO_x 的排放量降低 0～30%，但若要使烟气中 NO_x 的含量有更大程度的降低，还需要采用烟气脱硝技术。

低氮燃烧技术与 SNCR 结合的脱硝工艺：一是通过改进工艺和设备，改进燃烧来降低燃烧过程中 NO_x 的生成，减少 NO_x 排放量；二是通过添加还原剂，进一步降低 NO_x 的排放，具有明显的经济和高效特点。它的运行和建设成本约为 SCR 的一半，但 NO_x 的排放可达到 SCR 的标准。

617. 简述高温除尘＋SCR 脱硝一体化技术工艺

新型高温除尘＋SCR 脱硝一体化技术，在 SCR 脱硝前（具体位置为 C_1 出口）利用高效过滤元件将烟气中粉尘过滤，再进行脱硝。

618. 什么是重点地区和大气污染物特别排放限值

重点地区指根据环境保护工作的要求，在国土开发密度较高，环境承载能力开始减弱，或大气环境容量较小、生态环境脆弱，容易发生严重大气环境污染问题而需要严格控制大气污染物排放的地区。

大气污染物特别排放限值指为防治区域性大气污染、改善环境质量、进一步降低大气污染源的排放强度、更加严格地控制排污行为而制定并实施的大气污染物排放限值，该限值的排放控制水平适用于重点地区。

619. NO_x 需要执行怎样的污染物排放限值

（1）依据《水泥行业大污染物排放标准》（GB 4915—2013），新建企业自 2014 年 3 月 1 日、现有企业自 2015 年 7 月 1 日执行表 2-33 规定的大气污染物特别排放限值。

表 2-33　大气污染物特别排放限值　mg/m^3

生产过程	生产设备	颗粒物	二氧化硫	氮氧化物（以 NO_2 计）	氟化物（以总 F 计）	汞及其化合物	氨
矿山开采	破碎机及其他通风生产设备	20	—	—	—	—	—

续表

生产过程	生产设备	颗粒物	二氧化硫	氮氧化物（以 NO_2 计）	氟化物（以总 F 计）	汞及其化合物	氨
水泥制造	水泥窑及窑尾余热利用系统	30	200	400	5	0.05	10(1)
	烘干机、烘干磨、煤磨及冷却机	30	600(2)	400(2)	—	—	—
	破碎机、磨机、包装机及其他通风生产设备	20	—	—	—	—	—
散装水泥中转站及水泥制品生产	水泥仓及其他通风生产设备	20	—	—	—	—	—

（1）适用于使用氨水、尿素等含氨物质作为还原剂，去除烟气中氮氧化物。

（2）适用于采用独立热源的烘干设备。

重点地区企业执行表 2-34 规定的大气污染物特别排放限值。执行特别排放限值的时间和地域范围由国务院环境保护行政主管部门或省级人民政府规定。

表 2-34 大气污染物特别排放限值 mg/m^3

生产过程	生产设备	颗粒物	二氧化硫	氮氧化物（以 NO_2 计）	氟化物（以总 F 计）	汞及其化合物	氨
矿山开采	破碎机及其他通风生产设备	10	—	—	—	—	—
水泥制造	水泥窑及窑尾余热利用系统	20	100	320	3	0.05	8(1)
	烘干机、烘干磨、煤磨及冷却机	20	400(2)	300(2)	—	—	—
	破碎机、磨机、包装机及其他通风生产设备	10	—	—	—	—	—
散装水泥中转站及水泥制品生产	水泥仓及其他通风生产设备	10	—	—	—	—	—

（1）适用于使用氨水、尿素等含氨物质作为还原剂，去除烟气中氮氧化物。

（2）适用于采用独立热源的烘干设备。

（2）依据《区域性大气污染物综合排放标准》（DB 37/2376—2019）

山东省自 2017 年 1 月 1 日起至 2019 年 12 月 31 日止为第三时段，现有企业不分控制区执行表 2-35 排放浓度限值。

表 2-35　大气污染物排放浓度限值（第三时段）　　mg/m^3

行业	工段		SO_2	NO_x（以 NO_2 计）	颗粒物
建材工业	水泥	水泥窑及窑磨一体机	100	300	20
		其他	—	—	20

山东省自 2020 年 1 月 1 日起为第四时段，现有企业按照所在控制区分别执行表 2-36“重点控制区”和“一般控制区”的排放浓度限值。

表 2-36　排放浓度限值（第四时段）　　mg/m^3

污染物	核心控制区	重点控制区	一般控制区
SO_2	35	50	100
NO_x（以 NO_2 计）	50	100	200
颗粒物	5	10	20

（3）河南省政府发布了《关于征求河南省 2018 年大气污染防治攻坚战工作方案（征求意见稿）修改意见的通知》。通知针对水泥等行业提出，2018 年 10 月底前，完成全省 73 家水泥熟料企业超低排放改造。完成超低排放改造后，水泥窑废气在基准氧含量 10%的条件下，颗粒物、二氧化硫、氮氧化物排放浓度要分别不高于 $10mg/m^3$、$50mg/m^3$、$100mg/m^3$。2018 年 9 月底前稳定达到超低排放限值的水泥企业，豁免其 2019 年 2 月 15 日至 3 月 15 日期间，不再实施错峰生产。

620. 水泥窑烟气排放标准中为什么要折算至 10%的氧浓度

为了便于能够在统一标准下对污染物的排放浓度进行比较，不因过量空气数值的变化或是人为稀释等原因改变测量结果，水泥窑尾测量烟气排放会将最终结果折算至 10%氧浓度。

621. 简述窑及烘干机污染物基准含氧量浓度与实测浓度的换算关系

对于水泥窑及窑尾余热利用系统排气，采用独立热源的烘干设备排气，应同时对排气中氧含量进行监测，实测大气污染物排放浓度应按下式换算为基准含氧量状态下的基准排放浓度，并以此作为判定排放是否达标的依据。其他车间或生产设施排气按实测浓度计算，但不得人为稀释排放。

$$C_{基} = C_{实} \times (21 - O_{基})/(21 - O_{实})$$

式中　$C_{基}$——大气污染物基准排放浓度，mg/m^3；

$C_{实}$——实测大气污染物排放浓度，mg/m^3；

$O_{基}$——基准含氧量百分率，水泥窑及窑尾余热利用系统排气为 10，采用独立热源的烘干设备排气为 8；

$O_{实}$——实测含氧量百分率。

622. NO_2 排放浓度由 ppm 转为 mg/m^3 时的修正系数为什么是 2.05

ppm 是 partpermillion 的缩写，意为“百万分之几”，如 1ppm 即百万分之一，150ppm 即百万分之 150。在标准状况下，1 摩尔任何理想气体所占的体积都约为 22.4L，而 NO_2 的分子量约为 46，因此 NO_2 排放浓度从 ppm 转换为 mg/m^3 时，其转换系数为 46÷22.4≈2.054。

气体分析仪上读出来的数据，是以 ppm（气体的体积比浓度：100 万体积的气体中所含污染物的体积数）来表示。把 ppm 换算为 mg/m^3，可以依照以下步骤来进行：

NO_x 浓度单位 mg/m^3 与 ppm 的换算关系为

$$C_{NO_x,mg}=2.054C_{NO_x,ppm}(mg/m^3)$$

623. 简述催化剂脱硫的原理

新型催化技术是在催化剂作用下使 SO_2、O_2 和 H_2O 反应。两转两吸后硫酸尾气中几乎没有水分，氧含量为 6%～10%，二氧化硫浓度一般为 0.02%～0.04%。水分含量对反应影响很大。水分含量不同，反应效果不同，水分含量过少使反应物过少，推动力较小；水分含量过高，可能会造成产品浓度降低等问题，因此新型催化法应用于硫酸尾气脱硫只需要补充适量水分，补充方式可以根据企业具体情况灵活选择。

624. 简述现行脱硫的新工艺

最近几年，新兴的烟气脱硫技术突飞猛进，环境问题已提升到法律高度。我国的科技工作者研制出一些新的脱硫技术，但大多处于试验阶段，有待于进一步的工业应用验证。

（1）硫化碱脱硫法

由 Outokumpu 公司开发研制的硫化碱脱硫法主要利用工业级硫化钠作为原料来吸收 SO_2 工业烟气，产品以生成硫黄为目的。反应过程相当复杂，有 Na_2SO_4、Na_2SO_3、$Na_2S_2O_3$、S、Na_2S_x 等物质生成，由生成物可以看出过程耗能较高，而且副产品价值低，华南理工大学的石林经过研究发现过程中的各种硫的化合物含量随反应条件的改变而改变，将溶液 pH 值控制为 5.5～6.5，加入少量起氧化作用的添加剂 TFS，则产品主要生成 $Na_2S_2O_3$，过滤、蒸发可得到附加值高的 $5HO\cdot Na_2S_2O_3$，而且脱硫率高达 97%，反应过程为 $3SO_2+2Na_2S=\!=\!=2Na_2S_2O_3+S$。此种脱硫新技术已通过中试，正在推广应用。

（2）膜吸收法

以有机高分子膜为代表的膜分离技术是近几年研究出的一种气体分离新技术，已得到广泛应用，尤其在水的净化和处理方面。中科院大连物化所的金美等研究员创造性地利用膜来吸收脱出的 SO_2 气体，效果比较显著，脱硫率达 90%。

过程：他们利用聚丙烯中空纤维膜吸收器，以 NaOH 溶液为吸收液，脱除 SO_2 气体，其特点是利用多孔膜将 SO_2 气体和 NaOH 吸收液分开，SO_2 气体通过多孔膜中的孔道到达气液相界面处，SO_2 与 NaOH 迅速反应，达到脱硫的目的。此法是膜分离技术与吸收技术相结合的一种新技术，能耗低，操作简单，投资少。

（3）微生物脱硫技术

根据微生物参与硫循环的各个过程，并获得能量这一特点，利用微生物进行烟气脱硫。其机理：在有氧条件下，通过脱硫细菌的间接氧化作用，将烟气中的 SO_2 氧化成硫酸，细菌从中获取能量。微生物法脱硫与传统的化学和物理脱硫相比，基本没有高温、高压、催化剂等外在条件，均为常温常压下操作，而且工艺流程简单，无二次污染。国外曾以地热发电站每天脱除 5t 量的 H_2S 为基础；计算微生物脱硫的总费用是常规湿法 50%。无论对于有机硫还是无机硫，一经燃烧均可生成被微生物间接利用的无机硫，因此，发展微生物烟气脱硫技术，很有潜力。四川大学的王安等人在实验室条件下，选用氧化亚铁杆菌进行脱硫研究，在较低的液气比下，脱硫率达 98%。

625. 颗粒物排放异常的处理

（1）检查袋收尘器滤袋有无破损，若损坏及时更换；

（2）系统风量是否变大，合理调整用风；

（3）袋收尘气缸工作是否正常，及时检查维修；

（4）系统风中含尘浓度是否升高，调整喂料量等降低含尘浓度；

（5）检测设备是否异常，联系运营服务公司进行校对调整。

626. 如何依据在线烟气分析仪数据进行分析预判及控制调整

结合窑况本身对烟气成分进行掌握，当 NO_x 逐渐升高时一般使窑况变强，反之窑况变差，结合 CO 浓度对风煤进行调整，使窑综合状况保持较好的状态。

627. 废弃物协同处理煅烧操作注意事项有哪些

水泥工业协同处置生产工艺的一般流程包括固体废物的收集、分离、预处理、运输，在水泥厂内的接收、预准备、储存、传输、计量、喂料、煅烧，大气污染物监测和熟料质量控制。以生活垃圾为例，通过不同的预处理技术系统分为“先预处理，后脱水控制”预处理技术、“先发酵、后分选”预处理技术、“先焚烧、后处理”的预处理技术和“先气化、后处理”预处理技术四大派系。

因固体废物本身粒度、组成、形态、危险性等差异，预处理方法也千差万别。对污泥燃料化预处理技术，采用多级干燥机制，利用水泥窑余热与污泥的热交换，大幅度减少污泥中的含水量。它能在处理过程中，通过保持系统的负压状态，保证臭气不会泄漏，并最终将其引入水泥窑中高温煅烧，完全消除臭味。对未粉碎的替代燃料，气化炉联合预处理技术可实现使用更多的替代燃料，节省大量的替代燃料粉碎加工所需的机械和能源消耗，为后续高温分解节省成本。

就计量而言，可采用一种新型的搅拌—切割—计量一体式的重力式计量设备，更适合于替代燃料，能稳定控制并能精确记录和检测替代燃料的流量。

就喂料而言，关键是喂料点和喂料设备的选择。应根据所用的替代燃料和原料的性质，选择适合替代原燃料的喂料点。替代燃料应喂入窑系统的高温区，即主燃烧器、分解炉、预热器或窑的中部。比如石油加工产生的黏土、油、废旧催化剂，化学制品产生的溶剂、塑料、催化剂，纸浆产生的研磨残渣，垃圾焚烧飞灰、市政污泥，汽车制造产生的涂料残渣、废旧轮胎等可运送到窑系统的高温区。对于轻质替代原燃料，可采用新型气动喂料装置进行输送。

就煅烧工艺而言，采用现代使用替代燃料的多通道燃烧器可极大地提高替代燃料的使用种类和用量。采用液体燃料，如废油、废溶剂，以及固体燃料，如废木料、动物骨粉等，加工分散的燃料使用是水泥替代燃料的发展趋势。基本原则是在燃料颗粒与窑喂料接触前应能被点燃。同时可采用“热盘炉”技术和“预燃烧室”技术，使得燃料有充分的时间燃尽，也使得替代燃料的应用比例大幅提高，为利用处理过的生活垃圾、工业废物的进一步发展带来助力。

正是因为水泥工业协同处置生产工艺流程的复杂性，以及新技术的应用，现场安全管理和控制显得尤为重要。

首先，应制订应急预案和加强员工培训。确定员工的职责，细化应急培训要求。开展任何操作前，应进行安全技术交底。确定可能发生遗撒或污染的区域，现场高风险区域以及清洁程序。在任何存在感染或皮肤刺激之类的接触性风险的地方，应为操作人员提供合适的设施，以采取必要的卫生防范。操作中，若发现安全设施有缺陷和隐患时，必须及时解决，如果危及人身安全时，必须停止作业。紧急事件发生时，应提供书面指示和应急预案，并记录发生紧急事件时所需的设备。

固体废物在预处理阶段的安全管理重点是高压用电、高空坠落、机械伤害、粉尘、噪声、火灾等。

就用电安全管理而言，每台用电设备必须有各自专用的开关箱；动力开关箱与照明开关箱必须分设；配电箱、开关箱应装设在干燥、通风及常温场所，且周围应有足够 2 人同时工作的空间和通道；配电箱、开关箱应设有明显的警示和指示标志。

就高空坠落安全防护而言，由于替代原燃料及协同处置生产工艺的要求，生产区域内有预热器塔架、物料存储库等多种高大建筑，以及磨机、输送皮带、窑炉等大型设备，使得工厂在生产及检修过程中，涉及大量高空作业，而在高空作业施工过程中，风险普遍存在。为避免发生高空坠落事故，应做好以下几点工作：一是做好操作前的充分准备。要求作业人员熟悉现场环境和施工安全要求。按照规定穿戴劳动防护用品，必须系好安全带，戴好安全帽，衣着要轻便，禁止穿硬底和带钉易滑的鞋。二是单位做好安全防护。要制订好作业方案和安全措施；应事先与车间负责人或值班主任取得联系，建立联系信号；按指定的路线进行作业。三是环境要安全。如遇到六级以上大风和雷电、暴雨、大雾等恶劣天气，影响其施工安全时，或者邻近高空作业地区有排放有毒、有害气体及粉尘超出允许浓度的烟囱及设备等场合时，禁止进行露天高空作业。不得站在不牢固的结构物上进行作业，不得坐在平台边缘、孔洞边缘和躺在通道或安全网内休息。必须铺设坚固、防滑的脚手板，设置尽可能多的便桥和扶手，以确保安全。四是要加强对高空作业的监护和检查。在高空作业范围以及伤害范围须设置安全警示标志，并设专人进行安全监护，监护人应坚守岗位，防止无关人员进入作业范围和落物伤人。

就机械伤害而言，首先要注意替代原燃料及其他材料应密封储存。其次应为机械设备留有足够的移动空间，移动路径标志应简单、清晰。另外，所有输送设备的回转部件，均须加装保护盖，回转部件包括头轮、尾轮、重力拉紧装置、耦合器、减速器等。所有的旋转设备装设零速开关，如胶带输送机的尾轮、螺旋输送机的尾轮、回转下料器及皮带传动的从轮。对胶带输送机，需在头尾各安装一对跑偏开关，若长度超过 30m，还需在中间部位设置一对跑偏开关，用以监测皮带工作状况；胶带输送机还需要安装拉绳开关，用于现场突发事件发生时，及时停止设备运行，确保人身安全。这样可以便于了解输送设备是否运行正常，防范电动机运行而设备不工作，导致严重事故发生。最后要尤其注意场外运输，因为据调查，大部分事故发生在道路运输过程中，要做好道路运输事前咨询和事故发生后调查工作。固体废物或替代原燃料场外运输是在开放交通系统中展开的一项活动，其安全性既受到运输系统的影响，又受交通系统各要素的影响和制约。一方面要考虑运输的时节背景、运行速度、路面质量、空间路段、交通安全等因素对运输的影响；另一方面要加强合格运输人员的选拔、教育和培训，要求运输人员不仅要全面系统了解道路管理的各项法规、交通指示标志以及运输车辆的安全性能等，还应该了解运输物质的运输特性，即在什么样的路面质量下，有什么样的安全运输速度要求。

就粉尘而言，由于固体物料储存及输送环节多，几乎每个环节都有粉尘产生和排放。由于操作方法、原燃料和替代原燃料的性质、处置固体废物的性质以及工艺条件的不同决定了粉尘的性质，而且变换范围大且快速，因此粉尘的防治显得尤为重要。首先要着眼于员工的健康安全，加大粉尘危害防护设施、个体防尘用品的投入。加强粉尘危害日常监测和定期检测，确保作业场所粉尘浓度符合国家标准。采用先进除尘系统，强化防尘措施，比如优先采用无人全自动包装机，降低粉尘危害。采取密闭设备、通风除尘、抽风吸尘、润湿降尘、清扫积尘、控制电源、清除静电隔绝火源等，预防火灾危险和燃爆危险。

就火灾而言，由于替代原燃料及协同处置固体废物工艺的复杂性，使得易燃物质在水泥厂内储存的可能性增加。加之，物资储量大、长期积压易形成自燃，起火点随机性强、不易发现，随之而来的粉尘着火，甚至爆炸已成为重点关注的事情。一是要加强仓库底部、仓柱体、锥体拐角和中心线部位的温度测量。二是要建立岗位责任制，对安全疏散、电气、报警、灭火等各种设施，要分片包干，明确职责，定人管理。三是要建立生产作业现场存放易燃、易爆化学品审批制度，严格控制存储量，并落实防火措施。四是要严禁无证人员乱拉乱接电线和维修电器设备。五是要建立火灾应急预案，避免重大火灾损失，把火灾扑灭在初期。要及时按照燃烧物质、特点和火场的具体情况，查明火情和火势发展蔓延的途径，确定灭火策略。确保各负责人掌握灭火剂与灭火器材的使用方法，正确使用消防器材进行灭火工作。

协同处置固体废物及替代原燃料在水泥厂内的现场处理和储存注意事项：一是关于现场所用的原燃料的卸载、处理和储存，应制订完善的书面规程和说明，并确保相关责任人熟悉和掌握。二是应保持所有区域清洁。不受控的易燃材料不应出现在储存区。标志，如安全警示牌、禁烟标志、防火标志、疏散路线标志以及其他标志，应张贴准确和清晰。三是紧急洗眼淋浴装置应安置于液态替代燃料的储存区附近，并配有清晰和准确的警示标志。四是消防系统必须随时可用，并符合当地政府或当地消防局的所有标准和规范。五是设备应接地，并且选用适当的防静电装置和电器设备（例如电动机、仪器等）。六是采取合适的控制技术和储存设施操作方式，防止排放物排至空气、水或土壤。

协同处置固体废物及替代原燃料在水泥厂内卸料及取料阶段，应注意提醒和监督操作人员安全用品的使用，如佩戴可防吸入灰尘、烟雾或化学毒物的口罩，穿戴防化学腐蚀、微生物侵害或机械损伤的手套，穿戴工作眼镜和防皮肤接触式损伤的工作服和工作鞋。

在水泥厂过程监控方面，要注意以下内容：不能损害窑炉运行的平稳性和持续性。要确保产品质量合格或现场环保设施有效。应持续测量、记录和评估所有相关工艺参数，其中包含 f-CaO 含量和 CO 的浓度。根据工艺类型和特定的现场条件，分别设定这些成分的输入限值和操作设定值。在窑的启动、停止或不正常状态时，应发布相应的书面说明，以介绍使用替代燃料和原料的条件。开窑和停窑期间不能使用替代燃料，除非窑炉温度足够高，可以生产符合质量标准的熟料。在空气污染控制装置（如除尘器）出现故障期间不能使用替代燃料。最终产品，如熟料或水泥，必须符合相关的国家或国际质量标准的要求。

3 余热发电中控操作员

3.1 中 级 工

628. 何为水泥窑余热发电

水泥窑余热发电是指对水泥窑在熟料煅烧过程中窑头窑尾排放的余热废气进行回收，通过余热锅炉产生蒸汽带动汽轮发电机发电。

629. 余热发电工艺流程是什么

余热电站的热力循环是基本的蒸汽动力循环，即汽、水之间的往复循环过程。蒸汽进入汽轮机做功后，经凝汽器冷却成凝结水，凝结水经凝结水泵打入除氧器，然后通过锅炉给水泵打入锅炉进行加热，加热后通过两炉汽包汽水分离后，汇总进入过热器加热为过热蒸汽，最终产生一定压力的过热蒸汽作为主蒸汽送入汽轮机做功，做过功后的乏汽经过凝汽器冷凝后形成凝结水重新参与热力循环。

630. 简述汽轮机的基本原理

汽轮机是能将蒸汽热能转化为机械功的外燃回转式机械，是蒸汽动力装置的主要设备之一，汽轮机是一种透平机械，又称蒸汽透平。来自锅炉的蒸汽进入汽轮机后，依次经过一系列环形配置的喷嘴和动叶，将蒸汽的热能转化为汽轮机转子旋转的机械能。蒸汽在汽轮机中，以不同方式进行能量转换，便构成不同工作原理的汽轮机。

631. 汽轮机是怎么分类的

（1）按结构分：有单级汽轮机和多级汽轮机。

（2）按工作原理分：有蒸汽主要在各级喷嘴（或静叶）中膨胀的冲动式汽轮机，蒸汽在静叶或动叶中膨胀的反动式汽轮机。

（3）按热力特性分：有凝汽器式、背压式、抽汽式和饱和蒸汽汽轮机等类型。

632. 简述汽轮机本体结构

汽轮机本体由静止和转动两大部分组成。静止部分包括汽缸、隔板、喷嘴和轴承等。转动部分包括轴、叶轮、叶片和联轴器等。

633. 影响汽轮机热效率有哪些因素

(1) 安装因素。

(2) 主蒸汽温度。

(3) 主蒸汽压力。

634. 运行中对汽轮机主轴承需要检查哪些项目

运行中对汽轮机主轴承需要检查的项目有各轴承油压、所有轴瓦的回油温度、回油量、振动、油挡是否漏油、油中是否进水。

635. 简述循环水系统机能与作用

循环水系统的作用是冷却汽轮机低压缸排汽，并在凝汽器内建立真空。此外，经过滤后的循环水可作为一些设备的冷却水使用，为冷油器、水泵轴承等辅助设备提供冷却水。

636. 汽轮机紧急停机的几种情况

(1) 机组突然发生强烈振动或清楚地听到内部有金属声音。

(2) 机组有不正常响声或燃焦味，轴端汽封冒火花。

(3) 转速上升到3360r/min而危急遮断器不动作。

(4) 主油泵发生故障或调节系统异常。

(5) 转子轴向位移超过0.7mm，而轴向位移遮断器或位移监视装置不动作。

(6) 任一轴承回油温度超过70℃或轴瓦金属温度超过100℃或冒烟而未自动停机。

(7) 油系统着火且不能很快扑灭时，严重威胁机组安全运行。

(8) 油箱油位突然下降到最低油位以下，漏油原因不明。

(9) 润滑油压下降到0.03MPa（表）。

(10) 汽轮机发生水冲击（主蒸汽温度急剧下降）。

(11) 主蒸汽管或给水管破裂，危及机组安全时。

(12) 厂用电中断。

637. 如何稳定主蒸汽温度

(1) 根据主蒸汽的实时变化趋势图及工况变化及时调节主蒸汽减温水或者减温器的流量大小。

(2) 根据锅炉入口温度及时调节使主蒸汽压力稳定进而调节主蒸汽温度。

(3) 明确规定主蒸汽压力的控制范围及升降幅度确保主蒸汽温度的稳定。

(4) 坚决杜绝操作中的误操作或盲目操作导致的主蒸汽参数的不稳定。

638. 什么叫凝汽器的热负荷

凝汽器热负荷是指凝汽器内蒸汽和凝结水传给冷却水的总热量（包括排汽、汽封漏汽、加热器疏水等热量）。凝汽器的单位负荷是指单位面积所冷凝的蒸汽量，即进入凝汽器的蒸汽量与冷却面积的比值。

639. 简述汽轮机油系统

汽轮机油系统主要由主油泵、注油器、汽动油泵、冷油器、滤油器、减压阀、油箱等组成。

汽轮机油系统作用：

（1）向机组各轴承供油，以便润滑和冷却轴承。

（2）供给调节系统和保护装置稳定充足的压力油，使它们正常工作。

（3）供应各传动机构润滑用油。

根据汽轮机油系统的作用，一般将油系统分为润滑油系统和调节（保护）油系统两个部分。

640. 润滑油油质指标及对汽轮机的影响有哪些

汽轮机油的质量有许多指标，主要有黏度、酸值、酸碱性反应、抗乳化度和闪点五个指标。此外，透明程度、凝固点温度和机械杂质等也是判别油质的标准。

汽轮机油质量的好坏与汽轮机能否正常运行关系密切。油质变坏使润滑油的性能和油膜力发生变化，造成各润滑部分不能很好润滑，结果使轴瓦乌金熔化损坏；还会使调节系统部件被腐蚀、生锈而卡涩，导致调节系统和保护装置动作失灵的严重后果。所以必须重视对汽轮机油质量的监督。

641. 汽轮机安全高效运行参数如何控制

主蒸汽压力、主蒸汽温度、补汽压力、补汽温度、设备额定参数

冷却水温：　正常25℃；最高33℃

排汽压力：　0.008MPa(冷却水温度25℃)

额定转速下振动值：　≤0.03mm(外壳上)

临界转速下振动值：　≤0.10mm（外壳上）

调节油压：　(在工作台上测点)≥0.85MPa

润滑油压：　0.08～0.12MPa

周波：　(50±0.5)Hz

排汽温度带负荷不高于：　65℃

空负荷不高于：　100℃

凝汽器热水井水位：　1/2～3/4

凝结水过冷度：　1～2℃

速关油压：　≥0.2MPa

冷油器出口油温：　35～45℃

轴承回油温度：　＜65℃

轴承合金温度：　＜85℃

轴向位移：　≥0.4mm或≤0.54mm

发电机进口风温：　　　　　20～40℃

642. 汽轮机真空下降有哪些危害

(1) 排汽压力升高，可用焓降减小，不经济，同时使机组出力降低；

(2) 排汽缸及轴承座受热膨胀，可能引起发电机与汽轮机转子中心变化，产生振动；

(3) 排汽温度过高可能引起凝汽器冷却水管松弛，破坏严密性；

(4) 可能使纯冲动式汽轮机轴向推力增大；

(5) 真空下降使排汽的容积流量减小，对末几级叶片工作不利。末级要产生脱流及旋流，同时会在叶片的某一部位产生较大的激振力，有可能损坏叶片，造成事故。

643. 为何进行热水井水位的合理控制

一般热水井的水位应保持为水井的 1/3～2/3，如果水位过高，汽轮机排汽凝结的空间减小，换热空间减小，排汽温度升高，真空度下降，机组的经济性下降。如果水位过低，凝结水泵耗电较少，但是容易使水泵产生汽蚀，对叶轮损坏严重，运行时使水泵产生一定的振动及出口压力摆动的现象。因此必须对其进行合理控制，确保机组的安全高效运行。

644. 汽轮机保护试验的重要性有哪些

汽轮机是余热发电的重要动力设备，汽轮机运行的好坏，直接关系到余热发电的安全和经济，因此保证汽轮机的安全运行是整个汽轮机运行人员的重要职责。由于汽轮发电机组技术上精密、系统和结构复杂，要保证安全经济运行，必须确保良好的联锁状态，而联锁装置的可靠性必须要通过各项试验来证明。因此，在机组大、小修后及新安装机组投运之前，必须对其进行各项保护试验。

645. 盘车过程中应注意什么问题

(1) 监视盘车电动机电流是否正常，电流表指示是否晃动；

(2) 定期检查转子弯曲指示值是否有变化；

(3) 定期倾听汽缸内部及高低压汽封处有无摩擦声；

(4) 定期检查润滑油泵、顶轴油泵的工作情况。

646. 简述汽轮机开机的正确顺序

(1) 暖管；

(2) 启动辅助油泵，启动盘车装置；

(3) 保安装置动作试验（静态试验）；

(4) 启动循环水泵，向凝汽器通冷却水；

(5) 启动凝结水泵，开启出口门，用再循环门保持热井水位；

(6) 启动射水泵，先开启射水抽气器进口水门，再开启空气门；

(7) 开启轴封进汽门，使前后轴封冒汽管有少量蒸汽冒出；

（8）冲转；

（9）升速；

（10）带负荷。

647. 什么叫凝汽器的端差？端差增大有哪些原因

凝汽器压力下的饱和温度与凝汽器冷却水出口温度之差称为端差。对一定的凝汽器，端差的大小与凝汽器冷却水入口温度、凝汽器单位面积蒸汽负荷、凝汽器铜管的表面洁净度、凝汽器内漏入空气量以及冷却水在管内的流速有关。在实际运行中，若端差值比端差指标值高得太多，则表明凝汽器冷却表面铜管有污垢，致使导热条件恶化。端差增加的原因有①凝汽器铜管水侧或汽侧结垢；②凝汽器汽侧漏入空气；③冷却水管堵塞；④冷却水量减少等。

648. 汽水系统的组成部分有哪些

汽水系统主要由省煤器、汽包、下降管、水冷壁、过热器等设备组成，它的任务是使水吸收蒸发，最后成为具有一定参数的过热蒸汽。

649. 热传递的主要方式

热传递（或称传热）是物理学上的一个物理现象，是指由于温度差引起的热能传递现象。热传递中用热量度量物体内能的改变。热传递主要存在三种基本形式：热传导、热辐射和热对流。

650. 锅炉换热效率的影响因素

对流换热系数：物理性质、表面形状、部位、温度、流速、流态、有无相变、积灰与结垢等。

换热面积：形状、表面积、管束数量、积灰积垢等光管与肋片管，顺排与叉排（流场），积灰与结垢。

壁面温度：热风与管壁对流换热效果。

流体温度：热水与管壁对流换热效果。

651. 判断锅炉系统是否正常投入运行的主要标准

（1）锅炉入口烟气阀门应全部打开，旁路废气阀应全部关闭。

（2）锅炉出口废气温度应低于锅炉设计出口废气温度。

（3）锅炉炉本体废气阻力：应小于800Pa。

（4）锅炉炉本体漏风率：应小于3%。

（5）锅炉炉墙外表面温度：应小于55℃。

652. 锅炉启炉前的准备工作有哪些

（1）对炉内炉外和烟道等处进行全面检查，确保各部分设备完好无损，烟道畅通，各处无人停留，无工具遗漏。

（2）检查确认所有观察门和除灰门已全部关闭。

（3）检查振打装置、输送机和烟气阀挡板等辅机设备润滑动作是否正常。

（4）检查所有阀门。

① 给水系统：开启省煤器进口阀和省煤器出口空气阀。

② 汽水系统：关闭各联箱排污阀、紧急放水阀。开启锅炉主蒸汽阀、过热器出口集箱疏水阀和蒸汽管道疏水阀。

③ 开启汽包水位计的汽侧和水侧阀门，关闭放水阀，投入水位计。

④ 开启现场仪表阀门，投入仪表。

⑤ 打开现场的汽包空气阀和过热器空气阀。

⑥ 确认汽包与过热器安全阀处于正常工作状态。

（5）缓慢调整锅炉给水调节门向锅炉上水，当省煤器出口空气阀冒水后，关闭空气阀。

（6）当锅炉水位升至－75mm 时停止上水，检查确认系统有无泄漏，观察汽包水位有无明显变化。

653. 锅炉如何进行升压、暖管、并汽

（1）确认水泥窑正常运转，锅炉相关辅机设备已启动完毕。

（2）联系窑操作人员，全开出口烟气阀，开启进口烟气阀 20%，观察 3min，如汽包液位无明显变化仍以 20%相应开启，全开后，逐渐关闭烟气旁路阀。

（3）检查确认汽包压力升至 0.1MPa 时关闭汽包空气阀、过热器空气阀，打开定期排污和连续排污阀一次门。

（4）在升压过程中检查确认各承压部件的受热膨胀情况，如有异常，应立即查明情况及时处理。

（5）确认汽包压力升至 0.3MPa 时，依次对过热器及各蒸发器放水阀放水，注意汽包水位变化。

（6）当汽包压力升至 0.3MPa 时，及时关紧主要管道上的阀门、法兰及阀门压盖。

（7）当确认汽包压力升至 0.6MPa 时，冲洗水位计并核对水位。

（8）当汽包压力升至 0.9MPa 时，全面检查锅炉系统，核对锅炉主要参数。

（9）在启动过程中，必要时打开对空排汽阀，对空排汽阀的开度应适当。

（10）暖管：如果是第一台锅炉启动升压时，蒸汽母管内还没有蒸汽，必须先暖管后才能供汽。

① 开启蒸汽母管的疏水阀。

② 稍开主进汽阀，使管内压力维持在 0.25MPa 左右加热管道，温升速度 5～10℃/min。

③ 管内壁温度达 130～140℃，缓慢开启主进汽阀，以 0.25MPa/min 速度提

升管内压力至额定压力。

④ 开始暖管时，疏水门尽量开大，随着管壁温度和管内压力的升高，逐渐关小疏水阀门。

（11）并汽：如果锅炉启动升压前已有另一台锅炉在运行，蒸汽母管内已有蒸汽时，必须先进行并汽操作。

① 开启蒸汽母管和主汽管上疏水阀排出凝结水。

② 当锅炉汽压低于运行系统的汽压为0.05～0.1MPa时，即可开始并汽。

③ 缓慢开启并汽阀，注意严格监视汽温、汽压和水位的变化。

④ 并炉结束后，关闭蒸汽母管和主汽管上疏水阀。

654. 锅炉运行中参数如何调整

锅炉正常运行中为保证其安全经济运行，要做到“四勤三稳”（勤检查、勤联系、勤分析、勤调整，汽压稳、汽温稳、水位稳）并做好以下调整：

（1）运行调节

在锅炉运行中，应注意监视过热蒸汽压力、过热蒸汽温度、锅筒水位等在额定参数范围内：

① 通过调节烟气旁路阀开度或调节锅炉负荷来控制过热蒸汽压力在额定值，过热蒸汽温度窑头锅炉、窑尾锅炉在额定范围内。

② 通过调节锅炉给水阀来控制锅筒水位在±75mm的范围内，必要时可以打开紧急放水阀。

（2）巡视检查

① 每班按巡回检查制度进行巡视检查。

② 护板、炉墙是否完好无损，人孔门是否漏风。

③ 锅炉上的各种管道阀门是否完好无漏。

④ 水位计、压力表、温度计等仪表是否工作正常。

⑤ 振打装置、输送机和烟气阀挡板等辅机设备润滑动作是否正常。

（3）每班定期冲洗1次水位计。

（4）每班对锅炉的给水、炉水进行两次取样分析化验。

（5）根据炉水化验情况，每天进行1～2次的定期排污。定期排污时应将锅筒水位保持稍高于＋50mm水位，每一个排污阀的全开时间一般为15s～1min。

655. 遇哪些情况锅炉需紧急停炉

（1）锅炉严重缺水，虽经补水仍见不到水位。

（2）锅炉严重满水，水位升到最高水位以上，经放水后仍见不到水位。

（3）受热面爆管，磨损渗透，影响运行人员安全和不能保持正常水位。

（4）给水系统全部失灵。

（5）炉墙倒塌、开裂，柱和梁被烧红，严重威胁锅炉安全运行。

（6）锅炉汽水品质严重低于标准，经努力协调暂时无法恢复时。

（7）锅炉受热面严重积灰，采取措施仍无法解决时。

（8）水泥窑系统严重损坏必须停炉时。

656. 锅炉停炉后如何进行保养

（1）停炉保养的必要性

停炉后如不做保养及防腐，会造成金属腐蚀，氧化加剧，破坏金属晶格，降低锅炉寿命，并容易造成锅炉爆管，因此停炉必须做防腐。

（2）停炉后保养方法

为了避免停炉后的氧腐蚀，常用的方法有干法保护与湿法保护。干法保护主要有烘干法、充氮法、石灰干法保养；湿法保护主要有水压保护法、水压与氮气保护法。其目的都是排除氧或水分子对钢铁的腐蚀。

657. 锅炉发生缺水事故的现象及处理措施

（1）现象

① 锅炉水位低于指示最低水位，或看不到水位。

② 水位报警器发出低水位信号。

③ 蒸汽流量大于给水流量。

（2）原因

① 运行人员疏忽对水位监视不严。

② 设备有缺陷，如给水自动调节器失灵，水位计有污垢或连接管堵塞而形成假水位、给水泵阀发生故障或给水管路故障等。

③ 锅炉放水阀或定期排污阀泄漏等。

（3）处理

① 缺水事故发生以后，应冲洗水位计，并将所有水位计指示情况相互对照，判断正确性及缺水程度。

② 若为轻微缺水，则加大锅炉给水，降低锅炉负荷；同时检查定期排污阀等是否泄漏。

③ 若为严重缺水，则应紧急停炉。

658. 锅炉发生满水事故的现象及处理措施

（1）现象

① 锅炉水位超规定的最高水位。

② 水位报警器发出高水位信号。

③ 给水流量不正常，大于蒸汽流量。

④ 严重满水时，蒸汽管道发生水冲击，法兰、阀门处向外冒汽。

（2）原因

发生满水事故的原因通常是运行人员对水位监视不严，未能及时发现和处理而造成的，或者是由于给水自动调节器失灵，给水压力过高或被假水位所迷惑而导致的事故。

（3）处理

① 锅炉满水时，如水位计尚能看到水位或已看不到水位而经过冲洗水位计关闭水连通管，打开锅炉液位计放水阀门以后，能看到水位下降属于不严重满水。如打开锅炉液位计放水阀门以后仍看不到水位下降就属于严重满水事故。

② 若为轻微满水，则关小或关闭给水阀门，开启蒸汽管道疏水阀，降低锅炉负荷，必要时打开紧急放水阀。

③ 如经处理无效，且证实为严重满水时应立即停炉。

659. 锅炉发生水膨胀事故的现象及处理措施

（1）原因

① 锅炉含盐量大，锅水表面出现大量泡沫，蒸汽溢出时水膜破裂，溅出水滴并被蒸汽带走，就会发生锅水膨胀事故。

② 锅炉水位剧烈波动，水位看不清并冒汽泡，饱和蒸汽盐分及水分增加，严重时管道发生水冲击，法兰处冒白汽。

（2）处理方法

开大连续排污阀进行表面放水，降低锅炉负荷，加强管道疏水，停止加药，取样化验，加强换水，迅速改善锅水品质。

（3）预防措施

应有效地控制锅水含盐量、给水质量、锅水加药量，坚持严格地锅水化验制度，加强给水处理，适当调整排污量，同时要求负荷变化不可过急，并汽时锅水汽压不可大于主汽管内压力。

660. 锅炉气压过高的事故现象及处理措施

（1）事故原因

① 用户负荷突然降低或完全甩去。

② 安全阀失灵，压力表指示错误。

③ 运行人员操作不当。

（2）处理方法

① 减少或切断水泥系统烟气

② 开启对空排汽阀，降低锅内压力。

③ 校对压力表，加强锅内进水，加强排污。

④ 必要时紧急停炉。

661. 锅炉爆管事故现象及处理措施

（1）现象

炉管轻微爆破，如焊口泄漏等现象为破裂处有蒸汽喷出的“嘶嘶”声，给水流量略有增加，炉内负压有所下降，严重爆破时，有显著的爆破声和喷汽声，炉内正压并喷出烟气和蒸汽，水位汽压均下降，给水流量显著大于蒸汽流量，排灰潮湿。

（2）原因

① 给水质量不好，引起受热面管内结垢，致使其部分过热或腐蚀。

② 水泥窑烟气中粉尘浓度较大，磨损了蒸发器管束和省煤器管子等。

③ 水汽温度变化过快，以致管壁温度不均匀，而产生过大应力等。

（3）处理

对于严重爆管应紧急停炉，对轻微爆管若灰斗中灰尘有凝固危险，以致危及除尘系统工作时，也应紧急停炉。

662. 发电机正常运行的规定有哪些

（1）发电机定子线圈最高允许温度为 130℃；

（2）发电机定子铁芯最高允许温度为 130℃；

（3）发电机转子线圈最高允许温度为 130℃；

（4）发电机冷却空气进风温度不得大于 40℃，不低于 20℃（通常凝结水珠的凝结温度在 20℃左右），相对湿度不得超过 60%；冷却风温度出入之差为 20～30℃。

（5）发电机轴承的润滑油进油温度为 35～45℃，出油温度应该不超过 65℃。

（6）发电机的最高运行电压不得超过额定值的 110%，最低运行电压不得低于额定值的 90%；当发电机电压降低到额定值的 95%以下时，定子电流长期允许的数值仍不得超过额定值的 105%，转子电流仍以额定值为准。

（7）发电机正常运行时频率应保持在 50Hz，允许变动范围为±0.5Hz，即 49.5～50.5Hz；此时发电机可带额定负荷运行，最高变化范围不得超过±5%，即 47.5～52.5Hz，禁止升高或降低频率运行。

（8）发电机不允许长期过负荷运行。

663. 发电机启动前应检查哪些

（1）发电机的冷却系统试运行情况良好，空冷器的冷却水管路系统应畅通，轴承润滑油系统应畅通。

（2）励磁回路的检查已完毕；回路接线正确，灭磁开关动作正常。自动调整励磁装置的检查试验与整定完毕。

（3）发电机出口断路器及灭磁开关的分合闸实验、连动实验、分合闸警报试验已完成。

（4）保护、测量、操作、信号和同期回路的接线应完整并检查实验完毕，所有保护装置的整定值应选择正确。

（5）机组的安全、消防、通信设备及事故照明设备应符合运行要求。

（6）发电机定子绕组引出线与电网的相序应一致，发电机定子机座应可靠接地。

（7）启动前应该用盘车装置来转动转子，确保转动部分没有任何卡住。

（8）空冷器内干燥、无杂物，无渗水、漏水。

（9）对开关、刀闸、互感器、继电保护、自动装置按各专业规程进行检查。

（10）发电机仪表齐全，保护自动装置完好，开关保护压板在相应的位置上。

664. 发电机启动前应做哪些试验

（1）测量定子绝缘电阻应合格。

（2）测量全部励磁回路、转子回路绝缘电阻应合格。

（3）按要求做各种保护传动试验。

（4）按要求提交各种测量、试验合格记录。

（5）按要求做各种保护跳闸试验。

665. 发电机运行中应监控和维护哪些内容

（1）发电机在运行中应该严密监视并定时记录电压、电流、负载、周率以及定子绕组、定子铁芯、转子绕组等的温度，轴承温度，进口风温，空气冷却器进水温度等不得超过技术数据中的规定。

（2）接班后每 4h 对发电机进行一次全面检查，发电机各部应清洁，周围无杂物，如发现异常现象，应适当增加检查次数，并及时进行处理。

（3）发电机进口风温在 20～40℃的规定范围。

（4）从发电机窥视孔对内部进行检查，不应有电晕及凝结水珠，线圈无变形，内部清洁无异声。

（5）发电机引出线各接头应牢固，主开关、励磁开关刀闸不应发热、变色。

（6）风冷室内无杂物、水及凝结水珠现象。

666. 发电机解列停机操作步骤

接值班长解列停机命令后按以下步骤操作：

（1）逐渐将发电机有功、无功减至零。

（2）断开发电机出口并网柜，发电机与系统解列。

（3）将励磁装置投入到“手动”位置，降下发电机电压。

（4）操作“停机令”按钮进行停机，然后断开脉放电源（有刷）。

（5）断开发电机灭磁开关，然后断开励磁整流桥交流侧隔离刀闸（有刷）。

（6）断开励磁屏操作电源、合闸电源。

（7）断开中压柜的控制电源和二次小型断路器。

（8）检查发电机出口断路器确已断开，将发电机出口断路器手车拉到试验位置。

（9）将中压柜的隔离手车拉到试验位置。

（10）根据要求做好安全措施。

667. 发电机事故有哪几种

（1）发电机过负荷；

（2）发电机升不起电压；

（3）温度超标；

（4）发电机三相定子电流不平衡；

（5）发电机电压互感器故障；

（6）发电机 CT 回路断线；

（7）励磁回路绝缘降低；

（8）发电机振荡（失去同期）；

（9）发电机出口断路器自动跳闸；

（10）发电机变调相机运行；

（11）发电机非同期并列；

（12）发电机失磁；

（13）转子回路两点接地或层间短路；

（14）发电机着火。

668. 简述余热发电操作员安全操作及日常培训重点

安全操作应该做到以下几点：

（1）工作前必须按要求进行着装。

（2）开机前一定要和相关岗位人员取得联系，待现场人员对设备检查确认一切正常后方可开机。开启和关停设备必须按规范操作顺序进行，严禁违章作业。

（3）在正常开机中如遇设备突发性故障应及时停机，并按“操作规程”或“应急预案”及时做出处理。

（4）进入生产现场检查设备或处理问题时，必须按要求穿戴好劳保用品。

（5）正常操作时要密切监控各控制参数，各控制参数应严格控制在规定范围内。

（6）厂用电中断后如不能很快恢复送电时，要及时启用紧急油泵及人工盘车，以防汽轮发电机轴瓦烧坏及大轴变形。

（7）在窑况不稳时（如掉大块、塌料、窑前温度升高、窑加减料、原料磨停运等），应加强与窑中控人员联系，及时进行系统调整，加强锅炉水位监视，防止发生水位事故。

日常培训重点如下：

（1）余热发电管理制度、安全管理规程等各项规章制度；

（2）余热发电汽轮机、锅炉、水质化验及水处理操作规程；

（3）余热发电汽轮机、锅炉的故障处理及应急预案；

（4）余热发电新设备、新技术的交流。

669. 简述汽轮机停机的正确顺序及注意事项

（1）发电机解列后，手击危急遮断油门关闭自动主汽门停机，注意检查自动主汽门和调节汽阀应立即关闭，将自动主汽门操纵座手轮关到底。开始记录惰走时间。检查主汽门是否关闭严密。

（2）停机降速过程中，监视润滑油压低于0.08MPa时，辅助油泵是否开启，无法自动开启时要手动开启，确保轴承供油。

（3）转速降至500r/min后，关闭轴封送汽门。

（4）打开汽缸和主蒸汽管疏水阀门。

（5）汽机停止后，投入连续盘车，停射水抽汽器。

（6）停凝结水泵。

（7）轴承回油温度低于45℃时，停止向冷油器送水。

（8）后汽缸温度降至50℃时，停止循环水供水。

（9）停机后连续盘车6h后，当蒸汽室内温度≤100℃后，可改为每隔1h盘数分钟，注意盘车前后转子应翻转180°；当温度降至60℃时，改为每2h盘转一次，停机3d内每天盘转一次，以后每月1次。

670. 汽轮机在什么情况下应做超速试验

（1）机组大修后；

（2）危急保安器解体检修后；

（3）机组在正常运行状态下，危急保安器误动作；

（4）停机备用一个月后，再次启动；

（5）甩负荷试验前；

（6）机组运行2000h后无法做危急保安器注油试验或注油试验不合格。

671. 余热发电操作员如何做好交接班工作

岗位交接是为了保证生产的顺利进行，交接清设备运行、生产运行情况，是保证发电机组正常运行的必要条件，所以必须严格执行交接班制度。

（1）接班者

① 接班者应提前到岗，着好工装后到岗位了解上班生产情况及去现场检查设备运转状况。若发现异常情况，可向交班者提出，严禁不检查、不汇报接班。

② 接班者请假应在上岗前8h办好请假事宜，以便于安排工作。接班人员未到，交班者不得离开岗位。

③ 接班者要认真检查设备运行润滑、工具、卫生区域、安全设施、值班记录等情况，当具备接班条件时，双方在交接班记录上签字，交班者方可离岗。

④ 因接班不清，接班后发现问题，一律由接班者负责。

（2）交班者

① 交班者交班前应对所负责岗位和设备进行全面检查，发现问题立即处理，不能立即处理的要向接班者交待清楚，提请注意。

② 交班前应将区域内卫生清扫干净，保持设备、仪表、工器具等物品完好整洁。

③ 交班前填写好原始记录，写好交班记录。

④ 交接班时遇有事故发生，要暂停交接，先行处理事故，属重大操作，在操作告一段落后方可交接班。

（3）交接班者做到“十交”“五不交”

十交：

① 交本班生产情况和任务完成情况；

② 交设备运行和使用情况；

③ 交不安全因素及采取措施和事故处理情况；

④ 交各种工具数量及缺损情况；

⑤ 交工艺指标执行情况及为下班做的准备工作；

⑥ 交原始记录是否正确完整；

⑦ 交原始材料使用及存在问题；

⑧ 交上级批示要求和注意事项；

⑨ 交岗位区域卫生情况；

⑩ 交本岗位跑冒滴漏情况。

五不交：

① 生产不正常、事故未处理完不交接；

② 设备问题不清不交接；

③ 卫生区域不净不交接；

④ 记录不齐不清不交接；

⑤ 生产指标任务未完成不交接。

672. 余热发电操作员应具备哪些基本素质

（1）发电操作员必须了解熟料生产工艺，熟知发电与烧成系统接口及所处位置。

（2）发电操作员应及时掌握熟料工况，对熟料工况变化能够预知对自身的影响。

（3）发电操作员对窑系统常见设备故障应了解。

（4）发电操作员对熟料质量波动原因应了解。

673. 余热发电操作员如何调度所属生产现场的岗位人员

新型干法水泥生产线逐步形成了“中控室控制—巡检工现场检查处理”的运

行格局，双方之间的配合是否默契成为水泥生产线安全稳定运行的重要因素。余热发电中控操作员与岗位人员是车间必不可少的工种，两者相辅相成，缺一不可，岗位工及时跟踪反馈信息，中控操作员才能对现场的变化情况及水质质量做到心中有数，及时调整，维护系统稳定。余热发电中控操作员应该提高自身的操作技能，准确预测、判断现场故障原因，有计划、有针对性地去指导相关人员处理，合理统筹安排时间，让岗位工少走弯路。

3.2 高 级 工

674. 回转窑的典型突发情况应急方法有几种

窑系统可能出现的紧急情况大体可分为三类：一是设备跳停；二是堵料、断料；三是参数异常（温度、负压）、设备报警（超电流、温度高、振动值大）。出现以上类似情况余热发电操作员首先要与水泥窑操作员取得联系，并结合运行参数及各种工况的变化，及时调整窑头窑尾锅炉的烟道阀门，防止因窑的原因造成余热发电设备的故障，降低运行中机组的负荷，维持高压低负荷的工况，必要时可采取退出窑头锅炉，窑尾单锅炉运行供气。合理控制参数保证机组的安全稳定运行。

675. 均压箱及轴封加热器的调节对汽轮机系统的影响有哪些

均压箱及轴封加热器共同组成整个轴封系统，其调节的主要目的有以下几个方面：

（1）防止蒸汽沿高、中压缸轴端由内向外泄漏，甚至窜入轴承箱使润滑油中进水。

（2）防止空气由外向内漏入低压缸而破坏机组的真空。

（3）回收工质，减少热量损失，并改善车间的环境条件。

676. 除氧器除氧效果差对锅炉安全运行有哪些危害

除氧器主要分为热力除氧器和真空除氧器两种类型，主要作用都为除去溶解在锅炉给水中溶解氧及其他气体。

在锅炉给水处理工艺过程中，除氧是一个非常关键的环节。除氧效果差对锅炉的危害表现：

① 氧腐蚀会造成给水管道直至省煤器的局部腐蚀，严重时，会引起管壁穿孔泄漏；

② 氧腐蚀所造成的腐蚀产物——金属的氧化物，会随给水进入锅炉，在炉内的循环和蒸发过程中，这些腐蚀产物在热负荷较高的区域内沉积，造成炉管传热不良以及产生“溃疡性”垢下腐蚀，严重时，也会造成炉管泄漏和爆破。

677. 简述余热发电操作员与水泥窑操作员沟通的重要性

对于余热电站，其余热锅炉只有“锅”而没有“炉”，水泥窑废气就相当于火力发电厂中燃料锅炉中的炉，在余热电站热力系统配置、参数配置及设备配置都处于正常的条件下，电站发电能力的多少主要取决于水泥窑的废气条件（包括废气量、废气温度等），因此，余热发电操作员与水泥窑操作员的正确沟通是提高发电量的必要方式。加强余热发电操作员与窑操作员之间的配合，在稳定窑系统正常的前提下，不断优化工艺，加强日常操作管理，提高发电效率，最大限度利用废气余热提高机组发电量。

678. 余热操作员如何通过操作提高设备的最佳能效

余热发电操作员是电厂运行监控的直接操作者。对电厂机电设备操作员必须达到“四懂、三会”（懂结构、懂原理、懂性能、懂用途，会使用、会维护保养、会排除故障），同时要求熟悉电厂的工艺生产过程及运行方式，服从命令，服从指挥，严格执行设备的操作运行规程。精心监视各运行参数，根据系统参数变化情况及环境状况调整系统正常，保证机组经济运行，从而发挥设备的最佳能效。

679. 汽轮机油箱油位上涨原因分析及解决办法是什么

汽轮机油箱油位上涨主要是由于油中带水，原因分析：

（1）轴封系统布置不合理；

（2）轴承内回油产生抽吸使用，使轴承室内形成负压；

（3）外缸有变形；

（4）冷油器泄漏；

（5）运行人员对运行指标重视不够。

解决办法：

（1）针对轴封系统结构问题，对轴封间隙进行合理调整，减少轴封漏气。

（2）加强对主油箱系统排烟风机的运行调整，保持轴承箱在微负压下运行，防止负压过大导致油中进水。

（3）提高运行人员操作水平及责任心，在变负荷工况下，加强了对轴封供汽压力的监控调整。

（4）保持冷油器油压大于水压，发现冷油器泄漏，应及时进行冷油器的切换。

（5）加强油质检测工作，根据油品指标及时采取过滤及排污的方法，最大限度地排除水分。

680. 简述汽轮机调速系统

汽轮机的调速系统根据其动作过程，一般由转速感受机构、传动放大机构、执行机构、反馈装置等组成。

转速感受机构：感受汽轮机转速变化，并将其变换成位移变化或油压变化的信号送至传动放大机构，按其原理分为机械式、液压式、电子式三大类。

传动放大机构：放大转速感受机构的输出信号，并将其传递给执行机构。

执行机构：通常由调节汽门和传动机构两部分组成。根据传动放大机构的输出信号，改变汽轮机的进汽量。

反馈装置：为保持调节的稳定，调节系统必须设有反馈装置，使某一机构的输出信号对输入信号进行反向调节，这样才能使调节过程稳定。反馈一般有动态反馈和静态反馈两种。

681. 回转窑未投料，如何进行机组先开机时的参数控制

回转窑投料前余热发电车间主要以窑尾锅炉升温、系统暖管为主。回转窑在投料前发电参数控制主要注意以下四点：

（1）窑尾锅炉旁路阀门的控制，利用回转窑升温预热器温度对窑尾锅炉进行升温、升压，升温期间一定要注意旁路阀门的控制及调整，不能升温太快，避免温度胀力对窑尾锅炉烟道及护板造成损伤。

（2）分汽缸排汽，在分汽缸未充分暖管之前，不能开启对空排汽，避免造成分汽缸及管道振动。

（3）机组开机时参数按照汽轮机操作规程进行设置。

（4）并入窑头锅炉时提前打开管道疏水，时刻关注过热器出口蒸汽温度参数的变化。

682. 润滑油压低常见故障有哪些

（1）注油器故障，由于主油箱内注油器喇叭口气蚀较严重，使注油器不能正常工作。

（2）冷油器阻塞可能引起系统局部节流，造成系统压力降低。

（3）汽轮机轴与瓦之间的间隙不合适。

（4）主油泵出力不够，油封环间隙过大。

（5）润滑油油管道三通逆止阀损坏。

683. 汽轮机油中进水有哪些因素？如何防止油中进水

油中进水是油质劣化的重要因素之一，油中进水后，如果油中含有机酸，则会形成油渣，还会使油系统有腐蚀的危险。油中进水多半是汽轮机轴封的状态不良或是发生磨损，轴封的进汽过多所引起的。另外，轴封汽回汽受阻，轴封高压漏汽，回汽不畅，轴承内负压太高等原因往往直接造成油中进水。

为防止油中进水，除了在运行中冷油器水侧压力应低于油侧压力外，还应精心调整各轴封的进汽量，防止油中进水。

684. 影响轴承油膜的因素有哪些

影响轴承转子油膜的因素有①转速；②轴承荷载；③油的黏度；④轴颈与轴承的间隙；⑤轴承与轴颈的尺寸；⑥润滑油温度；⑦润滑油压；⑧轴承进油孔直径。

685. 新蒸汽温度过高对汽轮机有何危害

制造厂设计汽轮机时，汽缸、隔板、转子等部件根据蒸汽参数的高低选用钢材，对于某一种钢材有它一定的最高允许工作温度，在这个温度以下，它有一定的机械性能，如果运行温度高于设计值很多时，势必造成金属机械性能的恶化，强度降低，脆性增加，导致汽缸蠕变变形，叶轮在轴上的套装松弛，汽轮机运行中发生振动或动静摩擦，严重时使设备损坏，故汽轮机在运行中不允许超温运行。

686. 新蒸汽温度降低对汽轮机运行有何影响

当新蒸汽压力及其他条件不变时，新蒸汽温度降低，循环热效率下降，如果保持负荷不变，则蒸汽流量增加，且增大了汽轮机的湿汽损失，降低了机内效率。新蒸汽温度降低还会使除末级以外各级的焓降都减少，反动度都要增加，转子的轴向推力增加，对汽轮机安全不利。新蒸汽温度急剧下降，可能引起汽轮机水冲击，对汽轮机安全运行是严重的威胁。

687. 新蒸汽压力降低时，对汽轮机运行有何影响

如果新蒸汽温度及其他运行条件不变，新蒸汽压力下降，则负荷下降。如果维持负荷不变，则蒸汽流量增加。新蒸汽压力降低，机组汽耗增加，经济性降低，当新蒸汽压力降低较多时，要保持额定负荷，使流量超过末级通流能力，使叶片应力及轴向推力增大，故应限制负荷。

688. 为什么循环水中断要等到凝汽器外壳温度降至50℃以下才能启动循环水泵供循环水

事故后，循环水中断，如果由于设备问题循环水泵不能马上恢复起来，排汽温度将会很高，凝汽器的拉筋、低压缸、铜管均做横向膨胀，此时若通入循环水，铜管首先受到冷却，与低压缸、凝汽器连接的拉筋却得不到冷却，这样铜管收缩，而拉力不收缩，铜管有很大的拉应力，这个拉应力能够将铜管的端部胀口拉松，造成凝汽器铜管泄漏。

689. 为何循环水水塔风机都达到满负荷但是回水水温依然偏高

（1）填料结垢堵塞严重，填料阻力加大，空气流动受阻，进风量下降，严重影响了冷却塔的降温效果。

（2）喷头堵塞、脱落，造成进水不能均布在淋水填料处，使得冷却风与进水的接触面降低，降低了冷却塔的冷却效率。

（3）冷却水塔整体框架漏风严重，造成风损较大。外界空气被风机从水塔顶部吸入而不是从最下方吸入，虽然风机满负荷但是带走的系统的热风量变小，导致循环水回水温度依然很高。

（4）凝汽器进出口循环水流量低，造成循环水出口温度高。

690. 何谓汽轮机的寿命？正常运行中影响汽轮机寿命的因素有哪些

汽轮机寿命是指从初次投入运行至转子出现第一条宏观裂纹（长度为0.2～0.5mm）期间的总工作时间。汽轮机正常运行时，主要受到高温和工作应力的作用，材料因蠕变要消耗一部分寿命。在启、停和工况变化时，汽缸、转子等金属部件受到交变热应力的作用，材料因疲劳也要消耗一部分寿命。在这两个因素共同作用下，金属材料内部就会出现宏观裂纹。例如不合理的启动、停机所产生的热冲击，运行中的水冲击事故，蒸汽品质不良等都会加速设备的损坏。

691. 轴向位移增大应如何处理

轴向位移增大应做如下处理：

（1）发现轴向位移增大，立即核对推力瓦块温度并参考差胀表。检查负荷、汽温、汽压、真空、振动等仪表的指示；联系热工人员，检查轴向位移指示是否正确；确认轴向位移增大，汇报班长、值班长，联系锅炉工、电气人员减负荷，维持轴向位移不超过规定值。

（2）检查监视段压力、一级抽汽压力、高压缸排汽压力不应高于规定值，超过时，联系锅炉工、电气人员降低负荷，汇报领导。

（3）如轴向位移增大至规定值以上而采取措施无效，并且机组有不正常的噪声和振动，应迅速破坏真空紧急停机。

（4）若是发生水冲击引起轴向位移增大或推力轴承损坏，应立即破坏真空紧急停机。

（5）若是主蒸汽参数不合格引起轴向位移增大，应立即要求锅炉工调整，恢复正常参数。

（6）轴向位移达停机极限值，轴向位移保护装置应动作，若不动作，应立即手动停机。

692. 推力瓦烧瓦的原因有哪些

推力瓦烧瓦的原因主要是轴向推力太大，油量不足，油温过高使推力瓦的油膜破坏，导致烧瓦。下列几种情况均能引起推力瓦烧瓦：

（1）汽轮机发生水冲击或蒸汽温度下降时处理不当。

（2）蒸汽品质不良，叶片结垢。

（3）机组突然甩负荷或中压缸汽门瞬间误关。

（4）油系统进入杂质，推力瓦油量不足，使推力瓦油膜破坏。

693. 个别轴承温度升高和轴承温度普遍升高的原因有什么不同

个别轴承温度升高的原因：①负荷增加、轴承受力分配不均、个别轴承负载重。②进油不畅或回油不畅。③轴承内进入杂物、乌金脱壳。④靠轴承侧的轴封汽过大或漏汽大。⑤轴承中有气体存在、油流不畅。⑥振动引起油膜破坏、润滑不良。

轴承温度普遍升高的原因：①由于某些原因引起冷油器出油温度升高。②油质恶化。

694. 循环水水质对汽轮机系统的影响有哪些

循环水水质的保障是余热发电正常运行的前提，水质的好坏直接影响发电量和自用电的比率以及发电成本。

(1) 设备结垢，阻碍传热，增加能耗，增加发电负荷；

(2) 滋生黏泥软垢，加速设备腐蚀，发生点蚀事故；

(3) 设备腐蚀，缩短使用寿命。

695. 简述凝汽器效率低的原因及处理方法

凝汽器真空低的原因：

(1) 抽真空设备系统故障；

(2) 设备或系统不严密；

(3) 凝汽器冷却水管脏污、结垢或堵塞；

(4) 冷却水量减少或中断；

(5) 凝汽器水位高；

(6) 冷却水温度升高。

凝汽器真空低的处理方法：

(1) 检查抽真空设备；

(2) 检查真空系统严密性；

(3) 清理凝汽器；

(4) 加大冷却水量；

(5) 降低凝汽器水位；

(6) 降低冷却水温度。

696. 简述凝汽器喷淋改造

凝汽器是一个布满换热管的热交换器，换热管内是循环水，换热管外是低压蒸汽。凝汽器喷淋目前一般采用化学补水补入凝汽器的方式，是采用较为传统的中补水管直接伸入凝汽器喉部，并在凝汽器喉部内的管子上打许多小孔的形式；此方式无法使温度较高的排汽和低温补水在喉部实现热交换，或者说排汽的潜热没有足够放热给低温的补水，补水也无法吸收排汽的热量而被加热。其结果不利于提高机组的热经济性。

凝汽器喷淋改造是对补水系统进行雾化。改造后补水仍采用从凝汽器补入的方式，水以雾化状态从凝汽器喉部补入，从而形成一个雾化带。即补水进入凝汽器后，通过雾化喷嘴，使其达到雾化状态，汽轮机排汽首先与雾化水进行热交换，由于它们之间是接触式换热，且雾化补水水滴较小，从而强化了补充水与排汽间的换热。所以部分排汽放出的汽化潜热能使补水温度立即升高到排汽的饱和温度，同时补水使得这部分排汽凝结成饱和水，为汽体从水滴中溢出、扩散创造了条件，从而达到除氧和降低排汽温度的目的，同时又防止出现补水沿着凝汽器内壁流动的现象。

凝汽器喷淋改造的好处：①可以提高凝汽器真空；②可以多抽低压汽；③可以少抽高压汽；④对提高除氧效果有利。

697. 回转窑哪些参数对发电量指标有影响

主要影响参数：①出篦冷机废气温度；②C1 筒出口废气温度；③过剩风机转速；④高温风机转速；⑤篦冷机篦速；⑥篦冷机篦下压力。

698. 为什么要做真空严密性试验

对于汽轮机来说，真空的高低对汽轮机运行的经济性有着直接的关系，真空高，排汽压力、温度低，有用焓降较大，被循环水带走的热量减少，机组的热效率提高。凝汽器漏入空气后降低了真空，有用焓降减少，循环水带走的热量增多。通过凝汽器的真空严密性试验结果，可以鉴定凝汽器的工作好坏，以便采取对策消除泄漏点。

699. 为什么调节系统要做动态、静态特性试验

调节系统静态特性试验的目的是测定调节系统的静态特性曲线、速度变动率、迟缓率，全面了解调节系统的工作性能是否正确、可靠、灵活；分析调节系统产生缺陷的原因，以正确地消除缺陷。

调节系统动态特性试验的目的是测取甩负荷时转速飞升曲线，以便准确地评价过渡过程的品质，改善调节系统的动态调节品质。

700. 何谓调节系统的动态特性试验

调节系统的动态特性是指从一个稳定工况过渡到另一个稳定工况的过渡过程的特性，即过程中汽轮机组的功率、转速、调节汽门开度等参数随时间的变化规律。汽轮机满负荷运行时，突然甩去全负荷是最大的工况变化，这时汽轮机的功率、转速、调节汽门开度变化最大。只要这一工况变动时，调节系统的动态性能指标满足要求，其他工况变动也就能满足要求，所以动态特性试验是以汽轮机甩全负荷为试验工况。即甩全负荷试验就是动态特性试验。

701. 什么是凝汽式发电厂的发电煤耗率及供电煤耗率

凝汽式发电厂的发电煤耗率是在单位时间中所耗用的标准煤耗量 B 与在单位时间的发电量 P 之比，其表达式为

$$b = B/P(\text{kg/kW} \cdot \text{h})$$

式中 B——根据发热量高低折算的标准煤，kg/h；

b——发电煤耗率，kg/kW·h；

P——发电机功率，kW。

供电煤耗率 g_{gb} 是考虑了厂用电消耗后的发电煤耗。其表达式：

$$g_{gb} = B/(P - P_c)\ (\text{kg/kW} \cdot \text{h})$$

式中 P——发电厂功率，kW；

P_c——发电厂的厂用电功率，kW。

702. 发电负荷瞬间波动的原因分析

（1）主控制器（505 或 T80）故障；

（2）转速传感器、功率变送器故障；

（3）位移传感器故障；

（4）调节系统发生故障。

703. 发电机过负荷怎样处理

（1）运行中发电机过负荷信号发出，并且定子电流超过额定值时应迅速处理使其恢复正常。

（2）用减少励磁的方法减少定子电流，但注意功率因数不得超过规定值，若减少励磁电流不能使定子电流降到额定值，必须降低发电机有功负荷。

704. 简述发电机升不起压现象、检查及处理方法

（1）现象：合上灭磁开关，按增加励磁按钮，励磁电压或发电机定子电压升不起来。

（2）检查以及处理方法（有刷）：

① 检查有无脉放电源。

② 励磁电压升不起时，应检查测量励磁柜输出有无电压，有电压时说明励磁回路外部断线、开路，应对励磁回路进行检查处理。

③ 当测量无电压输出时，检查灭磁开关接触是否良好，可控硅有无烧坏，磁场回路是否断线、开路，整流变压器是否有电压输出以及整流变压器绝缘是否破坏等。

④ 经上述检查无异常时，说明励磁柜内信号转换电路或脉冲功放触发电路出故障。

（3）当励磁柜电压、电流正常时发电机升不起电压：

① 检查 PT 手车是否插好，一次保险是否熔断、装好。

② 检查电压表及切换开关接线是否正确，电压回路接线是否良好。

705. 简述发电机温度超标检查与处理方法

（1）发电机空气冷却器出入风温度之差大于 20℃时。

（2）发电机定子温度超过 105℃或转子温度超过 130℃时应做如下处理。

① 检查三相电流是否平衡，负荷是否超过额定值，其他各表数值是否正常。

② 检查空冷器测温装置是否正常，进水温度是否过高，压力是否过低，阀

门是否全开以及冷却器水管是否堵塞。

③ 检查发电机内部有无异常现象和气味。

④ 查明超温原因，设法消除，如原因不明，则应降低发电机的出力，直至温度降到正常值为止，并应汇报领导。

（3）由于励磁柜散热风机烧毁、停转造成可控硅组件温度超高的，应马上紧急停机处理（有刷）。

706. 简述发电机三相定子电流不平衡现象及处理方法

（1）现象

① 三相电流表指示之差较正常增大。

② 三相电流表指示之差超过额定值的5%。

③ 机组可能伴有振动。

（2）处理

① 调整负荷，观察是否因为表计回路故障引起错误指示。

② 三相不平衡电流超过规定值，同时机组发出振动时，应降低有功负荷直至允许范围，并汇报有关领导听候处理。

707. 简述发电机电压互感器故障及处理方法

（1）现象

① 发电机有功电能表、无功电能表指示降低或为零。

② 发电机定子电压指示偏低或消失，励磁电流、电压表指示正常。

③ 定子三相电流指示正常。

（2）处理

① 当有电压回路短线报警信号时，应停用发电机的复合电压闭锁过流保护。

② 在未查明原因、消除故障之前应保持原负荷不变，不得调整发电机的有功、无功负荷，并应监视发电机联络线表计。

③ 检查发电机 PT 一、二次回路是否断线，熔断器是否烧毁，接点有无松动。

④ 一次熔断器烧毁时应拉出 PT 隔离手车进行更换，二次回路小型断路器跳闸时应检查原因后再合上开关。

708. 简述发电机 CT 回路断线现象及处理方法

（1）现象

① 发电机有功、无功表计指示降低。

② 定子电流一相为零，两相正常。

③ 发电机“差动回路断线”信号发出。

（2）处理

① 停止有功、无功负荷调整，通过发电机联络线有功表监视负荷。

② 按程序将发电机差动保护停用，通知检修处理。

③ 对CT回路进行检查及处理，按CT回路开路处理，注意高压危险。

709. 简述励磁回路绝缘降低现象及处理方法

（1）现象

① 励磁回路正极或负极对地有电压为绝缘不良。

② 励磁回路电阻低于0.5MΩ时为一点接地（经计算测定）。

（2）处理

① 使用压缩空气吹扫滑环及碳刷，经吹扫仍不能恢复的，应对励磁回路进行一次全面检查（有刷）。

② 测量对地电压，计算对地绝缘电阻，判断绝缘降低情况及性质，当对地电压接近或等于正负极电压时则为直接接地。

③ 经以上测量确认为一点接地时，应马上投入发电机转子两点接地保护(有刷)。

710. 简述发电机振荡（失去同期）现象及处理方法

（1）现象

① 定子电流表剧烈向两侧摆动，并且大大超过正常值。

② 发电机及母线上的各电压表都发生剧烈摆动，通常是电压降低，强励可能动作或间断动作。

③ 有功电能表全盘摆动，周波表上下摆动。

④ 转子电压、电流表在正常值附近剧烈摆动。

⑤ 发电机发出有节奏的鸣音与上述表计摆动合拍。

（2）处理

① 迅速调整励磁电流至尽量大，增加无功负荷，提高发电机电压，并减少汽轮机的进汽量，降低发电机的出力，使其拖入同期。

② 如采取上述措施1～2min仍然无效的应将发电机解列，等事故消除后重新并列。

711. 简述发电机出口断路器自动跳闸原因及处理方法

（1）原因

① 发电机发生内部故障，如定子绕组短路接地、转子两点接地、发电机着火等。

② 发电机发生外部故障，如发电机母线短路接地等。

③ 值班人员误操作。

④ 保护装置及断路器机构的误动作。

⑤ 失磁保护动作。

（2）处理

① 停用自动励磁装置，将发电机励磁调到最小；若灭磁开关未跳时，应立

即切断，以防发电机内部故障扩大。

② 复归音响信号及开关位置，检查何种保护动作；检查继电保护设备动作是否异常；检查汽轮机危急保安器是否动作。

③ 检查发电机的冷却空气室内是否有烟雾；打开发电机的窥视孔，检查有无焦味、冒烟。

④ 打开发电机端盖，检查定子绕组端部情况；测量定子绕组、转子绕组的绝缘电阻。

⑤ 检查发电机的电流互感器、电缆和隔离开关。

⑥ 检查若是电厂外部故障引起过流保护动作，或由于人员误操作、保护误动作，发电机也发现异常现象，允许立即将发电机与电网并列。

⑦ 若系过流保护跳闸，应对发电机外部及母线进行检查，没发现异常情况时，可将发电机从零起升压，在升压过程中发现问题及时处理，如未发现问题，可与电网并列。

⑧ 若是差动保护跳闸，应测量定子绝缘电阻，并对发电机及其保护区内的一切设备回路状况进行全面的检查。

⑨ 若是转子回路两点接地保护动作，应测量检查励磁回路有无短路接地，励磁机有无异常。一般情况下，转子两点接地保护动作时应进行内部检查。

712. 简述发电机变调相机运行现象及处理方法

（1）现象

①“主汽门关闭”信号发出。

② 有功电能表指示零以下，无功电能表指示升高。

③ 定子电流表指示降低。

（2）处理

① 若机器危险要求解列，应立即将发电机解列。

② 若人员正在处理，应待汽源恢复后重新接带负荷。

713. 简述发电机非同期并列现象及处理方法

（1）现象

① 并列合闸瞬间发生很大的电流冲击。

② 发电机电压和母线电压严重降低。

③ 机组强烈振动并有吼鸣声。

（2）处理

① 如果发电机已拖入同期，经检查无异常，并通过有关领导批准，可暂时投入运行，但应早停机检查。

② 检查转子、定子线圈有无变形开焊，垫块有无松脱现象。

③ 测量转子、定子绝缘电阻有无明显下降，直流电阻有无明显增大。

714. 简述发电机失磁现象及处理方法

（1）现象

① 转子电流表指示为零或接近零。

② 发电机定子电流表指示先降低后升高。

③ 发电机定子电压指示降低。

④ 无功电能表指示零以下，功率因数进相。

⑤ 有功负荷降低。

⑥ 汽轮机转速升高，同时发电机频率也有所升高。

（2）处理

① 手动增加励磁电流，降低有功负荷到无励磁运行所允许的数值。

② 经调整无效，应将发电机解列停机。

③ 查明原因，进行消除。

④ 检查可控硅元件、励磁调节器。

715. 简述转子回路两点接地或层间短路现象及处理方法

（1）现象

① 有励磁回路接地报警。

② 励磁电流增大，励磁电压降低，强行励磁可能动作。

③ 定子电流增大，电压降低，并可能失去同期。

④ 发电机无功负荷降低，力率升高或可能进相。

⑤ 发电机振动增大，发电机内部冒烟或有焦糊味。

⑥ 碳刷可能剧烈冒火。

（2）处理

① 降低有功负荷。

② 如果转子两点接地保护动作使发电机出口断路器掉闸，检查灭磁开关是否跳开，若未跳开，应手动拉开。

③ 若转子层间短路，振动增加或励磁电流剧增，而定子两点接地保护未动作时应立即减负荷解列后停机处理。

716. 简述发电机着火现象及处理方法

（1）现象

① 发电机有焦糊味，端部窥视孔等处有明显烟气。

② 发电机空冷器风道有烟气、火星或烧焦的味道，出口风温度异常升高。

③ 发电机内部有明显的放电声或振动异常增大。

（2）处理

① 立即将发电机从系统解列，拉开发电机灭磁开关。

② 打掉危急保安器，隔离其电源进行灭弧。

③ 汽轮机主汽门控制在低速旋转位置，应维持发电机转速在额定转速的10%左右转动（200～300r/min），开启灭火水阀门进行灭火。

④ 发电机内部无明显火苗或已熄灭，应将发电机停下来迅速打开端盖检查，并用水或二氧化碳灭火器、四氯化碳灭火器进行灭火，不准用砂土或泡沫灭火器灭火，以免给维修带来困难。

3.3 技师、高级技师

717. 什么是调节系统的静态特性和动态特性

调节系统的工作特性有两种：即动态特性和静态特性。在稳定工况下，汽轮机的功率和转速之间的关系即调节系统的静态特性。从一个稳定工况过渡到另一个稳定工况的过渡过程的特性叫作调节系统的动态特性，是指在过渡过程中机组的功率、转速、调节汽门的开度等参数随时间的变化规律。

718. 什么是调节系统的静态特性曲线？对静态特性曲线有何要求

调节系统的静态特性曲线即在稳定状态下其负荷与转速之间的关系曲线。调节系统静态特性曲线应该是一条平滑下降的曲线，中间不应有水平部分，曲线两端应较陡。如果中间有水平部分，运行时会引起负荷的自发摆动或不稳定现象。曲线左端较陡，主要是使汽轮机容易稳定在一定的转速下进行发电机的并列和解列，同时在并网后的低负荷下还可减少外界负荷波动对机组的影响。右端较陡是为使机组稳定经济负荷，当电网频率下降时，使汽轮机带上的负荷较小，防止汽轮机发生过负荷现象。

719. 解释汽轮机的汽耗特性及热耗特性

（1）汽耗特性是指汽轮发电机组汽耗量与电负荷之间的关系。汽轮发电机组的汽耗特性可以通过汽轮机变工况计算或在机组热力试验的基础上求得。凝汽式汽轮机组的汽耗特性随其调节方式不同而异。

（2）热耗特性是指汽轮发电机组的热耗量与负荷之间的关系。热耗特性可由汽耗特性和给水温度随负荷而变化的关系求得。

720. 凝汽器胶球清洗收球率低有哪些原因

（1）活动式收球网与管壁不密合，引起“跑球”；

（2）固定式收球网下端弯头堵球，收球网脏污堵球；

（3）循环水压力低、水量小，胶球穿越冷却水管能量不足，堵在管口；

（4）凝汽器进口水室存在涡流、死角，胶球聚集在水室中；

（5）管板检修后涂保护层，使管口缩小，引起堵球；

（6）新球较硬或过大，不易通过冷却水管；

（7）胶球相对密度太小，停留在凝汽器水室及管道顶部，影响回收。胶球吸水后的相对密度应接近于冷却水的相对密度。

721. 蒸汽压损对经济性有什么影响？应该采取哪些措施以减少蒸汽的压损

无论新蒸汽压损、抽汽压损、再热蒸汽压损以及汽轮机排汽压损都将损失做功能力，降低装置的热经济性。

减小压损的办法，一方面从设备上着手，尽量减少不必要的管件，改进管道不合理的走向及连接。另一方面是加强运行管理，把应该开足的阀门开足，更不要人为地节流运行。尽管各种机组，各个电厂情况各不相同，但是降低蒸汽压损、减少做功能力损失的潜力都是存在的，这是一项不容忽视的节能技术。

722. 什么是热能品位贬值？它有什么特点

热力设备和系统在传递、转换热能的过程中，由于操作维护不当，可能出现热能品位贬值，引起做功能力损失。如加热器的抽空气管道，是为了将空气由高到低逐级自流排入凝汽器而设置的。但如果节流孔板未装或孔径过大，在排放空气的同时，将不可避免地有高能位蒸汽逐级流向低能位。这就是热能品位的贬值。同样，加热器疏水侧串汽，除氧器汽源切换阀关闭不严，疏水冷却器无水位或低水位运行，即疏水冷却器没有浸没在疏水中，疏水得不到冷却或冷却不够就排往下一级，都是热能品位贬值的现象。

热能品位贬值的特点是：热能由一个场所转移到另一个场所，虽然热能的数量没有变化，但是做功能力降低了。

由于热能品位贬值，热能数量上没有变化，无明显热量损失，因而，不易为人们所重视，加上很多串汽、串水问题又不易被察觉，致使许多严重热能品位贬值问题，长期不被重视和解决。加强能量平衡分析，减少热能品位贬值，提高能量的利用程度，是挖掘节能潜力的一个重要方面。

723. 热力系统节能潜力分析包括哪两个方面的内容

（1）热力系统结构和设备上的节能潜力分析。它通过热力系统优化来完善系统和设备，达到节能目的。

（2）热力系统运行管理上的节能潜力包括：运行参数偏离设计值，运行系统倒换不当，以及设备缺陷等引起的各种做功能力亏损。热力系统运行管理上的节能潜力，是通过加强维护、管理、消除设备缺陷，正确倒换运行系统等手段获得的。

724. 热力系统节能潜力分析的步骤是怎样的

（1）热力系统运行数据的整理和热力系统的简捷计算。

（2）等效热降及抽汽效率的计算。

（3）各分系统及运行实况的定量分析。

（4）热力系统中各种热力设备运行实况的定量分析。

（5）全面地、系统地分析各种局部定量计算结果，查找存在问题并将其分类为热力系统结构上的问题和运行操作和维护管理上的问题。

（6）针对热力系统结构上存在的问题，探讨热力系统改造措施。

（7）针对热力系统运行操作与维护管理上的问题，提出改进运行方法的措施。

（8）根椐上述各种改进措施，计算热力系统的节能潜力。

725. 如何计算汽轮发电机组毛效率

对于回热循环的凝汽式汽轮发电机组：

$$\eta = 3600/[d(h_0 - h_{jw})]$$

式中 d——汽耗率，kg/kW·h；

h_0——新蒸汽焓值，kJ/kg；

h_{jw}——给水焓值，kJ/kg。

对于中间再热机组，热耗率公式为

$$q = D_0(h_0 - h_{jw}) + D_{rh}(h_{rh} - h_e)/W$$

式中 D_0——主蒸汽流量，kg；

D_{rh}——进入中压缸的再热蒸汽流量，kg；

h_{rh}——进入中压缸再热蒸汽焓，kJ/kg；

h_e——高压缸排汽焓，kJ/kg；

W——发电量，kW。

再热机组的 $\eta = 3600/q = 3600W/[D_0(h_0 - h_{jw}) + D_{rh}(h_{rh} - h_e)]$

726. 简述汽轮机热效率的计算方法

汽轮机热效率，是指计算期内汽轮发电机发出电能的当量热量与输入汽轮机发电热量的比率（%）。抽凝汽式机组汽轮机效率（给水系统采用联络母管制时）采用的计算公式为

$$\eta_d = 10E \times 3600/(Di_0 - D_c i_c - W_g i_g)$$

式中 E——计算期内发电量，万 kW·h；

η_d——汽轮机热效率，%；

D——计算期内汽轮机耗用的主蒸汽量，kg；

i_0——汽轮机进汽焓值，kJ/kg；

D_c——计算期内对外供热量，kg；

i_c——供热焓值，kJ/kg；

W_g——计算期内给水量，kg；

i_g——给水焓值，kJ/kg。

727. 浅谈汽轮机系统的经济运行

在热力设备系统已定的情况下，汽轮机值班人员通过合理的操作调整，从以

下几个方面保证运行的经济性：

（1）保持额定的蒸汽参数。

（2）保持良好的真空度，尽量保持最有利真空。

（3）保持设计的给水温度。

（4）保持合理的运行方式，各加热器正常投运。

（5）保证热交换器传热面清洁。

（6）减少汽水漏泄损失，避免不必要的节流损失。

（7）尽量使用耗电少、效率高的辅助设备。

（8）多机组并列运行时，合理分配各机组负荷。

（9）较低负荷时，机组采用变压运行等。

4　安全方面知识

4.1　安全通用知识

728. 什么是安全生产

安全生产是指在生产经营活动中，为了避免造成人员伤害和财产损失的事故而采取相应的事故预防和控制措施，使生产过程在符合规定的条件下进行，以保障从业人员的人身安全与健康，设备和设施免受损坏，环境免遭破坏，保证生产经营活动得以顺利进行的相关活动。

729. 什么是安全生产管理

安全生产管理是指对安全生产工作进行的管理和控制。企业主管部门是企业经济及生产活动的管理机关，按照“管生产同时管理安全”的原则，在组织本部门、本行业的经济和生产工作中，同时负责安全生产管理。组织督促所属企业事业单位贯彻安全生产方针、政策、法规、标准。根据本部门、本行业的特点制定相应的管理法规和技术法规，并向劳动安全监察部门备案，依法履行自己的管理职能。

730. 什么是安全生产“五要素”

安全生产管理五要素有安全文化、安全法制、安全责任、安全科技、安全投入。

731. 什么是“四不伤害”和“三违”行为

“四不伤害”是指①不伤害自己；②不伤害他人；③不被他人伤害；④保护他人不受伤害。

“三违”是指①违章指挥；②违章操作；③违反劳动纪律。

732. 什么是事故

事故是发生于预期之外的造成人身伤害或财产或经济损失的事件。

733. 什么是事故隐患

事故隐患是指作业场所、设备及设施的不安全状态，人的不安全行为和管理上的缺陷，是引发安全事故的直接原因。

734. 什么是危险

危险是指某一系统、产品、或设备或操作的内部和外部的一种潜在的状态，其发生可能造成人员伤害、职业病、财产损失、作业环境破坏的状态。

735. 什么是安全色

安全色是表达安全信息的颜色，表示禁止、警告、指令、提示等意义。应用安全色使人们能够对威胁安全和健康的物体和环境做出尽快的反应，以减少事故的发生。安全色用途广泛，如用于安全标志牌、交通标志牌、防护栏杆及机器上不准乱动的部位等。安全色的应用必须是以表示安全为目的和有规定的颜色范围。安全色应用红、蓝、黄、绿四种，其含义和用途分别如下：

红色表示禁止、停止、消防和危险的意思。禁止、停止和有危险的设备或环境涂以红色的标记。如禁止标志、交通禁令标志、消防设备、停止按钮和停车、刹车装置的操纵把手、仪表刻度盘上的极限位置刻度、机器转动部件的裸露部分、液化石油气槽车的条带及文字、危险信号旗等。

黄色表示注意、警告的意思。需警告人们注意的器件、设备或环境涂以黄色标记。如警告标志、交通警告标志、道路交通路面标志、皮带轮及其防护罩的内壁、砂轮机罩的内壁、楼梯的第一级和最后一级的踏步前沿、防护栏杆及警告信号旗等。

蓝色表示指令、必须遵守的规定。如指令标志、交通指示标志等。

绿色表示通行、安全和提供信息的意思。可以通行或安全情况涂以绿色标记。如表示通行、机器启动按钮、安全信号旗等。

736. 海因里希法则的概念

海因里希法则（Heinrich's Law）又称“海因里希安全法则”“海因里希事故法则”或“海因法则”，是美国著名安全工程师海因里希（Herbert William Heinrich）提出的 300∶29∶1 法则。

这个法则的含义：当一个企业有 300 起隐患或违章，非常可能要发生 29 起轻伤或故障，另外还有一起重伤、死亡事故。

海因里希法则是美国人海因里希通过分析工伤事故的发生概率，为保险公司的经营提出的法则。这一法则完全可以用于企业的安全管理上，即在一件重大的事故背后必有 29 件轻度的事故，还有 300 件潜在的隐患。

737. 风险与危险源的关系是什么

风险与危险源之间既有联系又有本质区别。首先，危险源是风险的载体，风险是危险源的属性。即讨论风险必然是涉及哪类或哪个危险源的风险，没有危险源，风险则无从谈起。其次，任何危险源都会伴随着风险。只是危险源不同，其伴随的风险大小往往不同。

738. 燃烧的必要条件是什么

发生燃烧必须具备三个基本条件：

（1）要有可燃物，如木材、天然气、石油等；

（2）要有助燃物质，如氧气、氯酸钾等氧化剂；

（3）要有一定温度，即能引起可燃物质燃烧的热能（点火源）、可燃物、氧化剂和点火源。

燃烧三要素同时具备并相互作用时就会产生燃烧。

739. 什么是本质安全

本质安全，就是通过追求企业生产流程中人、物、系统、制度等诸要素的安全可靠和谐统一，使各种危害因素始终处于受控制状态，进而逐步趋近本质型、恒久型安全目标。

740. 什么是安全联锁装置

安全联锁装置（safety interlock）：在危险排除之前能阻止接触危险区，或者一旦接触时能自动排除危险状态的一种装置。安全联锁装置应包含两个概念：①为了安全性；②必须与设备、机械等控制装置联动。

741. 安全生产方针是什么

安全生产方针是指政府对安全生产工作总的要求，它是安全生产工作的方向。根据历史资料，我们发现我国对安全生产工作总的要求大体可以归纳为四次变化，即“生产必须安全、安全为了生产”；“安全第一，预防为主”；“安全第一，预防为主，综合治理”；“以人为本，坚持安全发展，坚持安全第一、预防为主、综合治理”。

742. 水泥行业生产现场有哪些危险因素（按照 GB 6441《企业职工伤亡事故分类》回答）

（1）火灾、爆炸。水泥厂存在有粉尘爆炸、压力容器爆炸以及火灾危险因素。

（2）机械伤害。水泥厂安全评价中提及的常用危险因素，有机械伤害。

（3）起重伤害。存在于起重设备处。

（4）车辆伤害。存在于物料转运等使用叉车、场内机动车辆等处。

（5）触电。使用到电气设备处均有触电事故发生的可能。

（6）高空坠落。高于 2m 平台有人或物出现的地方就有高空坠落事故的发生。

（7）粉尘。水泥本身就是粉尘，有大量粉尘的产生。

（8）噪声。大型机械设备、粉碎设备等有较大噪声的产生。

（9）振动。应与噪声一起分析考虑。

743. 双重预防体系是什么

双重预防体系将安全风险逐一建档入账，采取风险分级管控、隐患排查治理双重预防性工作机制。通俗说，双重预防机制就是构筑防范生产安全事故的两重防火墙。

第一重防火墙是管风险，以安全风险辨识和管控为基础，从源头上系统辨识风险、分级管控风险，努力把各类风险控制在可接受范围内，杜绝和减少事故隐患；企业要对辨识出的安全风险进行分类梳理，对不同类别的安全风险，采用相应的风险评估方法确定安全风险等级，安全风险评估过程要突出遏制重特大事故，高度关注暴露人群，聚焦重大危险源、劳动密集型场所、高危作业工序和受影响的人群规模，重大安全风险应填写清单、汇总造册，并从组织、制度、技术、应急等方面对安全风险进行有效管控，要在醒目位置和重点区域分别设置安全风险公告栏，制作安全风险告知卡。全面排查风险点、风险因素和危险源，加强对风险的管控，提高企业本质安全。

第二重防火墙是治隐患，以隐患排查和治理为手段，认真排查风险管控过程中出现的缺失、漏洞和风险控制失效环节，坚决把隐患消灭在事故发生之前。企业不消除隐患，隐患就会消灭企业，甚至造成人亡企灭的严重后果。与其坐以待毙，不如奋力拼搏。

744. 人体触电的基本方式有哪些

人体触电的基本方式有单相触电、两相触电、跨步电压触电、接触电压触电。

745. 什么是危险源与重大危险源

危险源是指可能导致死亡、伤害、职业病、财产损失、工作环境破坏或这些情况组合的根源或状态。

重大危险源是指长期地或者临时地生产、搬运、使用或者储存危险物品，且危险物品的数量等于或者超过临界量的单元（包括场所和设施）。

746. 危险和有害因素辨识方法有哪些

危险和有害因素辨识的方法有工作危害分析（JHA）、安全检查表（SCL）、故障假设分析（WI）、预危害性分析（PHA）、失效模式与影响分析（FMEA）、危险与可操作性研究（HAZOP）、事件树分析（ETA）、故障树分析（FTA）等。

747. 事故预防对策的基本方法及原则

（1）事故预防技术措施的优先顺序。

① 直接安全技术措施：使生产设备本身具有本质安全性能；

② 间接安全技术措施：为生产设备设计出一种或多种安全防护装置；

③ 指示性安全技术措施：采用检测报警装置、警示标志等措施；

④ 其他措施：安全操作规程、安全教育、培训和个人防护用品等。

在实际工作中，上述措施常常是综合使用的。

（2）事故预防的具体原则。

① 消除：通过合理的设计，从根本上消除危险危害因素，如采用无害工艺技术，生产中以无害物质代替有害物质，实现自动化作业、遥控技术等；

② 预防：采取预防性技术措施，如使用安全阀、安全屏护、漏电保护装置、安全电压、熔断器、防爆膜、事故排放装置等；

③ 减弱：采取减轻危险危害因素的措施，如局部通风排毒装置、生产中以低毒性物质代替高毒性物质、降温措施、避雷装置、消除静电装置、减振装置、消声装置等；

④ 隔离：将人员与危险危害因素隔开并将不能共存的物质分开，如遥控作业、安全罩、防护屏、隔离操作室、安全距离、自救装置（如防毒服、各类防护面具）等；

⑤ 联锁：当操作者失误或设备运行达到危险状态时，应通过联锁装置终止危险、危害发生；

⑥ 警告：在易发生故障和危险性较大的地方，配置醒目的安全色、安全标志；必要时，设置声、光或声光组合报警装置。

（3）安全对策措施应具有针对性、可操作性和经济合理性。

（4）安全对策措施应符合国家、行业的相关标准和设计规定。

748. 从业人员安全教育培训要求

从业人员通过安全生产教育和培训要达到以下要求：

（1）具备必要的安全生产知识。

（2）熟悉有关安全生产规章制度和操作规程。

（3）掌握本岗位的安全操作技能。

企业通常采用的安全教育形式大致有三种：三级安全教育、日常安全教育和特种作业培训。其中，三级安全教育是企业安全生产的基本教育制度，它包括公司级教育、车间（工段）级教育、班组级教育三个层次。

公司级教育：是对新员工在分配工作之前进行的安全教育，它可以通过企业安全责任人做报告、组织座谈、参观劳动保护教育展览、观看安全教育工作生产录像、学习有关文件等方式对新员工进行教育，让他们了解企业的基本状况，生产任务及特点，安全状况、事故特点及主要原因，以及一般的安全技术知识。

车间（工段）级教育：经公司级安全教育考试合格后的员工，由车间（工段）进行安全教育，教育内容包括车间（工段）的安全生产规章制度、安全生产状况、生产性质、主要工艺流程、车间历年来发生的事故案例、主要危险源点及其注意事项。

班组级教育：讲解本班组的生产特点、作业环境、危险区域、设备状况、消防设施等；讲解本工种的安全操作规程和岗位责任，重点讲思想上应时刻重视安全生产，自觉遵守安全操作规程，不违章作业；爱护和正确使用机器设备和工具；介绍各种安全活动以及作业环境的安全检查和交接班制度。告诉新工人出了事故或发现了事故隐患，应及时报告领导，采取措施；讲解如何正确使用、爱护劳动保护用品、明确文明生产的要求；实行安全操作示范。

日常安全教育：公司各项安全管理制度，安全生产基本常识，施工安全技术操作规程，安全技术技能培训，潜在的危险因素及防范措施，安全生产意识教育。

特种作业培训：包括特种作业安全基础知识和安全技术理论知识和实际操作要领及实际操作技能等。

749. 什么是事故应急救援

事故应急救援是指在应急响应过程中，为最大限度地降低事故造成的损失或危害，防止事故扩大，而采取的紧急措施或行动。

750. 事故应急管理程序是什么

（1）应急预案培训

公司每年组织公司人员进行一次预案学习培训，编制各类专业应急人员、公司员工的年度应急培训计划，并组织实施，使部门、员工了解相关应急预案内容，熟悉应急职责、应急程序和现场处置方案。并对应急预案涉及的社区、居民、企业，做好宣传教育和告知等工作。

（2）应急预案演练

公司每年至少组织一次综合应急预案演练或者专项应急预案演练，每半年至少组织一次现场处置方案演练。

公司根据情况，对公司应急预案进行演练，演练可以采取模拟和实战相结合的方式。公司应急预案演练完成后应及时编写演练总结报告，并存档。

（3）应急预案修订

公司应急管理领导小组组织对突发事件综合应急预案进行修订，各职能部门对专项应急预案进行修订，一线生产工人对现场处置方案进行修订。如有以下原因应及时对应急预案进行修订：

① 依据的法律、法规、规章、标准及上位预案中的有关规定发生重大变化的；

② 应急指挥机构及其职责发生调整的；

③ 面临的事故风险发生重大变化的；

④ 重要应急资源发生重大变化的；

⑤ 预案中的其他重要信息发生变化的；

⑥ 在应急演练和事故应急救援中发现问题需要修订的；

⑦ 编制单位认为应当修订的其他情况。

（4）应急预案备案

本预案应报当地县级负责安全管理的部门备案。

（5）应急预案实施

① 发生Ⅳ级突发事件的救援以事件现场处置方案为主，由当事班组自行组织实施。

② 发生Ⅲ级（含Ⅲ级）及以上突发事件的救援，在当事班组第一时间开展自救的基础上，以公司救援为主。

③ 外部救援力量或政府现场指挥部到达事故现场，以政府现场指挥部确定的应急救援方案为准。

751. 最新安全生产法何时实施

《中华人民共和国安全生产法》

（1）由中华人民共和国第九届全国人民代表大会常务委员会第二十八次会议于 2002 年 6 月 29 日通过公布，自 2002 年 11 月 1 日起施行。

（2）2014 年 8 月 31 日第十二届全国人民代表大会常务委员会第十次会议通过全国人民代表大会常务委员会关于修改《中华人民共和国安全生产法》的决定，自 2014 年 12 月 1 日起施行。

4.2 中控员应知应会安全知识

752. 中控员作业前有哪些风险

（1）人员身体精神状态不好，可能造成各种伤害。

（2）劳保用品等安全防护措施穿戴不到位造成各种伤害。

（3）进入生产现场未走人行道造成各种伤害。

753. 中控员作业前要注意哪些安全要点

（1）人员身体、精神状态正常；

（2）劳保用品穿戴齐全、工器具符合要求；

（3）进入生产现场走人行道。

754. 中控员作业前岗位安全严禁事项是什么

严禁酒后上岗；严禁带病作业；严禁使用损坏的工器具；严禁不穿戴劳保用品或使用不合格的劳保用品进行作业；严禁不按人车分离道路行走。

755. 中控员作业现场有哪些风险

（1）地面有杂物、积水现象。

（2）操作台物品摆放杂乱。

（3）粉尘含量大。

（4）火灾，爆炸，静电。

756. 中控员作业现场要注意哪些安全要点

（1）保持室内清洁、干燥；

（2）操作台物品摆放规整，水杯等与操作无关物品按要求定位摆放；

（3）佩戴防尘口罩；

（4）穿戴防静电工作服。

757. 中控员现场作业安全严禁事项是什么

（1）严禁室内地面积水现象。

（2）严禁水杯、饮料瓶置于计算机键盘旁边。

（3）严禁不戴口罩进入粉尘较多的地方。

（4）严禁携带易燃易爆物品进入工作现场。

758. 中控员岗位的操作开机顺序是什么

（1）回转窑系统开机顺序

① 打开一级冷风阀；

② 窑头一次风机启动、点火油泵启动、现场点火；

③ 窑头喂煤系统启动，油煤混烧；

④ 加煤减油；

⑤ 窑尾排风机系统启动；

⑥ 篦冷机高温段风机分别启动；

⑦ 熟料输送拉链机系统启动、熟料破碎机启动、冷却机篦床启动；

⑧ 窑中传动润滑系统启动、窑主传动启动（尾温 850℃时）；

⑨ 分解炉喂煤系统启动；

⑩ 喂料系统启动（倒库）；

⑪ 分解炉喷煤点火（尾温 950～1050℃）；

⑫ 窑尾高温风机拉风；

⑬ 投料；

⑭ 窑头排风机启动；

⑮ 低温段风机启动；

⑯ 窑头电收尘送电；

⑰ 正常操作。

（2）生料辊压机系统开机顺序

① 开启辊压机油站；

② 开启生料入库组、收尘器及入库斜槽；

③ 开启废气系统拉链机；

④ 开启窑尾袋收尘器及尾排风机，转速适当；

⑤ 开启成品输送斜槽；

⑥ 开启循环风机、选粉机，转速适当；

⑦ 开启循环提升机、料饼提升机；

⑧ 开启配料大皮带，并开秤下料补仓；

⑨ 开启辊压机、气动插板投料。

（3）煤立磨系统开机顺序

① 冷风阀全开，热风阀全关，保证全部冷空气进入煤磨系统，开启煤磨主排风机（转速 500rpm），排出煤磨系统可燃气体；

② 开启润滑、加载稀油站；

③ 稀油站信号正常后，开启大袋收尘器下方输送铰刀；

④ 依次开启密封风机、选粉机、大袋收尘器系统，并逐步提高煤磨排风机转速；

⑤ 开启煤磨主电动机，主电动机稳定后降磨辊速度，开启原煤密封秤，开始喂料，坚持逢停必清原则；（注：若降辊速度较慢，加载压力加压时间较长）

⑥ 喂料正常 5min 后，根据出磨温度，逐步开启热风阀，并逐步关闭冷风阀。

（4）水泥磨系统开机顺序

① 根据环境温度，提前 15～30min 开启水泥粉磨系统所有稀油站及水泵、空压机，与化验室联系确定生产水泥的品种及所入库号；

② 依次开启入库提升机三通溜子、库顶斜槽风机、入库提升机、混料器、成品斜槽风机、出磨提升机；

③ 依次开启大收尘器下输送斜槽风机、大收尘器、主排风机；

④ 开启磨头循环提升机、配料站收尘器、配料大皮带；

⑤ 开启辊压机、磨主电动机（并开启粉煤灰提升机、粉煤灰库底斜槽）；

⑥ 开启辊压机气动棒闸，并开始喂料，开启循环风机；

⑦ 开启助磨剂；

⑧ 磨尾出料后，开启矿粉秤。

759. 中控员开机操作要注意哪些安全要点

（1）开机前与现场岗位人员确认，需确定设备内部及周围无人或物，各防护装置已安装完好方可开机。

（2）阀门每次调整幅度不能超过 10%，调整过程注意系统负压变化。

（3）合理控制参数范围。

（4）按照操作规程及工艺流程规定的生产操作顺序开车。

760. 中控员开机操作安全严禁事项是什么

（1）严禁未经现场确认私自开启设备。

（2）工艺调整过程，严禁阀门直接全开、全关。

（3）严禁私自退出操作画面，做与操作无关的事。

（4）严禁违反工艺流程顺序开机。

761. 中控员生产运行控制期间有哪些安全风险

（1）设备超负荷运行。

（2）阀门调整控制违反工艺纪律。

（3）窑系统异常，系统工况波动。

762. 中控员生产运行控制期间应注意哪些安全要点

（1）合理控制参数范围，密切注视各仪表读数和报警信号，发现异常情况，应立即与岗位人员联系现场确认。

（2）阀门调整要微调、渐调，调整过程通知窑操作员，防止系统负压波动影响窑系统工况。

763. 中控员生产运行控制期间安全严禁事项是什么

（1）严禁设备运行负荷超出额定参数。

（2）严禁解除设备联锁保护。

（3）严禁违规操作。

（4）系统异常状态下，严禁人员在机体部位作业。

764. 中控员作业收尾期间有哪些安全风险

（1）运行记录不完整，问题记录不清楚。

（2）各种物品乱放可能造成摔伤、碰伤。

（3）本班问题交接不清。

765. 中控员作业收尾期间应注意哪些安全要点

（1）按规定要求规范记录设备运转情况、安全设备设施情况。

（2）工作结束后将物品定位摆放。

（3）总结本班运行中出现的问题及处理措施，对本班未完成的问题交代至下班，并提出合理建议。

766. 中控员作业收尾期间安全严禁事项是什么

（1）严禁不做记录或记录不完整就交班。

（2）严禁将各种物品乱摆乱放。

（3）严禁对本班出现的问题隐瞒不交。

767. 中控作业人员安全职责是什么

（1）严格遵守国家法律、法规和公司各项安全、职业健康规章制度，必须参加公司组织的职业健康检查。

（2）遵守“四不伤害”原则，确保人身安全，服从中控调度，加强岗位间的配合，为正常生产创造条件。

（3）杜绝违章作业，有权拒绝违章指挥，制止他人违章作业，发现危险情况主动采取措施。

（4）熟知本岗位的危险源、管控及应急措施，负责本岗位的隐患排查并如实记录。

（5）熟知本工序的工艺流程及中控室安全操作规程，树立安全生产、质量第一的观念，保证人身和设备安全。

（6）负责生产中设备系统的开启，运转中的监护，生产参数的调整，确保生产过程安全、稳定。

（7）认真填写操作记录，发现异常情况及时处理，并上报班长，对出现问题的原因、采取的措施及处理结果做好记录。积极参加公司、车间、班组组织的安全培训活动。

（8）熟练使用各种消防设施，积极参加应急演练。负责对本岗位的消防器材、应急物资等进行检查、维护、保养。

（9）与现场岗位人员沟通做好开机前的安全准备工作。

（10）发生生产安全事故及时赶赴现场参与事故处理并及时上报。

768. 中控安全管理制度是什么

（1）中控方式启动低压电器组需经现场岗位人员认可后开车。

（2）高压电器组启动时在岗位人员认可后还需要通知电气工程师到现场监护方可开车。

（3）袋收尘入口介质温度不允许超过180℃。

（4）袋收尘入口介质温度超过180℃必须开启增湿塔或窑头喷水系统。

（5）当窑系统工况出现较大波动（如大塌料等）或供煤系统失灵，需及时通知现场。

（6）袋收尘不允许正压操作。

（7）执行红窑必停的原则。

（8）判断为系统堵塞，立即止料并通知现场岗位人员和值班调度。

（9）当预热器拥堵或有人作业时，尽量保证拥堵处在150Pa以上的负压，拥堵期间禁止喷煤。

（10）中控室禁止吸烟。

（11）中控方式开车时必须将一组电器组启动完毕后方可启动另一组。

（12）窑系统停车后，按制度翻窑并严格执行操作规程。

① 燃烧器内，外流风机需继续维持2～4h后停下，燃烧器内，内风压力任何情况下不低于4.0kPa。

② 窑口冷却风机维持运行 30min。

③ 冷却风机充气梁风机、平衡风机需 2～4h 停下。

④ 按期活动高温段篦床。

（13）中控室正常情况下不允许手动方式开车。

（14）当系统临停时，中控室需从操作的角度确保抢修人员的安全，包括仪表人员更换各种检测元件时，给仪表人员创造检修条件。

（15）中控室严格执行操作规程，特殊情况及时调整，确保各种检测仪表的安全（如工业电视等）。

（16）停机时，中控室应把主电动机驱动信号撤下来。

（17）篦冷机料多或出现结大块、掉窑皮需急推时避免熟料过多损坏破碎机和熟料链斗机，出现情况及时通知现场岗位人员进行处理。

参考文献

[1] 李坚利，周惠群．水泥生产工艺[M]. 武汉：武汉理工大学出版社，2008.
[2] 谢克平．新型干法水泥生产精细操作与管理[M]. 成都：西南交通大学出版社，2011.
[3] 贾华平．水泥生产技术与实践[M]. 北京：中国建筑工业出版社，2018.
[4] 周惠群．水泥煅烧技术及设备[M]. 武汉：武汉理工大学出版社，2011.